装备科技译著出版基金

中空弹性体的振动

Vibrations of Hollow Elastic Bodies

[阿塞拜疆] Magomed F. Mekhtiev 著
舒海生 孔凡凯 张雷 牟迪 译

国防工业出版社
·北京·

著作权合同登记　图字:军-2021-019号

First published in English under the title
Vibrations of Hollow Elastic Bodies
by Magomed F. Mekhtiev
Copyright © Springer International Publishing AG,2018
This edition has been translated and published under licence from
Springer Nature Switzerland AG. All Rights Reserved.
本书简体中文版由 Springer 授权国防工业出版社独家出版。
版权所有,侵权必究。

图书在版编目(CIP)数据

中空弹性体的振动/(阿塞)穆罕默德·F. 梅赫蒂耶夫(Magomed F. Mekhtiev)著;舒海生等译. —北京:国防工业出版社,2022.7
书名原文:Vibrations of Hollow Elastic Bodies
ISBN 978-7-118-12514-6

Ⅰ.①中… Ⅱ.①穆… ②舒… Ⅲ.①弹性体-振动
Ⅳ.①O326

中国版本图书馆 CIP 数据核字(2022)第 117511 号

※

国防工业出版社出版发行
(北京市海淀区紫竹院南路23号　邮政编码100048)
北京虎彩文化传播有限公司印刷
新华书店经售
*
开本 710×1000　1/16　印张 13½　字数 228 千字
2022 年 7 月第 1 版第 1 次印刷　印数 1—1100 册　定价 99.00 元

(本书如有印装错误,我社负责调换)

国防书店:(010)88540777　　书店传真:(010)88540776
发行业务:(010)88540717　　发行传真:(010)88540762

前　言

　　壳理论是现代力学领域中最为重要的一个部分,其中给出了可用于薄壁结构物计算分析的多种方法,目前已经广泛应用于现代各种机械工程场合。现代结构设计往往会在强度、重量和效率等多个方面提出相应的要求,这使得薄壳变成了越来越不可或缺的结构单元。然而,基于三维弹性理论方程的壳计算(壳的应力应变状态的计算)在数学层面上却是极为困难的,这也是我们不得不采用各类近似解法来对壳计算进行简化的根本原因,其中涉及的一个基本几何假设就是,壳的厚度与其他两个维度上的尺寸相比可以视为一个小量。换言之,在壳理论体系中,最主要的内容就是将三维弹性理论问题简化为二维问题来处理。非常明显,我们可以有很多可行的方法来实现这一转换。关于壳理论中的绝大多数静态问题,人们已经给出了相关的主要分析结果,可以参阅 Vorovich(1966,1975)、Goldenveyzer(1969,1975)、Koiter 和 Simmonds(1973)、Sayir 和 Mitropoulos(1980)以及 Petraszkievicz(1992)等人的相关文献。同时,在如下研究人员的文献中还专门阐述了如何将三维弹性理论动力学问题简化为二维壳理论问题,他们是 Aynola 和 Nigul(1965)、Grigolyuk 和 Selezov(1973)、Achenbach(1969)、Berdichevskii 和 Khan Chau(1980)、Goldenveizer(1993)等人。不仅如此,我们还可以发现上述这些问题在一系列专著中也得到了相当透彻的讨论,并针对所讨论的这些问题列出了相关的参考文献,例如,Kilchevsky(1963)、Berdichevskii(1983)、Kaplunov(1998)、Le(2012)以及 Aghalovyan(2015)等人的著作就是如此。关于上述问题,由于很难找到一份全面而细致的文献综述,所以试图对不同时代出现的基于不同方法得到的壳理论分析结果进行全面回顾是相当困难的,同时也是不必要的。

　　在板壳领域中,有相当多的重要成果是独联体的科研人员所获得的。在经典壳理论方面,最为突出的贡献来自 S. A. Ambartsumyan、V. V. Bolotin、I. N. Vekua、V. Z. Vlasov、I. I. Vorovich、B. G. Galerkin、K. Z. Galimov、A. L. Goldenveyzer、E. I. Grigolyuk、N. A. Kilchevsky、A. I. Lure、H. M. Mushtari、V. V. Novozhilov、P. M. Ogibalov、Yu. N. Rabotnov、V. V. Sokolovsky、S. P. Timoshenko、K. F. Chernyh、P. M. Nahdi、E. Reissner 以及其他众多学者,他们的工作为经典壳理论奠定了扎

实的基础。

一方面，对于现代壳理论，尽管存在争议，然而人们一般仍将其视为固体力学一个成熟的分支，不过我们并不能认为壳理论的发展已经彻底完善了。事实上，理论和应用研究中经常会出现一些全新的技术设计方案（或结构），借助现有壳理论框架往往难以对其进行计算分析。正因为如此，各种全新的壳理论内容的不断出现也就是理所当然的事情了。理解这一点并不困难，只需认识到此类非传统结构设计方案总是不断增多的，这跟现代科技在参数开发方面的巨大进步是紧密相关的。

另一方面，作为一种理论来说，壳理论自身必须具备一致性，然而正如我们所熟知的，在经典壳理论中仍然存在着一些矛盾和冲突之处。因此，壳理论的主要工作就是不断构建和分析各种不同形式的边值问题，并考察其适用性。毋庸置疑，此类问题不仅仅具有理论上的研究意义，同时还具备极大的实际应用价值。在这一特殊的弹性理论领域中，经过多年以来的不断发展，无论是在各类不同的理论表现形式上，还是在求解方法上，人们都已经有了相当丰富的积累。在各个不同的发展阶段，壳理论的研究往往都跟某些特定的关键分析内容相关，如果想更透彻地认识这一方面的发展现状，一般需要对那些在各自适用领域中构建而成的不同理论形式进行对比分析。

这里我们简要介绍一下将三维问题简化为二维问题的方法，这种简化主要建立在壳的典型特征基础上，即其厚度远小于另外两个维度上的尺寸。在这些简化方法中，渐近法具有非常特殊的地位，这种方法最早可能是 Shterman (1924) 和 Krauss (1929) 首先用于壳理论问题的分析的。自 1939 年以来，在 A. L. Goldenveyzer 的工作推动下，二维壳理论方程的渐近积分得到了显著的发展，后来 Chernykh (1962, 1964) 进一步将渐近方法与 V. V. Novozhilov 壳理论方程的复变换结合起来。可以说，A. L. Goldenveyzer、I. I. Vorovich 及其学生们所构建的渐近方法为板壳理论的发展做出了巨大贡献。以往研究已经表明，这一方法能够非常有效地将三维弹性问题转变为二维问题。正是由于上述这些学者们的卓越工作，才使得我们可以借助一些实用板壳理论，特别是用基尔霍夫－勒夫（Kirchhoff－Love）理论来分析和解决此类重要问题。在这一方法的基础上，进一步的研究还能够给出一些可用于计算三维应力状态的有效方法，它们也能够用于求解一些实际应用中非常重要的问题，例如，板壳（静态时厚度为常数）中的孔洞附近的应力集中问题。

然而需要着重指出的是，对于变厚度的板壳来说，二维理论与对应的三维弹性理论问题之间究竟有何关联性，目前尚未得到充分的研究。在弹性动力学问题中，最为关键的是如何拓宽对应的二维理论方法的适用范围。当前出现的诸多实用型的壳动力学理论都是建立在不同假设基础之上的,由于缺乏数据上的对比分析,所以这些建立在三维弹性动力学理论基础上的二维理论的适用范围就是一个值得关注的问题。最为重要的是,如何从三维弹性理论出发,有效而准确地确定壳的固有频率和振动形态。

在考察上述问题的过程中,所遇到的很多困难都是在原始问题中出现的若干参数导致的,这些参数往往会存在着相互作用和相互影响。例如,相对厚度、曲率、振动频率、孔的曲率等,即便是对于非常平滑的外部载荷作用情况,问题所呈现出的应力应变状态也是非常复杂的,无论是借助经典理论还是借助一些修正理论(如 S. P. Timoshenko,V. Z. Vlasov 以及其他一些学者提出的理论)都是难以准确计算的。

另外,渐近方法的适用面是比较广泛的,对于非壳类结构物(如厚圆柱环或锥环)这样的弹性体来说也是能够借助这一方法求解其边值问题的。不仅如此,当由于边界面参数的近似性导致三维理论难以处理时,这一方法也能够有效地完成求解。

本书针对上述问题进行了分析和论述。全书包括 4 章内容,第 1 章主要针对中空圆柱体的轴对称弹性动力学问题进行了考察,其中采用了齐次求解方法,根据色散方程根的情况构造了齐次解,并对色散方程的根进行了分类讨论。这一分类主要建立在方程根相对于小参数 ε 的阶次这一基础上(该小参数主要用于表征壳的厚薄),且跟激励力频率相关。研究表明,在高频范围内的渐近行为(对于空间问题,首项近似)中,色散方程与著名的瑞利－兰姆方程(针对弹性条)是一致的。我们进一步对齐次解也进行了分类讨论,结果表明,色散方程的每组根都将对应相应类型的齐次解。通过对齐次解的渐近展开,我们还能够计算出不同激励频率处的应力应变状态。对于中空圆柱体,本章对齐次解的一般正交性条件进行了证明,利用这一条件可以有效地计算出特定边界条件下的受迫振动准确解。我们针对一般的端部加载情况,借助拉格朗日变分原理,成功地将原边值问题的求解简化为无限型线性代数方程组的求解。在这一章中,还给出了一种构建实用理论的方法,主要针对的是如何消除壳圆柱边界上的应力条件,进而利用齐次解完成这一非齐次问题的求解。

在弹性动力学理论领域,壳的振动模式及其谱形态的构造中所涉及的边界条件的处理是非常重要的,为此本章对三维弹性理论中所包含的所有边界条件进行了考察,并特别针对侧面固支的中空圆柱体分析求解了受迫振动问题。研究表明,在渐近展开首项近似意义上这一问题的解跟人们熟知的弹性条的解(基于弹性理论)是一致的。此外,我们还讨论了中空圆柱体的扭转振动问题,以及侧面带有混合边界条件的振动问题。借助本章给出的方法,这些问题在物理和数学上都将表现得非常简单,例如,从数学层面上可以将它们简化为亥姆霍兹方程边值问题的求解。

第2章主要研究了球壳的三维弹性动力学问题。我们针对轴对称振动情况导出了齐次解,并对球壳进行了齐次解的渐近分析,这些齐次解对应色散方程不同的根集合。研究表明,与圆柱壳不同的是,球壳的超低频振动是难以得到的,我们进一步证明了齐次解所具有的一般正交关系。此外,研究还表明,如果表面上存在特定的边界条件,那么球壳受迫振动问题是能够获得精确解的。借助哈密尔顿变分原理,我们针对一般性加载情形,介绍了如何将边值问题化简为无限型线性代数方程组的求解,从而得到了静态球壳和动态弹性条的系统矩阵。本章也讨论了球壳的扭转振动问题,进行了解析分析和求解,事实上当考虑非轴对称弹性问题时一般是需要对这一扭转振动问题做详尽考察的。对于球壳的非轴对称弹性动力学问题,本章也做了较为透彻的阐述。由于球壳的对称性,可以将一般性边值问题分解为两个子问题,一个对应中空球体的轴对称振动的边值问题,而另一个则体现了中空球体的涡旋运动,与中空球体的纯扭转振动边值问题对应。

第3章针对各向同性中空圆柱体和中空球体,在弹性动力学方程基础上,利用渐近分析方法考察了它们的轴对称自由振动频率。所研究的圆柱体的边界条件为两端简支、侧面自由,中空球体的边界条件为自由表面,之所以考察这些边界条件下的问题,是因为渐近分析法在分析其他边界情况时是不存在什么困难的。我们将基于 Kirchhoff - Love 理论得到的结果与基于三维弹性理论得到的结果进行了对比分析,研究表明,对于上述圆柱体和球体来说,如果取渐近展开的首项,就可以获得两个频率值,它们跟基于壳理论得到的频率值是一致的,同时也得到了一组难以通过壳理论给出的频率。此外,这一章还对圆柱壳和球壳的厚度振动频率进行了分析。

第4章将渐近方法与三维弹性理论方程有机地组合起来,考察了变厚度锥壳和变厚度板的振动问题,并分析了三维应力应变状态。

在4.1节中,借助齐次求解方法对变厚度中空截锥体的弹性理论问题进行了求解。通过对特征方程的渐近分析,可以确定三组零值状态,其渐近特性如下:$\lambda = O(1), \lambda = O(\varepsilon^{-1/2}), \lambda = O(\varepsilon^{-1})$(其中的 ε 为薄壁参数),每组均对应一种应力应变状态。第一组对应 Mitchell - Neuber 解,它所给出的应力状态等价于作用到壳体一端的合力矢量。第二组对应端部效应类型的解,类似于实用壳理论中的端部效应,由这组解给出的应力状态渐近展开中的首项等价于弯矩和剪力。第三组对应边界层类型的解,在渐近展开首项中与厚板理论中的圣维南(Saint - Venant)端部效应是一致的。利用拉格朗日虚位移原理,这一边值问题可以简化为一组无限型线性代数方程的求解,其系统矩阵已由常厚度厚板理论给出,并且这些矩阵的逆阵可以借助降阶法得到。此外,在这一部分中我们还给出了构建实用性理论的方法,目的是消除锥壳边界上的应力要求。

4.2 节主要分析了板在轴对称应力应变状态下的渐近行为,板的厚度可以表示为 $h = \varepsilon r$, r 为到板中心的距离, ε 仍为一个小参数。此处我们不再关心任意板问题,而讨论的是锥壳的特殊形式,在这种形式中锥壳的中曲面退化成了一个平面。由于这是一种特殊的退化形式,因而前面各章中的论述需要重新进行修正。在构建变厚度板的实用精化理论时,为方便起见,我们不再像传统做法那样采用勒让德方程的线性无关解 $P_v(\cos\theta)$ 和 $Q_v(\cos\theta)$,而是选择了该方程的另一组线性无关解,即 $T_v(\theta) = P_v(\cos\theta) + P_v(-\cos\theta)$ 和 $F_v(\theta) = P_v(\cos\theta) - P_v(-\cos\theta)$,它们关于板中面分别是奇函数和偶函数。借助这一选择,我们就可以将一般问题分解为两个彼此无关的部分,即板的伸缩问题和板的弯曲问题,从而极大地简化了变厚度板实用精化理论的构建过程。这一部分中还考察了中空弹性锥壳的平衡问题,分别考虑了两类边界条件,一类是侧面固支,而另一类是侧面带有混合边界要求。研究表明,对于侧面固支情形来说,渐近展开首项给出的解与弹性理论中针对弹性条得到的解是相同的,同时,我们还对中空锥壳的一般性正交关系做了证明。进一步,我们从 Papkovich - Neuber 一般解出发,对受到非轴对称载荷作用的变厚度板的应力应变状态进行了研究。当薄壁参数趋于零时,分析结果表明,板的应力应变状态可以分解为板内部的应力应变状态与类似于 Saint - Venant 端部效应的端部应力应变状态。此外,在这一部分中我们还考察了变厚度板的 Kirsch 问题。

在第 4 章的最后,讨论了变厚度板和锥壳的扭转振动问题。首先对这些问题进行了精确求解,然后借助渐近分析法研究了简谐扭转波在此类结构物中的传播行为,分析了不同激励力频率条件下的波形情况,并得到了可确定扭转振动频率的渐近公式。

本文所得到的齐次和非齐次解不仅揭示了壳理论中三维解的定性特征,而且还能够有效处理特定的边值问题,并可作为评价简化理论的基础。在一般性加载情况下,动态和静态弹性问题的求解都可以简化为一组无限型线性代数方程的分析求解,在这一认识基础上,我们在附录部分中进一步针对一个轴对称问题进行了分析并给出数值解,该问题涉及板中圆孔附近的应力集中行为,边界上的载荷为法向力 $\sigma_r = \chi(\eta^p - k_p\eta)$,其中的 χ 是常数, k_p 参数的选择使得载荷可以自平衡, η 为横向坐标。这一问题可以看成壳理论中对应问题的模型,相对比较简单,不过它包含了三维弹性理论中此类问题的所有特征。进一步,我们还针对端部为混合型边界条件的圆柱壳,采用齐次求解方法分析得到了轴对称振动问题的精确解,并对端面上为抛物线型法向应力分布且径向位移为零这一情形进行了数值分析。最后,我们讨论了受到锥形切口表面处分布载荷作用的球壳的动力扭转问题,进行了数值研究。

根据上面所述的内容,可以看出本书的主要成果体现在如下几个方面:

(1)采用齐次求解方法考察了圆柱壳和球壳的受迫振动问题。针对不同激励力频率,研究了波形的可能形态,并针对薄壁参数趋于零时的三维弹性动力学问题做了透彻的渐近分析。在此基础上,将渐近解与实用壳理论的解进行了比较,推导建立了齐次解的一般性正交关系,据此可以获得中空圆柱体和球体在特定端部支撑条件下的准确解。进一步,针对一般性加载情况,从拉格朗日和哈密尔顿变分原理出发,将边值问题简化为一组无限型线性代数方程的求解。

(2)定性分析了一些实用理论并讨论了它们的适用范围。特别值得指出的是,我们揭示了所有现有实用壳理论在应力集中附近对应力应变状态的描述都是不充分的,它们不适用于考察薄壳和厚壳的高频振动问题。对于所考察的弹性体,通过详细分析其齐次解(实际上是彼此无关的波动类型)的特性,为构建薄壁结构物的精化理论奠定了基础。在此基础上我们给出了一些精化的实用理论,它们要比经典二维壳理论更加精确地刻画了薄壳结构物的动力学过程,并可据此获得指定精度的非齐次解。

(3)针对中空圆柱壳和中空球壳,采用渐近分析方法推导确定了轴对称自由振动频率。众所周知,即便是在相当简单的情况下这些频率方程的分析也是相当困难的,因此一般都是针对特定的频率范围确定出所有的频率值。借助本文给出的方法能够建立合适的算法,从而在给定区间内获得所有的固有频率值,显然这一工作是具有重要的理论和实际意义的。我们进一步将基于 Kirchhoff - Love 和铁摩辛柯(Timoshenko)理论得到的结果与三维弹性理论结果进行对比,分析表明对于自由振动问题来说,实用壳理论仅在最低频谱上才是近似准确的,难以描述端部共振现象。

(4)针对变厚度锥壳和变厚度板结构,将三维弹性理论方程集成到了渐近分析方法中,给出了齐次和非齐次解,并就锥壳情况证明了一般性正交关系。进一步,我们还通过渐近分析方法研究了上述两种结构物中的简谐扭转波的传播问题,得到了相应的渐近表达式,据此能够确定出这些结构物的频率值。

(5)研究指出了所导得的齐次和非齐次解不仅揭示了各类壳理论三维解的定性特征,它们还能够作为非常有效的分析工具用于求解特定边值问题,并且也为简化理论的评价提供了参考。

Magomed F. Mekhtiev
巴库,阿塞拜疆

参考文献

Achenbach, J.D.: An asymptotic method to analyze the vibrations of an elastic layer. Trans. ASME, Ser. E, J. Appl. Mech. **36**(1) (1969)

Aghalovyan, L.: Asymptotic theory of anisotropic plates and shells (2015)

Ainola L.A., Nigul W.K.: Wave processes of deformation of elastic plates and shells// News of USSR Academy of Sciences. **14**(1), 3–63 (1965)

Berdichevskii, V.L., Khan'Chau, L.: High-frequency long-wave shell vibration. J. Appl. Math. Mech. **44**(4), 520–525 (1980)

Berdichevskii, V.L.: Variational Principles in Mechanics of Continuous Media. Nauk, Moscow (1983)

Chernykh, K.F.: The linear theory of shells. Part 1. L.: LSU, p. 274 (1962)

Chernykh, K.F.: The linear theory of shells. Part 2. L: LSU, p. 395 (1964)

Goldenveizer, A.L.: Some questions of general linear theory of shells// Proc. VII All-Union conf. on the theory of shells and plates. Moscow: Nauka, 1970, pp. 749–754. (1969)

Goldenveizer, A.L., Kaplunov, J.D., Nolde, E.V.: Int. J. Solids Structures. **30**, 675–694 (1993)

Grigolyuk, E.N., Selezov I.T.: Non-classical theory of vibrations of rods, plates and shells. M: VINITI, p. 272 (1973)

Kaplunov, J.D., Kossovitch, L.Y., Nolde, E.V.: Dynamics of thin walled elastic bodies. Academic Press (1998)

Kilchevsky, N.A.: Fundamentals of analytical mechanics of shells, vol. 1. Kiev, Ukrainian Academy of Sciences, p. 354 (1963)

Koiter, W.T., Simmonds, J.G.: Foundations of shell theory. In: Theoretical and Applied Mechanics, pp. 150–176. Springer, Berlin, Heidelberg (1973)

Krauss, F.: Uber aie gerundgleichungen der Elasitatstheorie Schwachdeformieten Schalen// Math. Ann. Bd. **101**(1) (1929)

Le, K.C.: Vibrations of shells and rods. Springer Science & Business Media (2012)

Petraszkievicz, W.: Appl. Mech. Rev. **45**, 249–250 (1992)

Sayir, M., Mitropoulos, C.: On elementary theories of linear elastic beams, plates and shells. Zeitschrift für angewandte Mathematik und Physik ZAMP, **31**(1), 1–55 (1980)

Vorovich, I.I.: Some mathematical problems in the theory of plates and shells// Proc. II All-Union Congress on the theor. and appl. Mechanics. Review reports, 3, Nauka, 1966 (1964)

Vorovich, I.I.: Some results and problems of the asymptotic theory of plates and shells// Proceedings of the I All-Union school on the theory and numerical methods of calculation of plates and shells. Tbilisi, pp. 51–150 (1975)

关于本书

本书的撰写目的在于，针对现代科技发展中涌现出的各类工程结构（包括诸如纳米和超材料等高科技领域），验证和精化相关的近似动力学模型。我们将把三维弹性动力学方程应用于具有正则形状的中空弹性体的简谐振动分析中，针对圆柱体、球体和圆锥体推导出一些全新的精确齐次解和非齐次解，所分析的对象还包括球形层、锥形层以及变厚度板等。在小厚度条件下，我们将对所涉及的色散关系进行详尽的渐近处理，并在一个宽频范围内对振动谱进行分类。进一步，本书还将讨论各种现有的二维薄壁壳理论的适用范围，将它们与三维基准解进行对比，并给出了大量的数值算例，此外还建立了二维动力学描述的精化形式，考察了中空弹性体的边值问题。

作者简介

Magomed F. Mekhtiev 毕业于巴库国立大学的数学力学系，并在罗斯托夫国立大学完成了弹性理论方面的博士论文工作，1989 年进一步在圣彼得堡州立大学通过博士论文答辩。在 1966 年至 1991 年期间，他在阿塞拜疆国家科学院数学力学研究所任职，1991 年后在巴库国立大学工作，1994 年晋升为教授。M. F. Mekhtiev 教授的研究方向是固体力学的数学分析方法以及最优控制方面的定性问题研究，他已经发表了 120 多篇论文并出版了两本专著，曾受欧盟科学工业协会的表彰。目前，他是应用数学与控制系的院长和应用分析中的数学方法方面的学术带头人。

目 录

第1章 有限长中空圆柱体弹性动力学问题的渐近分析 … 1
1.1 齐次解的构建 … 1
1.2 色散方程根的分析 … 6
1.3 位移和应力的渐近表达式的构建 … 19
1.4 齐次解的广义正交性条件：在圆柱体端部满足边界条件 … 26
1.5 中空圆柱体实用动力学精化理论的构建 … 34
1.6 各向同性中空圆柱体的扭转振动 … 40
1.7 侧表面固支的中空圆柱体的弹性振动 … 43
1.8 侧表面带有混合边界条件的中空圆柱体的受迫振动 … 46
参考文献 … 53

第2章 中空球体弹性动力学问题的渐近分析 … 54
2.1 球坐标系下轴对称弹性动力学理论方程解的一般描述 … 54
2.2 非齐次解 … 56
2.3 齐次解的构建 … 57
2.4 色散方程的渐近分析 … 61
2.5 球壳齐次解的渐近分析 … 67
2.6 球层的动力扭转 … 75
2.7 中空球体的非轴对称弹性动力学问题 … 81
参考文献 … 93

第3章 各向同性中空圆柱体和中空封闭球体的自由振动 … 94
3.1 各向同性中空圆柱体的自由振动 … 95
3.2 圆柱体振动形态和频率方程的分析 … 96
3.3 中空球体的轴对称自由振动 … 110
参考文献 … 118

XIII

第 4 章　中空截圆锥的应力应变状态的渐近分析 · · · · · · · · · · · · · · · · · 119
4.1　齐次解的构建 · 119
4.2　特征方程根的分析 · 123
4.3　应力应变状态的分析 · 126
4.4　向无限系统的简化 · 131
4.5　针对圆锥壳的精化实用理论构建 · 135
4.6　变厚度板的轴对称问题 · 139
4.7　变厚度板特征方程的分析 · 140
4.8　板的应力应变状态分析 · 141
4.9　给定应力条件下变厚度板的边值问题简化 · · · · · · · · · · · · · · · · · 146
4.10　变厚度板的实用理论构建 · 148
4.11　侧表面为固支或混合边界条件下中空圆锥体的弹性平衡问题分析 · 152
4.12　关于变厚度板的一些轴对称问题解的渐近分析 · · · · · · · · · · · · 156
4.13　特征方程的渐近分析 · 162
4.14　位移和应力渐近公式的构建 · 164
4.15　变厚度板的 Kirsch 问题 · 171
4.16　变厚度锥壳的扭转振动 · 177
参考文献 · 183

附录 · 184
附录 1　带圆孔的板在幂形式的载荷作用下的应力集中分析 · · · · · · · · 184
附录 2　混合端部条件下中空圆柱体的振动 · 192
附录 3　锥形切口面上的分布力作用下球面带的扭转 · · · · · · · · · · · · · · 195
参考文献 · 198

第1章　有限长中空圆柱体弹性动力学问题的渐近分析

本章摘要：本章中,首先,我们主要考察轴对称载荷作用下各向同性中空圆柱体的受迫振动,采用的是齐次求解方法。根据激励力频率情况,这里将分析中空圆柱体中可能的波动形态,并对三维动力学问题(基于弹性理论)解的渐近行为进行研究,其中当壁厚参数逐渐趋近于零时,也就对应了一个薄壁结构问题。其次,本章针对这些渐近解与基于一些实用理论得到的结果进行对比分析,并证明齐次解的广义正交条件,利用这一条件可以获得中空圆柱体在混合型端部边界下自由振动问题的准确解。对于圆柱体的一般加载情况,我们将借助拉格朗日变分原理把边值问题简化为一个线性代数方程组的求解。再次,本章给出了一种构造实用理论的方法,它可以针对壳的圆柱边界实现应力解除。在构造了齐次解之后,我们还将给出非齐次问题的解。最后,针对侧面带有混合型边界的中空圆柱体,本章将对其扭转振动问题做出精确分析和求解。与此同时,我们也将考察侧面固支的圆柱体的振动问题,并指出该问题解的渐近展开中的第一项与弹性理论中关于弹性条的类似问题的解是一致的。

1.1　齐次解的构建

对于一个中空圆柱体,这里我们考虑弹性理论中的轴对称问题。该圆柱体上的点的空间位置可以通过柱坐标 r、φ 和 z 来描述,这些坐标的变化范围为(图1.1)

$$R_1 \leqslant r \leqslant R_2, 0 \leqslant \varphi \leqslant 2\pi, -l \leqslant z \leqslant l \tag{1.1.1}$$

此外,我们假定该圆柱体的侧表面处于无应力状态,即在 $r = R_n$, $-l \leqslant z \leqslant l$ ($n=1,2$)处有

$$\sigma_r = 0, \tau_{rz} = 0 \tag{1.1.2}$$

且剩余的边界状态(在 $z = \pm k (k=1,2)$ 处)可由下式给出

$$\sigma_z = Q^{\pm}(r)\mathrm{e}^{\mathrm{i}\omega t}, \tau_{rz} = T^{\pm}(r)\mathrm{e}^{\mathrm{i}\omega t} \tag{1.1.3}$$

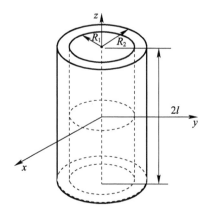

图 1.1 中空圆柱体

在柱坐标系中,以位移形式表示的运动方程可以表示为

$$\begin{cases} \dfrac{1}{1-2v}\dfrac{\partial x}{\partial \rho} + \Delta U_\rho - \dfrac{1}{\rho^2}U_\rho = \dfrac{2g(1+v)R_0^2}{E}\dfrac{\partial^2 U_\rho}{\partial t^2} \\ \dfrac{1}{1-2v}\dfrac{\partial x}{\partial \xi} + \Delta U_\xi = \dfrac{2g(1+v)R_0^2}{E}\dfrac{\partial^2 U_\xi}{\partial t^2} \\ x = \dfrac{\partial U_\rho}{\partial \rho} + \dfrac{U_\rho}{\rho} + \dfrac{\partial U_\xi}{\partial \xi} \end{cases} \quad (1.1.4)$$

式中:$\rho = R_0^{-1}r$ 和 $\xi = R_0^{-1}z$ 为无量纲坐标;$R_0 = \dfrac{1}{2}(R_1 + R_2)$ 为柱壳中面处的半径;E 为杨氏模量;v 为泊松比;g 为材料的密度;Δ 为拉普拉斯算子;$U_\rho = R_0^{-1}U_r$ 和 $U_\xi = R_0^{-1}U_z$ 均为无量纲形式的位移。

我们可以将应力张量的各个分量以位移的形式表示,即

$$\sigma_r = 2G\left(\dfrac{\partial U_\rho}{\partial \rho} + \dfrac{v}{1+2v}x\right), \sigma_\varphi = 2G\left(\dfrac{U_\rho}{\rho} + \dfrac{v}{1-2v}x\right)$$
$$\sigma_z = 2G\left(\dfrac{\partial U_\xi}{\partial \xi} + \dfrac{v}{1-2v}x\right), \tau_{rz} = 2G\left(\dfrac{\partial U_\xi}{\partial \rho} + \dfrac{\partial U_\rho}{\partial \xi}\right) \quad (1.1.5)$$

式中:G 为剪切模量。

对于前面的方程组(1.1.4),可以寻找其如下形式的解

$$U_\rho = U(\rho)\dfrac{\mathrm{d}m}{\mathrm{d}\xi}\mathrm{e}^{\mathrm{i}\omega t}, U_\xi = W(\rho)m(\xi)\mathrm{e}^{\mathrm{i}\omega t} \quad (1.1.6)$$

式(1.1.6)中的函数 $m(\xi)$ 应满足如下条件

$$\frac{d^2 m}{d\xi^2} - \mu^2 m(\xi) = 0 \tag{1.1.7}$$

式中:参数 μ 需要通过表面上的边界条件来确定。

将式(1.1.6)代入方程组(1.1.4)中,并针对 U 和 W 这两个函数进行分离变量处理之后,就可以得到式(1.1.8)所示的一组常微分方程

$$L_1(\mu,\lambda)(U,W) = U'' + \frac{1}{\rho}U' + \left(\alpha^2 - \frac{1}{\rho^2}\right)U + \frac{1}{2(1-v)}(W' - \mu^2 U) = 0$$

$$L_2(\mu,\lambda)(U,W) = \frac{1}{1-2v}\mu^2\left(U' + \frac{U}{\rho} + W\right) + W'' + \frac{1}{\rho}W' + \gamma^2 W = 0$$

$$\tag{1.1.8}$$

且有

$$\lambda^2 = \frac{2g(1+v)R_0^2\omega^2}{E}, \alpha^2 = \mu^2 + \frac{1-2v}{2(1-v)}\lambda^2, \gamma^2 = \mu^2 + \lambda^2$$

式中:"'"代表的是对 ρ 求导;λ 为频率参数。

如果考虑式(1.1.6),那么,式(1.1.5)也就可以改写为如下形式,即

$$\begin{cases} \sigma_r = 2G\left[U' + \frac{v}{1-2v}\left(U' + \frac{U}{\rho} + W\right)\right]\frac{dm}{d\xi}e^{i\omega t} \\ \sigma_\varphi = 2G\left[\frac{U}{\rho} + \frac{v}{1-2v}\left(U' + \frac{U}{\rho} + W\right)\right]\frac{dm}{d\xi}e^{i\omega t} \\ \sigma_z = 2G\left[W + \frac{v}{1-2v}\left(U' + \frac{U}{\rho} + W\right)\right]\frac{dm}{d\xi}e^{i\omega t} \\ \tau_{rz} = G(\mu^2 U + W')m(\xi)e^{i\omega t} \end{cases} \tag{1.1.9}$$

若将式(1.1.9)代入式(1.1.2),那么,就可以得到函数 $U(\rho,\mu,\lambda)$ 和 $W(\rho,\mu,\lambda)$ 的齐次边界条件,即

$$\begin{cases} M_1(\mu,\lambda)(U,W)|_{\rho=\rho_n} = \left[U' + \frac{v}{1-2v}\left(U' + \frac{U}{\rho} + W\right)\right]_{\rho=\rho_n} = 0 \\ M_2(\mu,\lambda)(U,W)|_{\rho=\rho_n} = [W' + (W' + \mu^2 U)]_{\rho=\rho_n} = 0 \end{cases} \tag{1.1.10}$$

于是,方程组(1.1.8)与边界条件式(1.1.10)就共同构成了针对函数组 (U,W) 的谱问题。下面来分析这一谱问题。这里我们不去过多地介绍详细过程,而直接给出方程组(1.1.8)的最终解,其形式如下

$$\begin{cases} U(\rho,\mu,\lambda) = -\alpha z_1(\alpha\rho) - z_1(\gamma\rho) \\ W(\rho,\mu,\lambda) = \mu^2 z_0(\alpha\rho) + \gamma z_0(\gamma\rho) \end{cases} \tag{1.1.11}$$

3

式中：$z_k(x) = C_{1k}J_k(x) + C_{2k}Y_k(x)$，$J_0(x)$、$J_1(x)$ 和 $Y_0(x)$ 分别为第一类和第二类贝塞尔函数，$C_i(i=1,2,3,4)$ 为任意常数。

当满足齐次边界条件式(1.1.10)时，可以导得关于未知系数 C_i 的一组线性代数方程，即

$$\begin{cases} \left[\dfrac{\alpha}{\rho}Z_1(\alpha\rho) - \delta^2 Z_0(\alpha\rho) + \dfrac{1}{\rho}Z_1(\gamma\rho) - \gamma Z_0(\gamma\rho)\right]_{\rho=\rho_n} = 0 \\ \left[2\mu^2\alpha Z_1(\alpha\rho) + (2\mu^2+\lambda^2)Z_1(\gamma\rho)\right]_{\rho=\rho_n} = 0 \\ \delta^2 = \mu^2 + \dfrac{1}{2}\lambda^2 \end{cases} \quad (1.1.12)$$

根据上面这个方程组存在非平凡解所需满足的条件，不难得到如下色散方程

$$\begin{aligned}\Delta(\mu,\lambda) = &\, 8\pi^{-2}\rho_1^{-1}\rho_2^{-1}\mu^2(2\mu^2+\lambda^2)^2 - \lambda^4\alpha^2\rho_1^{-1}\rho_2^{-1}L_{11}(\alpha)L_{11}(\gamma) + \\ &\dfrac{1}{2}\alpha\lambda^2(2\mu^2+\lambda^2)^2\rho_2^{-1}L_{01}(\alpha)L_{11}(\gamma) + \dfrac{1}{2}\alpha\lambda^2(2\mu^2+\lambda^2)^2\rho_1^{-1}L_{10}(\alpha)L_{11}(\gamma) - \\ &2\lambda^2\gamma\mu^2\alpha^2\rho_1^{-1}L_{10}(\gamma)L_{11}(\alpha) - 2\lambda^2\gamma\mu^2\alpha^2\rho_2^{-1}L_{01}(\gamma)L_{11}(\alpha) - \\ &\dfrac{1}{4}(2\mu^2+\lambda^2)^4 L_{00}(\alpha)L_{11}(\gamma) - 4\mu^4\alpha^2\gamma^2 L_{00}(\gamma)L_{11}(\alpha) + \\ &\alpha\gamma\mu^2(2\mu^2+\lambda^2)^2[L_{01}(\gamma)L_{10}(\alpha) + L_{01}(\alpha)L_{10}(\gamma)] \\ = &\, 0 \end{aligned} \quad (1.1.13)$$

其中

$$L_{ii}(x) = J_i(x\rho_1)Y_i(x\rho_2) - J_i(x\rho_2)Y_i(x\rho_1)$$
$$L_{ij}(x) = J_i(x\rho_1)Y_i(x\rho_2) - J_j(x\rho_2)Y_i(x\rho_1)$$
$$i,j = 0,1$$

超越方程式(1.1.13)给出了有限个根 μ_k，对应的常数 $C_1\mu_k$、$C_2\mu_k$、$C_3\mu_k$ 和 $C_4\mu_k$ 都与系统行列式任意行元素的余因子成正比。如果将该线性系统的矩阵以第一行余因子形式展开，那么可以得到

$$C_1\mu_k = C_k\left[\begin{array}{l} 4\pi^{-1}\rho_2^{-1}\alpha_k\mu_k^2(2\mu_k^2+\lambda^2)Y_1(\alpha_k\rho_1) - \alpha_k\lambda^2(2\mu_k^2+\lambda^2)\rho_2^{-1}Y_1(\alpha_k\rho_2)L_{11}(\gamma_k) \\ +\dfrac{1}{2}(2\mu_k^2+\lambda^2)^3 Y_0(\alpha_k\rho_2)L_{11}(\gamma_k) - 2\alpha_k\gamma_k\mu_k^2(2\mu_k^2+\lambda^2)Y_1(\alpha_k\rho_2)L_{10}(\gamma_k) \end{array}\right]$$

$$C_2\mu_k = C_k\begin{bmatrix} 4\pi^{-1}\rho_2^{-1}\alpha_k\mu_k^2(2\mu_k^2+\lambda^2)J_1(\alpha_k\rho_1) - \alpha_k\lambda^2(2\mu_k^2+\lambda^2)\rho_2^{-1}J_1(\alpha_k\rho_2)L_{11}(\gamma_k) \\ +\frac{1}{2}(2\mu_k^2+\lambda^2)^3 J_0(\alpha_k\rho_2)L_{11}(\gamma_k) - 2\alpha_k\gamma_k\mu_k^2(2\mu_k^2+\lambda^2)J_1(\alpha_k\rho_2)L_{10}(\gamma_k) \end{bmatrix}$$

$$C_3\mu_k = C_k\begin{bmatrix} 2\pi^{-1}\rho_2^{-1}\mu_k^2(2\mu_k^2+\lambda^2)Y_1(\gamma_k\rho_1) + 2\rho_2^{-1}\lambda^2\mu_k^2\alpha_k Y_1(\gamma_k\rho_2)L_{11}(\alpha_k) \\ +4\gamma_k\mu_k^4\alpha_k^2 Y_0(\gamma_k\rho_2)L_{11}(\alpha_k) - \alpha_k\mu_k^2(2\mu_k^2+\lambda^2)^2 Y_1(\gamma_k\rho_2)L_{10}(\alpha_k) \end{bmatrix}$$

$$C_4\mu_k = C_k\begin{bmatrix} 2\pi^{-1}\rho_2^{-1}\mu_k^2(2\mu_k^2+\lambda^2)J_1(\gamma_k\rho_1) + 2\rho_2^{-1}\lambda^2\mu_k^2\alpha_k J_1(\gamma_k\rho_2)L_{11}(\alpha_k) \\ +4\gamma_k\mu_k^4\alpha_k^2 J_0(\gamma_k\rho_2)L_{11}(\alpha_k) - \alpha_k\mu_k^2(2\mu_k^2+\lambda^2)^2 J_1(\gamma_k\rho_2)L_{10}(\alpha_k) \end{bmatrix}$$

(1.1.14)

将式(1.1.14)代入式(1.1.11),将所有的根相加,并考虑到式(1.1.6)和式(1.1.9),就可以得到如下形式的齐次解

$$U_\rho = \sum_{k=1}^{\infty} C_k U_k(\rho)\frac{\mathrm{d}m_k}{\mathrm{d}\xi}\mathrm{e}^{\mathrm{i}\omega t}$$

$$U_\xi = \sum_{k=1}^{\infty} C_k W_k(\rho) m_k(\xi)\mathrm{e}^{\mathrm{i}\omega t}$$

$$\sigma_r = 2G\sum_{k=1}^{\infty} C_k Q_{rk}(\rho)\frac{\mathrm{d}m_k}{\mathrm{d}\xi}\mathrm{e}^{\mathrm{i}\omega t}$$

$$\sigma_\varphi = 2G\sum_{k=1}^{\infty} C_k Q_{\phi k}(\rho)\frac{\mathrm{d}m_k}{\mathrm{d}\xi}\mathrm{e}^{\mathrm{i}\omega t}$$

$$\sigma_z = 2G\sum_{k=1}^{\infty} C_k Q_{zk}(\rho)\frac{\mathrm{d}m_k}{\mathrm{d}\xi}\mathrm{e}^{\mathrm{i}\omega t}$$

$$\tau_{rz} = G\sum_{k=1}^{\infty} C_k \tau_k(\rho) m_k(\xi)\mathrm{e}^{\mathrm{i}\omega t}$$

(1.1.15)

式中:C_k 为任意常数,且有

$$U_k(\rho) = \alpha_k Z_1(\alpha_k\rho) - Z_1(\gamma_k\rho)$$

$$W_k(\rho) = \mu_k^2 Z_0(\alpha_k\rho) - \gamma_k Z_0(\gamma_k\rho)$$

$$Q_{rk}(\rho) = \frac{\alpha_k}{\rho} Z_1(\alpha_k\rho) - \delta_k^2 Z_0(\alpha_k\rho) + \frac{1}{\rho} Z_1(\gamma_k\rho) - \gamma_k Z_0(\gamma_k\rho)$$

$$Q_{\varphi k}(\rho) = -\frac{\alpha_k}{\rho} Z_1(\alpha_k \rho) - \frac{v}{2(1-v)} \lambda^2 Z_0(\alpha_k \rho) - \frac{1}{\rho} Z_1(\gamma_k \rho)$$

$$Q_{zk}(\rho) = \left[\mu_k^2 - \frac{v}{2(1-v)} \lambda^2\right] Z_0(\alpha_k \rho) + \gamma_k Z_0(\gamma_k \rho) \quad (1.1.16)$$

$$\tau_k(\rho) = -2\mu_k^2 \alpha_k Z_1(\alpha_k \rho) - (2\mu_k^2 + \lambda^2) Z_1(\gamma_k \rho)$$

1.2 色散方程根的分析

这一节我们对前面的色散方程(1.1.13)的根进行分析。从式(1.1.12)可以清晰地看出,这个色散方程具有非常复杂的结构。为了更好地考察根的分布情况,这里针对该圆柱体引入一些几何参数上的假设,即

$$\rho_1 = 1 - \varepsilon, \rho_2 = 1 + \varepsilon, 2\varepsilon = \frac{R_2 - R_1}{R_0} = \frac{2h}{R_0} \quad (1.2.1)$$

式中:ε 为一个小参数。

将式(1.2.1)代入式(1.1.13),可得

$$D(\mu, \lambda, \varepsilon) = \Delta(\mu, \lambda, \rho_1, \rho_2) = 0 \quad (1.2.2)$$

不难注意到,$D(\mu, \lambda, \varepsilon)$ 是一个偶函数。对于特殊情况,即 $\lambda_0^2 = gR_0^2 \omega^2/E = 1$,$\lambda_0^2 = \frac{1}{1-v^2}$,$\mu = 0$,我们将单独进行处理。

经过分析可以发现,关于函数 $D(\mu, \lambda, \varepsilon)$ 的零点有如下一些结论,即对于有限 λ(当 $\varepsilon \to 0$ 时,$\lambda = O(1)$),该函数具有以下3组零点。

(1) 第一组包括2个零点,$\mu_k = O(1)(k=1,2)$。

(2) 第二组包括4个零点,阶次为 $O(\varepsilon^{-1/2})$。

(3) 第三组包含零点的可数集,阶次为 $O(\varepsilon^{-1})$。

下面来证明这一结论。我们可以将函数 $D(\mu, \lambda, \varepsilon)$ 展开成关于 ε 的幂级数,即

$$\begin{aligned}
D(\mu, \lambda, \varepsilon) &= 64(1+v)^2(1-v)^{-2}\lambda_0^4 \varepsilon^2 \{(1-v^2)(1-\lambda_0^2)\mu^2 + \\
&\quad (1-v^2)\lambda_0^2[1-(1-v^2)\lambda_0^2] + \frac{1}{3}\{\mu^6 + 2(1+v) \\
&\quad [(3-2v)\lambda_0^2 - 2(1-v)]\mu^4 + (1+v)[(1+v) \\
&\quad (4v^2-16v+11)\lambda_0^4 + 2(2v^2+9v-9)\lambda_0^2 + 9(1-v)]\mu^2 + \\
&\quad 2(1-v^2)(1+v)^2(3-4v)\lambda_0^6 - 2(1+v)^2(6v^2-14v+7)\lambda_0^4 + \\
&\quad 9(1-v^2)\lambda_0^2\}\varepsilon^2 + \frac{1}{45}(-8\mu^8 + \cdots)\varepsilon^4 + \cdots\} = 0 \quad (1.2.3)
\end{aligned}$$

此处寻求具有如下展开形式的 μ_k，即

$$\mu_k = \mu_{k0} + \mu_{k2}\varepsilon^2 + \cdots \quad (k=1,2) \tag{1.2.4}$$

将式(1.2.4)代入式(1.2.3)可以得到

$$(\lambda_0^2 - 1)\mu_{k0}^2 + \lambda_0^2[(1-v^2)\lambda_0^2 - 1] = 0$$

$$\begin{aligned}\mu_{k2} = &-\frac{1}{6}(1-v^2)^{-1}\left(\frac{\lambda_0}{\lambda_0^2-1}\right)^4 v^2 \mu_{k0}^{-1}[(1-v^2)(1+v)^2\lambda_0^8 + \\ & (1+v)^2(6v-7)\lambda_0^6 - (1+v)(8v^2+4v-14)\lambda_0^4 + \\ & (4v^3+10v^2-4v-11)\lambda_0^2 + 3(1-v^2)]\end{aligned} \tag{1.2.5}$$

我们将证明当 $\varepsilon \to 0$ 时，函数 $D(\mu,\lambda,\varepsilon)$ 所有其他零点都将无界增长。此处采用反证法，不妨假定当 $\varepsilon \to 0$ 时，$\mu_k \to \mu_k^* \neq \infty$，于是，在 $\varepsilon \to 0$ 时有极限关系 $D(\mu,\lambda,\varepsilon) = \varepsilon^2 D_0(\mu^*,\lambda_0)$ 成立。因此，在 $\varepsilon \to 0$ 这一极限下，根集合 μ_k 的极限值点就可以根据方程 $D_0(\mu_k^*,\lambda_0) = 0$ 来确定，且此时有

$$D_0(\mu_k^*,\lambda_0) = (\lambda_0^2-1)\mu_k^* + \lambda_0^2[(1-v^2)\lambda_0^2-1] \tag{1.2.6}$$

显然，这就意味着除了前面已经给出的那个根(当 $\varepsilon \to 0$ 时有界)以外，不存在其他的根了。这样也就证明了当 $\varepsilon \to 0$ 时函数 $D(\mu_k,\lambda_0,\varepsilon)$ 所有剩余零点都将无界增长。根据这些零点在 $\varepsilon \to 0$ 时的行为，可以将它们划分为两组情形，即

$$\varepsilon\mu_k \to 0, \varepsilon \to 0$$

$$\varepsilon\mu_k \to 常数, \varepsilon \to 0$$

首先考虑第一组情形中的 μ_k。为此，我们将利用展开式(1.2.3)，假定这个渐近展开式中的主导项具有如下形式

$$\mu_k = \chi_{k0}\varepsilon^{-\beta}, \chi_{k0} = O(1) \quad (当 \varepsilon \to 0 时, 0 < \beta < 1) \tag{1.2.7}$$

将式(1.2.7)代入式(1.2.3)，并仅保留主导项，就可以得到关于 χ_{k0} 的如下方程

$$\begin{aligned}&[(1-v^2)(1-\lambda_0^2)\chi_{k0}^2 + O(\varepsilon^{2\beta})]\varepsilon^{-2\beta} + \\ &\frac{1}{3}[\chi_{k0}^6 + O(\varepsilon^{2\beta})]\varepsilon^{2-6\beta} + O[\max(\varepsilon^{4-8\beta},\varepsilon^{2-4\beta})] = 0\end{aligned} \tag{1.2.8}$$

这里我们考虑3种情况，即

(1) $0 < \beta < \frac{1}{2}$，(2) $\beta = \frac{1}{2}$，(3) $\frac{1}{2} < \beta < 1$

对于情况(1)，在极限 $\varepsilon \to 0$ 条件下根据式(1.2.8)可以发现 $\chi_{k0} = 0$，这与式(1.2.7)这个假定是矛盾的。类似地，对于情况(3)我们也会得到矛盾的结

果。最后,对于情况(2),我们可以得到

$$\chi_{k0}^2[3(1-v^2)(1-\lambda_0^2)+\chi_{k0}^4]=0 \qquad (1.2.9)$$

下面寻找具有如下展开形式的 $\mu_k(k=3,4,5,6)$,即

$$\mu_k = \varepsilon^{-1/2}(\mu_{k0}+\mu_{k1}\sqrt{\varepsilon}+\mu_{k2}\varepsilon+\cdots) \qquad (1.2.10)$$

将式(1.2.10)代入式(1.2.3)可得

$$\mu_{k0}=\chi_{k0},\mu_{k1}=0,\mu_{k2}=\frac{1}{20}\frac{1}{\mu_{k0}}\frac{1}{1-\lambda_0^2}[(1+v)(17-7v)\lambda_0^4+$$
$$(24v^2-10v-29)\lambda_0^2+12(1-v^2)] \qquad (1.2.11)$$

从式(1.2.9)可以发现,当 $\lambda_0^2<1$ 时,我们可以得到 4 个复根,而当 $\lambda_0^2>1$ 时将得到两个实根和两个纯虚根(对应于透射解)。

为了构造出第三组零点的渐近形式,我们寻求如下形式的 $\mu_n(n=k-6,k=7,8)$

$$\mu_n=\frac{\delta_n}{\varepsilon}+\lambda_0^2 O(\varepsilon) \qquad (1.2.12)$$

将式(1.2.12)代入式(1.1.13),并借助函数 $J_v(x)$ 和 $Y_v(x)$ 的渐近展开式,就可以得到如下方程

$$\sin^2 2\delta_n - 4\delta_n^2 = 0 \qquad (1.2.13)$$

必须注意的是,方程(1.2.13)与壳体静力学中用于确定圣维南边界效应的方程[1]是一致的。由于式(1.2.13)的根是可数集,因而当 $\varepsilon \to 0$ 时 $\varepsilon\mu_k \to$ 常数,于是,式(1.2.12)也就对应了壳体静力学的边界层解。

从理论上来说,在极限 $\varepsilon \to 0$ 条件下,$\mu\varepsilon \to \infty$ 是可能的,不过这里我们将指出这一情况实际上是不可能的。事实上,在 $\varepsilon \to 0$ 条件下,不妨将 $\mu_k\varepsilon$ 记为 x_k,对于 $D(x_k,\lambda,\varepsilon)$,利用贝塞尔函数在大宗量条件下的渐近展开,可以得到渐近展开后的首项为

$$D(x_k,\lambda,\varepsilon) = \sin^2 x_k - x_k^2 + O(\varepsilon) \qquad (1.2.14)$$

如果当 $\varepsilon \to 0$ 和 $x_k \to \infty$ 时,$D(x_k,\lambda,\varepsilon) \to 0$,那么根据式(1.2.14)可知 $\sin^2 x_k \to x_k^2$,当然当 x_k 连续地趋向无穷大时,这个极限过程是不成立的。需要注意的是,由式(1.2.4)、式(1.2.10)和式(1.2.12)(在 $\lambda=0$ 处)所给出的零点可以变换为零,这一点可以参考文献[1]。

这里我们来考虑如下三种情形:(1) $\mu=0$;(2) $\lambda_0^2=1$;(3) $\lambda_0^2=\dfrac{1}{1-v^2}$。

情况(1)对应于中空圆柱体的厚度共振,这一情况我们将在后面再讨论。在情况(2)中,式(1.2.3)的形式如下

$$D_0 = 64(1+v)^2(1-v)^{-2}\varepsilon^2\{v^2(1-v^2) + \frac{1}{3}[\mu^6 + 2(1+v)\mu^4 +$$
$$2(1+v)(2v^3 - 4v^2 + 2v + 1)\mu^2 + (1+v)(8v^4 - 10v^3 + 2v^2 +$$
$$3v+1)]\varepsilon^2 + \frac{1}{45}(-8\mu^8 + \cdots)\varepsilon^4 + \cdots\} = 0 \tag{1.2.15}$$

于是我们就可以得到如下根集合

$$\mu_p = \mu_{p0}\varepsilon^{-1/3} + \mu_{p1}\varepsilon^{1/3} + \mu_{p2}\varepsilon + \cdots \quad (p = 1 \sim 6) \tag{1.2.16}$$

将式(1.2.16)代入式(1.2.15)可得

$$\mu_{p0}^6 + 3v^2(1-v^2) = 0, \mu_{p1} = -\frac{1+v}{3\mu_{p0}}, \mu_{p2} = -\frac{1+v}{135\mu_{p0}^3}(126v^3 - 216v^2 + 50v + 5) \tag{1.2.17}$$

对于式(1.2.12)所给出的零点形式,在这种情况下它们仍然是成立的,因此,当 $\lambda_0^2 = 1$ 时我们将具有六个当 $\varepsilon \to 0$ 时以 $\varepsilon^{-1/3}$ 阶增长的零点(两个是纯虚数),以及由式(1.2.13)给出的零点可数集。

下面来建立式(1.2.16)给出的零点与式(1.2.4)和式(1.2.10)给出的零点之间的联系。为此,我们需要考察式(1.2.3)在 $\lambda_0^2 = 1$ 附近的零点行为。

在式(1.2.3)中,令 $\lambda_0^2 - 1 = C_0\varepsilon^\alpha(\alpha > 0)$,$\mu_k = \mu_{k0}\varepsilon^{-\beta}$,并仅保留主导项,我们有

$$D(\mu,\lambda,\varepsilon) = 64(1+v)^2(1-v)^{-2}(1+C_0\varepsilon^\alpha)^2\varepsilon^2\{[-(1-v^2)C_0\mu_{k0}^2\varepsilon^{\alpha-2\beta} +$$
$$v^2(1-v^2) + (1-v^2)(2v^2-1)C_0\varepsilon^\alpha + O(\varepsilon^{2\alpha})] + \frac{1}{3}[\mu_{k0}^6\varepsilon^{2-6\beta} +$$
$$2(1+v)\varepsilon^{2-4\beta}\mu_{k0}^4 + O(\max(\varepsilon^{2-2\beta},\varepsilon^{4-8\beta}))]\} = 0 \tag{1.2.18}$$

此处很容易发现如下情形是可行的。

1. $\alpha = 2\beta \quad \left(0 < \alpha < \frac{2}{3}\right)$

在这种情形中,我们可以寻求如下形式的 $\mu_k(k=1,2)$:

$$\begin{aligned}\mu_k &= \mu_{k0}\varepsilon^{-\frac{\alpha}{2}} + \mu_{k1}\varepsilon^{+\frac{\alpha}{2}} + \cdots \quad \left(0 < \alpha < \frac{1}{2}\right) \\ \mu_k &= \mu_{k0}\varepsilon^{-\frac{\alpha}{2}} + \mu_{k1}\varepsilon^{2-\frac{7\alpha}{2}} + \cdots \quad \left(\frac{1}{2} \leq \alpha < \frac{2}{3}\right)\end{aligned} \tag{1.2.19}$$

将式(1.2.19)代入式(1.2.18)可得

$$\mu_{k0}^2 = \frac{v^2}{C_0}, \mu_{k1} = \frac{2v^2 - 1}{2\mu_{k0}} \quad \left(0 < \alpha < \frac{1}{2}\right)$$

$$\mu_{k1} = \frac{1}{2\mu_{k0}}\left[2v^2 - 1 + \frac{v^6}{3(1-v^2)C_0^4}\right] \quad \left(\alpha = \frac{1}{2}\right)$$

$$\mu_{k1} = \frac{v^6}{6(1-v^2)C_0^4 \mu_{k0}} \quad \left(\frac{1}{2} < \alpha < \frac{2}{3}\right)$$

不难看出,这些就是由式(1.2.4)所定义的零点,它们当 $\lambda_0^2 \to 1$ 时增长。因此,根据 C_0 符号的情况,它们将为实数或纯虚数,而纯虚数零点对应一个透射解。

2. $\alpha = 2\beta, \alpha = \dfrac{2}{3}$

在这种情况下,根据式(1.2.18)可得

$$\mu_k = \mu_{k0}\varepsilon^{-\frac{1}{3}} + \mu_{k1}\varepsilon^{\frac{1}{3}} + \cdots \quad (k = 1, 2, \cdots, 6)$$

且有

$$\mu_{k0}^6 - 3(1-v^2)C_0\mu_{k0}^2 + 3v^2(1-v^2) = 0$$

$$\mu_{k1} = -\frac{1}{2}\mu_{k0}^{-1}\left[\mu_{k0}^4 - (1-v^2)C_0\right]^{-1} \times \left[(1-v^2)(2v^2-1)C_0 + \frac{2(1+v)}{3}\mu_{k0}^4\right]$$

这里我们得到了六个零点,其中的两个再一次对应式(1.2.4)所给出的零点,其他四个零点则对应式(1.2.10)给出的零点。当 $C_0 \to 0$ 时,这些零点将与式(1.2.16)定义的零点完全一致。

3. $\alpha = 2 - 4\beta\left(\dfrac{1}{2} < \alpha < \dfrac{2}{3}\right)$

$$\mu_k = \mu_{k0}\varepsilon^{\frac{\alpha}{4}-\frac{1}{2}} + \mu_{k1}\varepsilon^{\frac{1}{2}-\frac{5\alpha}{4}} + \cdots$$

$$\mu_{k0}^4 \mp 3(1-v^2)C_0 = 0, \mu_{k1} = -\frac{v^2}{4C_0\mu_{k0}} \quad (1.2.20)$$

如果在式(1.2.8)中我们令 $\lambda_0^2 - 1 = C_0\varepsilon^\alpha$,那么这些零点将与式(1.2.10)所给出的零点一致。

4. $\beta = \dfrac{1}{3}, \alpha > \dfrac{2}{3}$

$$\mu_k = \mu_{k0}\varepsilon^{-\frac{1}{3}} + \mu_{k1}\varepsilon^{\alpha-1} + \cdots$$

$$\mu_{k0}^6 - 3v^2(1-v^2) = 0, \mu_{k1} = -\frac{(1-v^2)C_0}{2\mu_{k0}^3} \quad (1.2.21)$$

关于 $\lambda_0^2 \to 1$ 情况下色散方程零点的这一异常行为,我们将在后面加以讨论。

在情况(3)中,式(1.2.3)形式如下

$$D(\mu,\varepsilon) = 64\varepsilon^2 \left\{ -v^2\mu^2 + \frac{1}{3}\left[\mu^6 + \frac{2(1+2v^2-2v^3)}{1-v}\mu^4 + \frac{11-16v-3v^2+16v^3-9v^4}{(1-v)^2}\mu^2 + \frac{29-54v+21v^2}{(1-v)^2} \right]\varepsilon^2 + \frac{1}{45}(-8\mu^8 + \cdots)\varepsilon^4 + \cdots \right\} = 0$$

于是,我们可以得到如下零点

$$\mu_k = \mu_{k0}\varepsilon^{-\frac{1}{2}} + \mu_{k1} + \mu_{k2}\varepsilon^{+\frac{1}{2}} + \cdots$$

$$\mu_{k0}^4 - 3v^2 = 0, \quad \mu_{k1} = 0, \quad \mu_{k2} = \frac{6v^3 - 6v^2 - 5}{10(1-v)\mu_{k0}}$$

很容易验证这些零点是式(1.2.10)在 $\lambda_0^2 = \frac{1}{1-v^2}$ 处所给出的零点,因此在这种情况下我们将得到四个零点,其中两个是纯虚数。对于式(1.2.12)给出的零点,它们在这里也是正确的。

我们将指出,式(1.2.3)具有另外两个有界零点,且当 $\varepsilon \to 0$ 时表现出渐近特性($\mu_k \to 0$)。不妨假定 μ_k 和 λ 的渐近表达式中的主项具有如下形式

$$\mu_k = \mu_{k0}\varepsilon^\beta, \lambda_0 = \lambda_0^* \varepsilon^q \quad (\beta > 0, q > 0) \tag{1.2.22}$$

将式(1.2.22)代入式(1.2.3)中,根据所构建的渐近过程的一致性要求,我们可以看出只有 $q = \beta$ 才是可行的。

我们来寻找如下形式的 $\mu_k(k=1,2)$,即

$$\mu_k = \mu_{k0}\varepsilon^\beta + \mu_{k2}\varepsilon^{3\beta} + \cdots, \quad \lambda_0 = \Lambda\varepsilon^\beta \tag{1.2.23}$$

将式(1.2.23)代入式(1.2.3),可以得到

$$\mu_{k0} = \pm \Lambda i, \mu_{k2} = \pm \frac{1}{2}v^2\Lambda^3 i \quad (i = \sqrt{-1}) \tag{1.2.24}$$

这些根对应于中空圆柱体的超低频振动情形,关于壳结构物中可能出现的此类振动问题,可以参见参见参考文献[2]中的详细讨论。

现在我们来考虑 λ 可无界增长(当 $\varepsilon \to 0$ 时)的情况,此类振动常称为超高频振动[2]。当 $\varepsilon \to 0$ 时,$\lambda \to \infty$,式(1.2.2)中的所有零点将趋于无穷。此处只需分别考察如下3种情形,即①当 $\varepsilon \to 0$ 时,$\lambda\varepsilon \to 0$;②当 $\varepsilon \to 0$ 时,$\lambda\varepsilon \to$ 常数;③当 $\varepsilon \to 0$ 时,$\lambda\varepsilon \to \infty$。

首先针对当 $\varepsilon \to 0$ 时 $\lambda\varepsilon \to 0$ 这种情形,考察这一极限条件下如何确定 μ_k。不妨假定 μ_k 和 λ 的渐近表达式中的主项具有如下形式

$$\mu_k = \mu_{k0}\varepsilon^{-\beta}, \lambda_0 = \Lambda\varepsilon^{-q}, \mu_{k0} = O(1), \Lambda = O(1) \quad (0 < \beta < 1, 0 < q < 1) \tag{1.2.25}$$

很容易证明此处应有 $q \leqslant \beta$。我们分别考虑 $q = \beta$ 和 $q < \beta$ 这两种情况。第一种情况下,可以寻求如下形式的 μ_k

$$\begin{aligned}\mu_k &= \mu_{k0}\varepsilon^{-\beta} + \mu_{k2}\varepsilon^{\beta} + \cdots, \lambda_0 = \Lambda\varepsilon^{-\beta} \quad \left(0 < \beta < \frac{1}{2}\right) \\ \mu_k &= \mu_{k0}\varepsilon^{-\beta} + \mu_{k2}\varepsilon^{2-3\beta} + \cdots \quad \left(\frac{1}{2} \leqslant \beta < 1\right)\end{aligned} \tag{1.2.26}$$

将这些展开式代入式(1.2.3)后,可以得到

$$\begin{aligned}\mu_{k0} &= \pm\sqrt{1-v^2}\Lambda i, \mu_{k2} = \frac{v^2}{2\mu_{k0}} \quad \left(0 < \beta < \frac{1}{2}\right) \\ \mu_{k2} &= \frac{v^2}{2\mu_{k0}} - \frac{v^2(1+v)^2\Lambda^4}{6\mu_{k0}} \quad \left(\beta = \frac{1}{2}\right) \\ \mu_{k2} &= -\frac{1}{6}\mu_{k0}^{-1}v^2(1+v)^2\Lambda^4 \quad \left(\frac{1}{2} < \beta < 1\right)\end{aligned} \tag{1.2.27}$$

对于 $q < \beta$ 这一情况,将式(1.2.25)代入式(1.2.3),并仅保留主导项,那么可以得到关于 μ_k 和 Λ 的如下方程

$$D(\mu, \lambda, \varepsilon) = 64(1+v)^2(1-v)^{-2}\Lambda_0^4 \left\{ \begin{array}{l} [-(1-v)^2\Lambda^2\mu_{k0}^2 + O(\varepsilon^{2\beta-2q})]\varepsilon^{-2\beta-2q} + \\ \frac{1}{3}\{\mu_{k0}^6 + O[\max(\varepsilon^{2-2\beta}, \varepsilon^{2\beta-2q})]\}\varepsilon^{2-6\beta} \end{array} \right\} = 0 \tag{1.2.28}$$

这就意味着 $q = 2\beta - 1$。由于 $q > 0$,因而有 $\beta > \frac{1}{2}$,于是 $\frac{1}{2} < \beta < 1$。需要注意的是,$q = 0$ 的情况$\left(\text{对应于 } \beta = \frac{1}{2}\right)$在上面已经考察过了。

现在寻求如下形式的 $\mu_k (k = 1, 2, 3, 4)$

$$\begin{aligned}\mu_k &= \mu_{k0}\varepsilon^{-\beta} + \mu_{k1}\varepsilon^{3\beta-2} + \cdots \quad \left(\frac{1}{2} < \beta < \frac{2}{3}\right) \\ \mu_k &= \mu_{k0}\varepsilon^{-\beta} + \mu_{k1}\varepsilon^{2-3\beta} + \cdots \quad \left(\frac{2}{3} \leqslant \beta < 1\right) \\ \lambda_0 &= \Lambda\varepsilon^{1-2\beta}\end{aligned} \tag{1.2.29}$$

将式(1.2.29)代入式(1.2.3)可以得到

$$\mu_{k0}^4 - 3(1-v^2)\Lambda^2 = 0, \mu_{k1} = -\frac{1}{4}\frac{\mu_{k0}}{\Lambda^2} \quad \left(\frac{1}{2} < \beta < \frac{2}{3}\right)$$

$$\mu_{k1} = \frac{1}{4 \cdot 5}\frac{1+v}{\mu_{k0}}(7v-17)\Lambda^2 - \frac{\mu_{k0}}{4\Lambda^2} \quad \left(\beta = \frac{2}{3}\right) \quad (1.2.30)$$

$$\mu_{k1} = \frac{1}{4 \cdot 5}\frac{1+v}{\mu_{k0}}(7v-17)\Lambda^2 \quad \left(\frac{2}{3} < \beta < 1\right)$$

因此，在这种情况中我们有四个零点，它们以 $\varepsilon^{-\beta}$ 阶增长，其中两个是实数，两个是纯虚数。纯虚零点实际上对应了所谓的不规则简并情形。应当注意到这里还有另一种可能的情况，即

$$\mu_k = \frac{\delta_k}{\varepsilon} + O(\varepsilon^{1-2\beta}), \lambda = \Lambda\varepsilon^{-\beta} \quad (0 < \beta < 1) \quad (1.2.31)$$

很容易看出，这种情况下在渐近行为的首项中我们可得到式(1.2.13)所给出的零点。

因此，在 $\lambda = \Lambda\varepsilon^{-\beta}$ 和 $\lambda = \Lambda\varepsilon^{1-2\beta}$ 情况中我们可以分别得到两个零点和四个零点(以 $\varepsilon^{-\beta}$ 阶增长)，以及一个零点可数集(以 ε^{-1} 阶增长)。

为了构造出第二组零点的渐近式(令 $\lambda = S\varepsilon^{-1}$)，我们可以寻求如下形式的 μ_k

$$\mu_k = \frac{\delta_k}{\varepsilon} + O(\varepsilon) \quad (1.2.32)$$

将式(1.2.32)代入式(1.2.2)，并利用函数 $J_v(x)$ 和 $Y_v(x)$ 的渐近展开式(宗量 δ_k 很大的条件下)进行转换，可以得到如下方程

$$\begin{aligned}&[(2\delta_k^2 + S^2)^2\sin\alpha_{k0}\cos\gamma_{k0} - 4\alpha_{k0}\gamma_{k0}\delta_k^2\cos\alpha_{k0}\sin\gamma_{k0}] \\ &[(2\delta_k^2 + S^2)^2\cos\alpha_{k0}\sin\gamma_{k0} - 4\alpha_{k0}\gamma_{k0}\delta_k^2\sin\alpha_{k0}\cos\gamma_{k0}] = 0\end{aligned} \quad (1.2.33)$$

其中

$$\alpha_{k0} = \delta_k^2 + \frac{1-2v}{2(1-v)}S^2, \gamma_{k0} = \delta_k^2 + S^2$$

对于给定的 λ，上面这个超越方程(1.2.33)将给出一个可数集 μ_k。必须注意的是，这个方程实际上跟弹性层的瑞利－兰姆色散方程[3]是一致的，后者在诸多文献中已经得到了相当深入的研究。

在情况③中，我们将 $\mu_k\varepsilon$ 和 $\lambda\varepsilon$ 分别记为 X_k 和 Y，并再次利用贝塞尔函数的渐近展开式，那么，式(1.2.2)将变为

$$[(2X_k + Y^2)^2 \sin\alpha_k \cos\gamma_k - 4\alpha_k\gamma_k X_k^2 \cos\alpha_k \sin\gamma_k]$$
$$[(2X_k + Y^2)^2 \cos\alpha_k \sin\gamma_k - 4\alpha_k\gamma_k X_k^2 \sin\alpha_k \cos\gamma_k] = 0 \qquad (1.2.34)$$
$$\alpha_k^2 = X_k^2 + \frac{1-2v}{2(1-v)} Y^2, \quad \gamma_k^2 = X_k^2 + Y^2$$

于是，当 $\beta > 1$ 时式(1.2.33)仍然是成立的。

为了便于对比，这里我们进一步根据 Kirchhoff – Love 理论和 V. Z. Vlasov 理论以及 Timoshenko 理论得到的色散方程进行分析。

在第一种情况[2]中，色散方程形式如下：

$$-(1-v^2)(\lambda_0^2 - 1)\mu^2 + (1-v^2)\lambda_0^2[1 - (1-v^2)\lambda_0^2] +$$
$$\frac{1}{3}[\mu^6 + (1-v^2)\lambda_0^2 \mu^4]\varepsilon^2 = 0 \qquad (1.2.35)$$

上面这个方程可以具有如下零点集合。

1. $\begin{cases} \mu_k = \mu_{k0} + \mu_{k2}\varepsilon^2 + \cdots \quad (k=1,2) \\ (\lambda_0^2 - 1)\mu_{k0}^2 + \lambda_0^2[(1-v^2)\lambda_0^2 - 1] = 0 \\ \mu_{k2} = -\frac{1}{6}(1-v^2)^{-4}(\lambda_0^2 - 1)^{-4}\mu_{x0}^{-1}v^2\lambda_0^6[(1-v^2)\lambda_0^4 - 2(1-v^2)\lambda_0^2 + 1] \end{cases}$

$$(1.2.36)$$

2. $\begin{cases} \mu_k = \mu_{k0}\varepsilon^{-1/2} + \mu_{k1}\sqrt{\varepsilon} + \cdots \quad (k=3,4,5,6) \\ \mu_{k0}^4 - 3(1-v^2)(\lambda_0^2 - 1) = 0 \\ \mu_{k1} = -\frac{v^2}{4\mu_{k0}}\frac{\lambda_0^4}{\lambda_0^2 - 1} \end{cases} \qquad (1.2.37)$

3. $\begin{cases} \mu_p = \mu_{p0}\varepsilon^{-1/3} + \mu_{p1}\varepsilon^{1/3} + \varepsilon\mu_{p2} + \cdots \quad (p=1,2,\cdots,6) \\ \mu_{p0}^6 + 3v^2(1-v^2) = 0, \mu_{p1} = -\frac{1-v^2}{6\mu_{p0}} \\ \mu_{p2} = \frac{2(1-v^2)^2}{27\mu_{p0}^3} \end{cases} \qquad (1.2.38)$

4. $\begin{cases} \mu_k = \mu_{k0}\varepsilon^{\beta} + \mu_{k1}\varepsilon^{3\beta} + \cdots \lambda_0 = \Lambda\varepsilon^{\beta} \\ \mu_{k0} = \pm i\Lambda, \mu_{k1} = \pm \frac{v^2}{2}\Lambda^3 i \end{cases} \qquad (1.2.39)$

5. $\begin{cases} \mu_k = \mu_{k0}\varepsilon^{-\beta} + \mu_{k1}\varepsilon^{\beta} + \cdots \quad (0 < \beta < 1) \\ \lambda_0 = \Lambda\varepsilon^{-\beta} \\ \mu_{k0} = \pm\sqrt{1-v^2}\Lambda\mathrm{i}, \mu_{k1} = v^2/2\mu_{k0} \end{cases}$ (1.2.40)

6. $\begin{cases} \mu_k = \mu_{k0}\varepsilon^{-\beta} + \mu_{k1}\varepsilon^{2-3\beta} + \cdots \quad \left(\dfrac{1}{2} < \beta \leq \dfrac{2}{3}\right) \\ \mu_k = \mu_{k0}\varepsilon^{-\beta} + \mu_{k1}\varepsilon^{3\beta-2} + \cdots \quad \left(\dfrac{2}{3} < \beta < 1\right) \\ \lambda_0 = \Lambda\varepsilon^{1-2\beta} \\ \mu_{k0}^4 - 3(1-v^2)\Lambda^2 = 0, \mu_{k1} = -\dfrac{\mu_{k0}}{4\Lambda^2}\left(\dfrac{1}{2} < \beta \leq \dfrac{2}{3}\right) \\ \mu_{k1} = 0 \quad \left(\dfrac{2}{3} < \beta < 1\right) \end{cases}$ (1.2.41)

根据 V. Z. Vlasov 理论[4]得到的色散方程形式如下

$$-(1-v^2)(\lambda_0^2-1)\mu^2 + (1-v^2)\lambda_0^2[1-(1-v^2)\lambda_0^2] +$$
$$\frac{1}{3}\{\mu^6 + [2v+(1-v^2)\lambda_0^2]\mu^4 + \mu^2 + (1-v^2)\lambda_0^2\}\varepsilon^2 - \frac{1}{9}\mu^6\varepsilon^4 = 0$$

(1.2.42)

上面这个方程具有如下零点集合。

1. $\begin{cases} \mu_k = \mu_{k0} + \mu_{k2}\varepsilon^2 + \cdots \quad (k=1,2) \\ (\lambda_0^2-1)\mu_{k0}^2 + \lambda_0^2[(1-v^2)\lambda_0^2-1] = 0 \\ \mu_{k2} = -6(1-v^2)^{-1}(\lambda_0^2-1)^{-4}\mu_{k0}^{-1}v^2\lambda_0^2 \times \\ \quad [(v+2)(1-v^2)\lambda_0^8 + 2(1-v^2)(v^2-v-3)\lambda_0^6 - \\ \quad (4v^2-2v-6)\lambda_0^4 - 2(1+v)\lambda_0^2 + v] \end{cases}$ (1.2.43)

2. $\begin{cases} \mu_k = \mu_{k0}\varepsilon^{-1/2} + \mu_{k1}\sqrt{\varepsilon} + \cdots \quad (k=3,4,5,6) \\ \mu_{k0}^4 - 3(1-v^2)(\lambda_0^2-1) = 0 \\ \mu_{k1} = -\dfrac{v}{4(\lambda_0^2-1)\mu_{k0}}[2-(v+2)\lambda_0^2] \end{cases}$ (1.2.44)

3. $\begin{cases} \mu_p = \mu_{p0}\varepsilon^{-1/3} + \mu_{p1}\varepsilon^{1/3} + \varepsilon\mu_{p2} + \cdots \quad (p = 1 \sim 6) \\ \mu_{p0}^6 + 3v^2(1-v^2) = 0, \mu_{p1} = \dfrac{v^2 - 2v - 1}{6\mu_{p0}}, \\ \mu_{p2} = \dfrac{1}{6 \cdot 9\mu_{k0}^3}(4v^4 - 16v^3 + 8v^2 + 16v - 5) \end{cases}$ (1.2.45)

4. $\begin{cases} \mu_k = \mu_{k0}\varepsilon^{\beta} + \mu_{k1}\varepsilon^{3\beta} + \cdots, \lambda_0 = \Lambda\varepsilon^{\beta} \\ \mu_{k0} = \pm \Lambda\mathrm{i}, \mu_{k1} = \pm \dfrac{v^2}{2}\Lambda^3\mathrm{i} \end{cases}$ (1.2.46)

5. $\begin{cases} \mu_k = \mu_{k0}\varepsilon^{-\beta} + \mu_{k1}\varepsilon^{\beta} + \cdots \\ \lambda_0 = \Lambda\varepsilon^{-\beta} \quad (0 < \beta < 1) \\ \mu_{k0} = \pm \sqrt{1-v^2}\Lambda\mathrm{i}, \mu_{k1} = v^2/2\mu_{k0} \end{cases}$ (1.2.47)

6. $\begin{cases} \mu_k = \mu_{k0}\varepsilon^{-\beta} + \mu_{k1}\varepsilon^{2-3\beta} + \cdots \quad \left(\dfrac{1}{2} < \beta \leq \dfrac{2}{3}\right) \\ \lambda_0 = \Lambda\varepsilon^{1-2\beta} \\ \mu_k = \mu_{k0}\varepsilon^{-\beta} + \mu_{k1}\varepsilon^{2-3\beta} + \cdots \quad \left(\dfrac{2}{3} < \beta < 1\right) \\ \mu_{k0}^4 - 3(1-v^2)\Lambda^2 = 0, \mu_{k1} = -\dfrac{\mu_{k0}}{4\Lambda^2} \quad \left(\dfrac{1}{2} < \beta \leq \dfrac{2}{3}\right) \\ \mu_{k1} = 0 \quad \left(\dfrac{2}{3} < \beta < 1\right) \end{cases}$ (1.2.48)

将式(1.2.36)~式(1.2.41)、式(1.2.43)~式(1.2.48)与精确表达式(1.2.4)、式(1.2.10)、式(1.2.16)、式(1.2.23)、式(1.2.26)和式(1.2.29)对比可知,渐近展开式中的首项都是一致的,只是后续的项存在显著的区别。不过,在超低频振动情况中,取前两项就足以反映实际情况,当然,在高频振动情况中(在实用壳理论意义上),实用理论往往会出现二阶项上的误差。

下面我们在 Timoshenko 模型基础上进行色散方程的渐近分析。P. M. Naghdi 和 R. M. Kuper 曾经导出了用于描述圆柱壳动特性的方程(考虑转动惯量和横向位错),在轴对称情况下这些方程的形式如下[5]。

$$v\frac{\partial U}{\partial \xi}+\frac{\partial^2 W}{\partial \xi^2}-\gamma^2\frac{\partial^2 W}{\partial t^2}=0$$

$$k_1^2\frac{\partial^2 U}{\partial \xi^2}-\gamma^2\frac{\partial^2 U}{\partial t^2}-U-v\frac{\partial W}{\partial \xi}+k_1^2 R_0\frac{\partial \psi}{\partial \xi}=0$$

$$-k_1^2\frac{\partial^2 U}{\partial \xi}+\frac{1}{3}\varepsilon^2 R_0\left(\frac{\partial^2 \psi}{\partial \xi^2}-\gamma^2\frac{\partial^2 \psi}{\partial t^2}-k_1^2 R_0\psi\right)=0$$

$$\gamma^2=\frac{1-v^2}{E}gR_0^2, k_1^2=\frac{1-v}{2}k^2$$

(1.2.49)

式中：k^2 为剪切系数。

上式的解可以设定为如下形式

$$U=A\mathrm{e}^{\mu\xi+\mathrm{i}\omega t}, W=B\mathrm{e}^{\mu\xi+\mathrm{i}\omega t}, \psi=C\mathrm{e}^{\mu\xi+\mathrm{i}\omega t}$$

根据非平凡解的存在条件，我们不难得到如下色散方程

$$D^{\mathrm{T}}(\mu,\lambda_0,\varepsilon)=(1-v^2)k_1^2[\lambda_0^2\mu^2-\mu^2+(1-v^2)\lambda_0^4-\lambda_0^2]-$$

$$\frac{1}{3}\left\{\begin{array}{l}k_1^2\mu^6+(1-v^2)[(2k_1^2+1)\lambda_0^2-1]\mu^4+(1-v^2)\lambda_0^2\times\\ [(k_1^2+2)(1-v^2)\lambda_0^2+v^2-2]\mu^2+(1-v^2)^2\lambda_0^4[(1-v^2)\lambda_0^2-1]\end{array}\right\}\varepsilon^2=0$$

(1.2.50)

于是可以得到如下根集合：

$$\mu_k=\mu_{k0}+\mu_{k2}\varepsilon^2+\cdots, \lambda_0=O(1)$$

$$(\lambda_0^2-1)\mu_{k0}^2+\lambda_0^2[(1-v^2)\lambda_0^2-1]=0$$

1.
$$\mu_{k2}=\frac{1}{6}(\lambda_0^2-1)^{-1}(1-v^2)^{-1}k_1^{-2}\mu_{k0}^{-1}\times$$

$$\left\{\begin{array}{l}k_1^2\mu_{k0}^6+(1-v^2)[(2k_1^2+1)\lambda_0^2-1]\mu_{k0}^4+\\ (1-v^2)[(k_1^2+2)(1-v^2)\lambda_0^4+(v^2-2)\lambda_0^2]\mu_{k0}^2\\ +(1-v^2)^2\lambda_0^4[(1-v^2)\lambda_0^2-1]\end{array}\right\}$$

(1.2.51)

2. $\mu_k=\dfrac{\mu_{k0}}{\sqrt{\varepsilon}}+\mu_{k2}\sqrt{\varepsilon}+\cdots$ (1.2.52)

其中

$$\mu_{k0}^4-3(1-v^2)(\lambda_0^2-1)=0,$$

$$\mu_{k2}=-\frac{1}{4k_1^2(\lambda_0^2-1)\mu_{k0}}\{[(1-v^2)\lambda_0^4+(2v^2-1)\lambda_0^2]k_1^2+(1-v^2)(\lambda_0^2-1)^2\}$$

将式(1.2.51)和式(1.2.52)与精确展开式(1.2.4)和式(1.2.10)对比可见,首项是相同的,后续项则基本上依赖于因子 k,一般是不一致的。

3. $$\begin{cases} \mu_p = \mu_{p0}\varepsilon^{-1/3} + \mu_{p1}\varepsilon^{1/3} + \varepsilon\mu_{p2} + \cdots, \lambda_0^2 = 1 \\ \mu_{p0}^6 + 3v^2(1-v^2) = 0, \mu_{p1} = \dfrac{1-v^2}{3\mu_{p0}} \\ \mu_{p2} = \dfrac{1}{6\mu_{p0}^3}\left[\dfrac{7(1-v^2)^2}{9} + \dfrac{v^2(1-v^2)}{k_1^2}\right] \end{cases} \quad (1.2.53)$$

4. $$\begin{cases} \mu_k = \mu_{k0}\varepsilon^{\beta} + \mu_{k1}\varepsilon^{3\beta} + \cdots, \lambda_0 = \Lambda\varepsilon^{\beta} \\ \mu_{k0} = \pm\Lambda\mathrm{i}, \mu_{k1} = \pm\dfrac{v^2}{2}\Lambda^3\mathrm{i} \end{cases} \quad (1.2.54)$$

将式(1.2.54)与精确展开式(1.2.23)对比可以看出,在超低频振动情况中,Timoshenko 理论、Kirchhoff – Love 理论以及 V. Z. Vlasov 理论所给出的展开式中前两项都是一致的。

5. $$\begin{cases} \mu_k = \mu_{k0}\varepsilon^{-\beta} + \mu_{k1}\varepsilon^{\beta} + \cdots, \lambda_0 = \Lambda\varepsilon^{-\beta} \quad (0 < \beta < 1) \\ \mu_{k0} = \pm\sqrt{1-v^2}\Lambda\mathrm{i}, \mu_{k1} = \dfrac{v^2}{2\mu_{k0}} \end{cases} \quad (1.2.55)$$

可以发现,在 $0 < \beta < \dfrac{1}{2}$ 情况下,上面这个展开式内的两项跟精确展开式(1.2.26)中的两项是相同的,不过在 $\dfrac{1}{2} \leq \beta < 1$ 情况下,Timoshenko 理论在色散方程根的展开式的第二项上存在一些阶次差异。类似的结果也出现在 Kirchhoff – Love 理论和 V. Z. Vlasov 理论中。

6. $$\begin{cases} \mu_k = \mu_{k0}\varepsilon^{-\beta} + \mu_{k1}\varepsilon^{3\beta-2} + \cdots, \lambda_0 = \Lambda\varepsilon^{1-2\beta} \quad \left(\dfrac{1}{2} < \beta \leq \dfrac{2}{3}\right) \\ \mu_k = \mu_{k0}\varepsilon^{-\beta} + \mu_{k1}\varepsilon^{2-3\beta} + \cdots, \dfrac{2}{3} \leq \beta < 1 \end{cases} \quad (1.2.56)$$

其中

$$\mu_{k0}^4 - 3(1-v^2)\Lambda^2 = 0, \mu_{k1} = -\dfrac{\mu_{k0}}{4\Lambda^2} \quad \left(\dfrac{1}{2} < \beta \leq \dfrac{2}{3}\right)$$

$$\mu_{k1} = -\dfrac{\mu_{k0}}{4\Lambda^2} - \dfrac{1-v^2}{4\mu_{k0}}\Lambda^2\left(1 + \dfrac{1}{k_1^2}\right) \quad \left(\beta = \dfrac{2}{3}\right)$$

$$\mu_{k1} = -\frac{1-v^2}{4\mu_{k0}}\Lambda^2\left(1+\frac{1}{k_1^2}\right) \quad \left(\frac{2}{3}<\beta<1\right)$$

在 $\lambda_0 = \Lambda\varepsilon^{1-2\beta}$、$\frac{1}{2}<\beta\leqslant\frac{2}{3}$ 情况下,Timoshenko 理论给出了与 Kirchhoff – Love 理论和 V. Z. Vlasov 理论相同的结果,且此处的展开式中的两项也与精确展开式(1.2.29)是吻合的。在 $\lambda_0 = \Lambda\varepsilon^{1-2\beta}$、$\frac{2}{3}<\beta<1$ 情况下,与 Kirchhoff – Love 理论和 V. Z. Vlasov 理论不同的是,Timoshenko 理论能够正确地确定出渐近展开式内的第二项的阶次,且该理论给出的展开式中的两项在 $k^2 = 5/(6-v)$ 时与式(1.2.29)是一致的。关于剪切系数 $k^2 = 5/(6-v)$,最早是由 P. A. Zhilin[6] 给出的。

通过上面的分析可以看出,对于单层薄壳而言,Timoshenko 理论实际上并不优于 Kirchhoff – Love 理论和 V. Z. Vlasov 理论,不仅如此,在渐近意义上该理论的一致性还要弱一些,原因在于剪切系数选择上的不确定性。

可以说,针对现有实用理论的分析已经表明,在一阶近似上,所有这些理论都是可以比较准确地给出近似解[对应于由式(1.2.4)、式(1.2.10)、式(1.2.16)、式(1.2.23)、式(1.2.26)和式(1.2.29)所给出的零点],同时它们在进一步的近似中都不能给出更为准确的结果。

附带提及的是,在前面指出的 P. A. Zhilin 的工作中,他已经针对各种理论的分析以及它们在壳理论中的地位,做过较为透彻的讨论。

1.3 位移和应力的渐近表达式的构建

在这一节中,我们将给出与色散方程的不同根集合相对应的齐次解的渐近构造过程,此处假定 ε 是一个小参数。首先考虑 $\lambda = O(1)$ 情形。正如前面曾经指出的,这一情形下,色散方程具有三组零点。如果假定 $\rho = 1 + \varepsilon\eta(-1\leqslant\eta\leqslant 1)$,并将第一组解以小参数 ε 进行展开,那么我们可以得到关于根的渐近表达如下(此处和下文中,将给出位移和应力的峰值;整个过程中省略了求和符号,且假定求和是针对指定的指标进行的)

$$U_{\rho k} = C_k v[-1 + \{[(1+v)\lambda_0^2 - 1]\eta + 2 - (1+v)\lambda_0^2\}\varepsilon + \cdots]m_k'(\xi)$$

$$U_{\xi k} = C_k[1 - (1-v^2)\lambda_0^2]\left\{1 + \varepsilon\left[\frac{v\lambda_0^2}{\lambda_0^2 - 1}\eta + (1+v)\lambda_0^2 - 2\right]\right\}m_k(\xi)$$

$$\sigma_z^{(k)} = 2GC_k \left[(1+v)(1-\lambda_0^2) + \varepsilon \left\{ \begin{matrix} -\dfrac{\lambda_0^2}{\lambda_0^2-1} \dfrac{v}{1-v} \begin{bmatrix} (1+v)(1-2v)\lambda_0^2 \\ +v^2+v-1 \end{bmatrix} \eta \\ +2(1+v)(\lambda_0^2-1) - \\ (1+v)^2\lambda_0^2(\lambda_0^2-1) \end{matrix} \right\} + \cdots \right] m_k'(\xi)$$

$$\sigma_\varphi^{(k)} = 2GC_k \left[-v(1+v)\lambda_0^2 + \varepsilon \left\{ \begin{matrix} (1+v)\lambda_0^2 - (1+v)^2\lambda_0^4 + \dfrac{\lambda_0^2}{\lambda_0^2-1} \dfrac{v}{1-v} \\ \begin{bmatrix} (1+v)^2\lambda_0^4 - (1+v)(2+v)\lambda_0^2 \\ +v(2+v) \end{bmatrix} \eta \end{matrix} \right\} + \cdots \right] m_k'(\xi)$$

$$\sigma_r = O(\varepsilon^2), \quad \tau_{rz} = O(\varepsilon^2) \tag{1.3.1}$$

其中：
$$m_k(\xi) = E_k \text{ch}\mu_k\xi + N_k \text{sh}\mu_k\xi$$

μ_k 由式(1.2.4)给出，C_k 是任意常数。因此，式(1.2.4)给出的零点也就对应于一些透射解了。

现在我们来考察与第二组零点对应的齐次解，它们由式(1.2.10)确定，而式(1.2.11)给出的这四个解则对应根。将该表达式代入到式(1.1.15)中(替换掉 ρ_1, ρ_2, ρ)，然后以 ε 的幂级数展开，我们得到

$$U_{\rho k} = \sqrt{\varepsilon} C_k \{ -\mu_{k0}^2 + \varepsilon [v\mu_{k0}^2\eta + (1-v)\mu_{k0}^2 - (1-v^2)\lambda_0^2 - 2\mu_{k0}\mu_{k2}] + \cdots \} m_k'(\xi)$$

$$U_{\xi k} = \sqrt{\varepsilon} C_k \left\{ 3(1-v^2)(\lambda_0^2-1)\eta + v\mu_{k0}^2 + \varepsilon \begin{bmatrix} (1-v^2)\lambda_0^2\mu_{k0}\eta + \\ 4\mu_{k0}^3\mu_{k2}\eta + 2v\mu_{k0}\mu_{k2} + \\ v(1+v)\lambda_0^2\mu_{k0} - 2v\mu_{k0}^2 \end{bmatrix} + \cdots \right\} m_k(\xi)$$

$$\sigma_z^{(k)} = 2GC_k\sqrt{\varepsilon} \left\{ 3(1+v)(\lambda_0^2-1)\eta + \varepsilon \begin{bmatrix} (1-v)^{-1}(1+v)\lambda_0^2\mu_{k0}\eta \\ +4(1-v)^{-1}\mu_{k0}^3\mu_{k2}\eta \\ -v(1+v)\lambda_0^2 \end{bmatrix} + \cdots \right\} m_k'(\xi)$$

$$\sigma_\varphi^{(k)} = 2GC_k\sqrt{\varepsilon} \left\{ \begin{matrix} -(1+v)\mu_{k0}^2 + 3v(1+v)(\lambda_0^2-1)\eta + \\ \varepsilon\begin{bmatrix} -2(1+v)\mu_{k0}\mu_{k2} - (1+v)\lambda_0^2 + 4v(1-v)^{-1}\mu_{k0}^3\mu_{k2}\eta \\ +v(1+v)(2-v)\lambda_0^2\mu_{k0}^2\eta + (1-v)^2\mu_{k0}^2\eta \\ +(1+v)\mu_{k0}^2 - v(1+v)\lambda_0^2\mu_{k0}^2 \end{bmatrix} + \cdots \end{matrix} \right\} m_k'(\xi)$$

$$\tau_{rz}^{(k)} = \frac{1-2v}{2} GC_k\sqrt{\varepsilon} [3(1+v)(\lambda_0^2-1)(\eta^2-1) + O(\varepsilon)] m_k(\xi)$$

$$\tag{1.3.2}$$

且有 $\sigma_r = O(\varepsilon)$，$m_k(\xi) = E_k e^{\mu_k \xi} + N_k e^{-\mu_k \xi}$ $(k = 3,4,5,6)$，而 μ_k 由式 (1.2.10) 给出。

从式 (1.3.2) 可以看出，$U_{\rho k}$、σ_z^k 和 σ_φ^k 带有一阶小参数 ε，$U_{\xi k}$ 和 τ_{rz}^k 带有 $\sqrt{\varepsilon}$ 阶，而 σ_r^k 与 ε 同阶。因此，在 $\lambda_0^2 < 1$ 情况下我们将得到类似于实用壳理论中简单边界效应下的四个衰减解，而在 $\lambda_0^2 > 1$ 情况下则可得到两个阻尼解和两个透射解。

在 $\lambda_0^2 = 1$ 情况下，位移和应力由式 (1.3.3) 给出

$$U_{\rho k} = C_k \left\{ \begin{array}{l} -\mu_{k0}^2 - \sqrt[3]{\varepsilon^2}[1 - v^2 + 2\mu_{k0}\mu_{k1}] + \\ \varepsilon[v\mu_{k0}^2 \eta + (1-v)\mu_{k0}^2 - 2\mu_{k0}\mu_{k2}] + \cdots \end{array} \right\} m_k'(\xi)$$

$$U_{\xi k} = C_k \{ v\mu_{k0}^2 + \sqrt[3]{\varepsilon}(1-v)^{-1}\mu_{k0}^4 \eta + 2v\mu_{k0}\mu_{k1}\sqrt[3]{\varepsilon^2} + \cdots \} m_k(\xi)$$

$$\sigma_z^{(k)} = 2GC_k \sqrt[3]{\varepsilon} \left\{ \begin{array}{l} (1-v)^{-1}\mu_{k0}^4 \eta - v(1+v)\sqrt[3]{\varepsilon} + \sqrt[3]{\varepsilon^2} \\ [4\mu_{k0}^3 \mu_{k1}(1-v)^{-1}\eta + (1+v)(1-v)^{-1}\mu_{k0}^2 \eta + \cdots] + \cdots \end{array} \right\} m_k'(\xi)$$

$$\sigma_\varphi^{(k)} = 2GC_k \left\{ \begin{array}{l} -(1+v)\mu_{k0}^2 + v(1-v)^{-1}\mu_{k0}^4 \eta \sqrt[3]{\varepsilon} + [-2(1+v)\mu_{k0}\mu_{k1} \\ + \cdots] \sqrt[3]{\varepsilon^2} + \cdots \end{array} \right\} m_k'(\xi)$$

$$\tau_{zk}^{(k)} = \frac{1-2v}{2}[-v(1+v)(\eta^2 - 1) + O(\sqrt[3]{\varepsilon})] m_k(\xi)$$

$$\sigma_r^{(k)} = O(\varepsilon)$$

(1.3.3)

其中：

$$m_k(\xi) = E_k e^{\mu_k \xi} + N_k e^{-\mu_k \xi} \quad (k = 1,2,3,4)$$
$$m_k(\xi) = E_k \cos(\mu_k \xi) + N_k \sin(\mu_k \xi) \quad (k = 5,6)$$

且 μ_k 由式 (1.2.16) 给出。

可以看出，我们再一次得到了四个阻尼解和两个透射解。

对于第三组零点，根据位移和应力的一阶近似，利用贝塞尔函数的渐近展开式中的首项，我们可以得到两类解，第一类对应于函数 $\sin 2\delta + 2\delta$ 的零点，第二类则对应于函数 $\sin 2\delta - 2\delta$ 的零点。它们都具有相同的结构，可以表示为如下形式

$$U_{\rho n} = -2\varepsilon^2 C_n [(2-v)F'_n(\eta) + (1-v)\delta_n^{-2} F''_n(\eta) + O(\varepsilon)] m'_n(\xi)$$

$$U_{\xi n} = 2\varepsilon C_n [(1-v)\delta_n^{-1} F''(\eta) - v\delta_n F_n(\eta) + O(\varepsilon)] m'_n(\xi)$$

$$\sigma_z^{(n)} = 2GC_n\varepsilon [F''_n(\eta) + O(\varepsilon)] m'_n(\xi)$$

$$\sigma_\varphi^{(n)} = 2GC_n\varepsilon [F''_n(\eta) + \delta_n^2 F_n(\eta) + O(\varepsilon)] m'_n(\xi)$$

$$\sigma_r^{(n)} = -2GC_n\varepsilon [\delta_n^2 F_n(\eta) + O(\varepsilon)] m'_n(\xi)$$

$$\tau_{rz}^{(n)} = -2GC_n [F'_n(\eta) + O(\varepsilon)] m_n(\xi)$$

$$(1.3.4)$$

其中：$F_n(\eta)$ 为 P. F. Papkovich 函数，它是如下谱问题的解：

$$F^{\text{IV}} + 2\delta^2 F^{\text{II}} + \delta^4 F = 0, F(\pm 1) = F^{\text{I}}(\pm 1) = 0$$

$$F_n(\eta) = (\delta_n^{-1} \sin\delta_n + \cos\delta_n)\cos\delta_n\eta + \eta\sin\delta_n\sin\delta_n\eta, n = 2, 4, \cdots$$

$$F_n(\eta) = (\sin\delta_n - \delta_n^{-1}\cos\delta_n)\sin\delta_n\eta + \eta\cos\delta_n\cos\delta_n\eta, n = 1, 3, \cdots$$

应当注意的是，当 $\varepsilon \to 0$ 时这组解将对应于局域在表面 $z = \pm l$ 附近的边界效应，几乎跟圣维南板理论中的边界效应相同。

由上可知，色散方程(1.2.2)具有两个零点，当 $\varepsilon \to 0$ 时它们将趋近于零。这些零点对应中空圆柱体的超低频振动解，其形式如下

$$U_{\rho k} = C_k [v^2 - 1 + (\eta - 2)\Lambda^2 \varepsilon + \cdots] m'_k(\xi)$$

$$U_{\xi k} = C_k \{-v\Lambda^2 + \Lambda^2 [v\Lambda^2\eta - v(1+v)\Lambda^2 + 2v]\varepsilon^{1+2\beta}\} m_k(\xi)$$

$$\sigma_z^{(k)} = 2GC_k \left\{ -v(1+v)\Lambda^2 + \begin{bmatrix} -v^2(1-v)^{-1}(v^2+v-1)\Lambda^4\eta \\ +2v(1+v)\Lambda^2 - v(1+v)^2\Lambda^4 \end{bmatrix} \varepsilon^{1+2\beta} \right\} m'_k(\xi)$$

$$\sigma_\varphi^{(k)} = 2GC_k\varepsilon^{2\beta}[1 - (\eta+1)\varepsilon + \cdots] v^2(1+v)\Lambda^4 m'_k(\xi)$$

$$\sigma_r^{(k)} = O(\varepsilon^{2+2\beta}), \tau_{rz}^{(k)} = O(\varepsilon^{3+4\beta})$$

$$(1.3.5)$$

其中：μ_k 由式(1.2.23)给出。

下面我们将针对圆柱体的微波振动情况给出位移和应力的表达式，此处需要分别考虑如下情形

① 当 $\varepsilon \to 0$ 时，$\lambda\varepsilon \to 0$；② 当 $\varepsilon \to 0$ 时，$\lambda\varepsilon \to$ 常数；③ 当 $\varepsilon \to 0$ 时，$\lambda\varepsilon \to \infty$。

在情形①中，我们有

$$U_{pk} = C_k[-\mu_{k0}^2 + O(\varepsilon^{2-2\beta})]m_k'(\xi)$$

$$U_{\xi k} = C_k[3(1-v^2)\Lambda^2\eta + O(\varepsilon^{1-2\beta})]\varepsilon^{1-2\beta}m_k(\xi)$$

$$\sigma_z^{(k)} = 2GC_k\varepsilon^{1-2\beta}[3(1+v)\Lambda^2\eta + O(\varepsilon^{1-2\beta})]m_k'(\xi)$$

$$\sigma_\varphi^{(k)} = 2GC_k\varepsilon^{1-2\beta}[3v(1+v)\Lambda^2\eta + O(\varepsilon^{1-2\beta})]m_k'(\xi) \qquad (1.3.6)$$

$$\tau_{rz}^{(k)} = G\frac{1-2v}{2(1-v)}C_k(\eta^2-1)\varepsilon^{3-4\beta}[3(1-v^2)\Lambda^2\mu_{k0}^2 + O(\varepsilon^{2-2\beta})]m_k(\xi)$$

$$\sigma_r^{(k)} = O(\varepsilon^{4-5\beta}), \lambda = O(\varepsilon^{1-2\beta}), \mu = O(\varepsilon^{-\beta}) \quad \left(\frac{1}{2} < \beta < 1, k = 1,2,3,4\right)$$

$$U_{pk} = C_k[v^2(1+v^2)\Lambda^2(\eta-1) + O(\varepsilon^{2\beta})]\varepsilon m_k'(\xi)$$

$$U_{\xi k} = C_k[-v(1-v^2)\Lambda^2 + O(\varepsilon^{1-2\beta})]m_k(\xi)$$

$$\sigma_z^{(k)} = 2GC_k[-v(1+v)\Lambda^2 + O(\varepsilon^{1-2\beta})]m_k'(\xi)$$

$$\sigma_\varphi^{(k)} = 2GC_k\varepsilon^{1-2\beta}[-(1-v)^{-1}v^2(1+v)^2\Lambda^4(\eta+1) + O(\varepsilon^{2\beta})]m_k'(\xi)$$

$$\sigma_r^{(k)} = O(\varepsilon^{2-3\beta}), \tau_{rz}^{(k)} = O(\varepsilon^{3-4\beta}), \lambda = O(\varepsilon^{-\beta}), \mu = O(\varepsilon^{-\beta}) \quad \left(0 < \beta \leq \frac{1}{2}, k=1,2\right)$$

$$(1.3.7)$$

$$U_{pk} = C_k[v^2(1+v^2)\Lambda^2(\eta-1) + O(\varepsilon^{1-2\beta})]m_k'(\xi)$$

$$U_{\xi k} = C_k\varepsilon^{1-2\beta}\left[-v(1+v)(1-v)\Lambda^4 + \begin{cases} O(\varepsilon^{2\beta-1}) & \left(\frac{1}{2}<\beta\leq\frac{3}{4}\right) \\ O(\varepsilon^{2\beta-2}) & \left(\frac{3}{4}<\beta<1\right) \end{cases}\right]$$

$$\sigma_z^{(k)} = 2GC_k\varepsilon^{1-2\beta}\left[-v(1+v)^2\Lambda^4 + \begin{cases} O(\varepsilon^{2\beta-1}) & \left(\frac{1}{2}<\beta\leq\frac{3}{4}\right) \\ O(\varepsilon^{2\beta-2}) & \left(\frac{3}{4}<\beta<1\right) \end{cases}\right]m_k'(\xi)$$

$$\sigma_\varphi^{(k)} = 2GC_k\varepsilon^{1-2\beta}\left[-(1-v)^{-1}(1+v)^2\Lambda^4(\eta+1) + \begin{cases} O(\varepsilon^{2\beta-1}) & \left(\frac{1}{2}<\beta\leq\frac{3}{4}\right) \\ O(\varepsilon^{2\beta-2}) & \left(\frac{3}{4}<\beta\leq1\right) \end{cases}\right]m_k'(\xi)$$

$$\sigma_r^{(k)} = O(\varepsilon^{2-3\beta}), \tau_{rz}^{(k)} = O(\varepsilon^{3-4\beta}) \quad \left(\frac{1}{2}<\beta<1, k=1,2\right)$$

$$(1.3.8)$$

对于 $\lambda = \Lambda \varepsilon^{-\beta}, 0 < \beta < 1$ 且 $\mu_n = \dfrac{\delta_k}{\varepsilon} + O(\varepsilon)$ 这一情形,解式(1.3.4)在渐近展开的首项近似上也是正确的。

在情形②中,对于位移和应力的一阶近似,利用贝塞尔函数的渐近展开式的首项,我们可以找到两种解,第一种对应于如下函数的零点,即

$$(2\delta_n^2 + s^2)^2 \sin\alpha_{n0} \cos\gamma_{n0} - 4\alpha_{n0}\gamma_{n0}\delta_n^2 \cos\alpha_{n0} \sin\gamma_{n0}$$

而第二种则对应如下函数的零点

$$(2\delta_n^2 + s^2)^2 \sin\gamma_{n0} \cos\alpha_{n0} - 4\alpha_{n0}\gamma_{n0}\delta_n^2 \sin\alpha_{n0} \cos\gamma_{n0}$$

它们有着相同的结构,都可以表示为

$$U_{\rho n} = \varepsilon B_{12}\left[(2\delta_n^2 + s^2)^2 \cos\gamma_{n0}\cos\alpha_{n0}\eta - \delta_n^2 \cos\alpha_{n0}\cos\gamma_{n0}\eta + O(\varepsilon)\right] m_n'(\xi)$$

$$U_{\xi n} = B_n \delta_n^2 \left[\frac{2\delta_n^2 + s^2}{\alpha_{n0}} \cos\gamma_{n0}\sin\alpha_{n0}\eta - 2\gamma_{n0}\cos\alpha_{n0}\sin\gamma_{n0}\eta + O(\varepsilon)\right] m_n(\xi)$$

$$\sigma_z^{(n)} = G\frac{B}{\alpha_{n0}}\left[\begin{array}{l}\left(2\delta_n^2 + \dfrac{v}{v-1}s^2\right)(2\delta_n^2 + s^2)\cos\gamma_{n0}\sin\alpha_{n0}\eta \\ -4\alpha_{n0}\gamma_{n0}\delta_n^2 \cos\alpha_{n0}\sin\gamma_{n0}\eta + O(\varepsilon)\end{array}\right] m_n'(\xi)$$

$$\sigma_\varphi^{(n)} = -G\frac{v}{v-1}\frac{B_n}{\alpha_{n0}}\left[s^2(2\delta_n^2 + s^2)\cos\gamma_{n0}\sin\alpha_{n0}\eta + O(\varepsilon)\right] m_n'(\xi)$$

$$\sigma_r^{(n)} = -GB_n\left[(2\delta_n^2 + s^2)\sin\gamma_{n0}\cos\alpha_{n0}\eta - 4\alpha_{n0}\gamma_{n0}\delta_n^2 \sin\alpha_{n0}\cos\gamma_{n0}\eta + O(\varepsilon)\right] m_n'(\xi)$$

$$\tau_{rz}^{(n)} = 2G\varepsilon^{-1}\delta_n^2(2\delta_n^2 + s^2)B_n\left[\cos\gamma_{n0}\cos\alpha_{n0}\eta - \cos\alpha_{n0}\cos\gamma_{n0}\eta + O(\varepsilon)\right] m_n(\xi)$$

$$n = 1, 3, 5, \cdots$$

(1.3.9)

式中:B_n 为任意常数。

当 $n = 2, 4, 6$ 时,表达式可以根据式(1.3.9)修改得到,即将 $\cos x$ 替换为 $\sin x$,而把 $\sin x$ 替换为 $-\cos x$。式(1.3.9)中的传播常数 δ_n 可以是实数或者纯虚数,也可以是复数。

对于纯虚数的 δ_n,解式(1.3.9)是行波,可以将能量传递给圆柱体,时间平均的能量流与坐标 ξ 无关,对于无损介质而言这也是很自然的。实零点对应的是非均匀波,能量不能沿着圆柱体传播,不同符号的 δ_n 一般代表那些在 $\xi =$ 常数截面左侧或右侧作指数衰减的波动成分。色散方程(1.2.33)也具有可数个复根,在复平面 $\delta = \pm x \pm iy$ 的每个象限中都有四个。当我们将每个象限中的每个 δ 值代入式(1.3.9)时,也就对应一个幅值衰减或增长的行波。对于形成驻波

(两列波相向行进)的情况,一般需要分别选取 $\mathrm{Re}\delta_k > 0$ 一侧的零点以及 $\mathrm{Re}\delta_k < 0$ 一侧的零点。

类似地,在情形③中我们可以得到

$$U_{\rho n} = \varepsilon B_n \left[(2x_n^2 + y^2)\cos\gamma_n \cos\alpha_n \eta - 2x_n^2 \alpha_n \gamma_n \cos\alpha_n \cos\gamma_n \eta + O(\varepsilon) \right] m_n'(\xi)$$

$$U_{\xi n} = B_n x_n^2 \left[(2x_n^2 + y^2)\cos\gamma_n \sin\alpha_n \eta - 2\gamma_n \cos\alpha_n \cos\gamma_n \eta + O(\varepsilon) \right] m_n(\xi)$$

$$\sigma_z^{(n)} = G \frac{B_n}{\alpha_n} \left[\begin{array}{l} \left(2x_n^2 + \dfrac{v}{v-1} y^2\right)(2x_n^2 + y^2)^2 \cos\gamma_n \sin\alpha_n \eta \\ - 4\alpha_n \gamma_n x_n^2 \cos\alpha_n \sin\gamma_n \eta + O(\varepsilon) \end{array} \right] m_n'(\xi)$$

$$\sigma_\varphi^{(n)} = G \frac{v}{v-1} \frac{B_n}{\alpha_n} \left[y^2 (2x_n^2 + y^2) \cos\gamma_n \sin\alpha_n \eta + O(\varepsilon) \right] m_n'(\xi)$$

$$\sigma_r^{(n)} = -G B_n \left[(2x_n^2 + y^2)^2 \sin\gamma_n \cos\alpha_n \eta - 4\alpha_n \gamma_n x_n^2 \sin\alpha_n \cos\gamma_n \eta + O(\varepsilon) \right] m_n'(\xi)$$

$$\tau_{rz}^{(n)} = 2G\varepsilon^{-1} x_n^2 (2x_n^2 + y^2)^2 B_n \left[\cos\gamma_n \cos\alpha_n \eta - \cos\alpha_n \cos\gamma_n \eta + O(\varepsilon) \right] m_n(\xi)$$

$$n = 1, 3, 5, \cdots$$

(1.3.10)

当 $n = 2, 4, 6 \cdots$ 时,表达式可以根据式(1.3.10)修改得到,即将 $\cos x$ 替换为 $\sin x$,$\sin x$ 替换为 $-\cos x$。需要强调的是,前面给出的关于解的性质的评述在这种情形中也是适用的。

值得注意的是,实用壳理论中没有给出情形②和③所对应的解。

如同上面所介绍的,情形②对应的解刻画了边界层类型的应力应变状态,在壳理论中它们的影响是:首先,它们局域在边界、缺陷以及其他集中位置处,其行为表现为独立的应力应变状态,且带有内应力。不仅如此,该应力张量的某些分量也是最为基本的成分。因此,在计算某些集中位置附近的应力应变状态时,考虑边界层的影响是十分重要的[7]。其次,它们能够更准确地满足圆柱体端部的任意边界条件(通过齐次解),因而可以说它们对内部应力应变状态的影响事实上已经成为了一种全局特性[7]。

对于情形③所对应的解,众所周知,这个 Rayleigh – Lamb 方程具有有限个纯虚根,它们对应于透射解。因此,这里不讨论该应力应变状态的局域特性,它超出了实用壳理论的应用范围,圣维南原理也不适用。

在考察色散方程的根以及波形的构造时,我们已经指出 $\lambda_0^2 = 1$ 这种情况是比较特殊的。很自然地,这就带来了一个问题,即是什么导致了这种特殊性?这是因为在 $\lambda_0^2 < 1$ 时弹性动力学理论中的积分本性与静弹性是相同的,而当 $\lambda_0^2 > 1$

时这两者则有显著不同,因此,$\lambda_0^2 = 1$ 自然也就成为了一个"相变"点。

1.4 齐次解的广义正交性条件:在圆柱体端部满足边界条件

众所周知,Schiff – Papkovich 正交关系在弹性理论的基本边值问题求解方法发展中起到了重要的作用。参考文献[8]针对弹性半条的动力学问题将这些关系做了推广。借助这些关系,弹性带简谐受迫振动的混合边值问题就可以得到精确的求解。对于半无限圆柱体这些关系也已经被证实是适用的,不过在中空圆柱体情况中这种适用性并不显而易见。下面我们将针对中空圆柱体,推导出齐次解的广义正交性条件,它将使得我们能够准确地求解端部带有混合边界的中空圆柱体的受迫振动问题。

考虑侧表面上的如下齐次边界条件

$$\sigma_r = 0, \tau_{rz} = 0 \quad (在 \rho = \rho_1, \rho_2 处) \tag{1.4.1}$$

$$U_r = 0, U_z = 0 \quad (在 \rho = \rho_1, \rho_2 处) \tag{1.4.2}$$

$$U_r = 0, \tau_{rz} = 0 \quad (在 \rho = \rho_1, \rho_2 处) \tag{1.4.3}$$

$$\sigma_r = 0, U_z = 0 \quad (在 \rho = \rho_1, \rho_2 处) \tag{1.4.4}$$

我们来证明对于上述任何一种边界条件,都有如下正交关系成立

$$\int_{\rho_1}^{\rho_2} (U_{rp} \tau_{rz}^k - \sigma_{zp} U_{zk}) \rho \mathrm{d}\rho = 0 \quad (\rho \neq k) \tag{1.4.5}$$

式(1.4.5)实际上是 Betty 定理的直接结果,它不依赖于圆柱体侧表面上的边界条件类型。事实上,不妨假设 U_r^i、U_θ^i、σ_z^i 和 τ_{rz}^i ($i = 1,2$) 分别代表的是第一种和第二种状态中的位移和应力,那么根据 Betty 定理可知,在 $\xi = $ 常数有如下等式成立

$$\int_{\rho_1}^{\rho_2} (U_z^1 \sigma_z^2 + \tau_{rz}^2 U_r^1) \rho \mathrm{d}\rho = \int_{\rho_1}^{\rho_2} (U_z^2 \sigma_z^1 + U_z^2 \tau_{rz}^1) \rho \mathrm{d}\rho \tag{1.4.6}$$

对于第一种状态和第二种状态,我们分别取第 k 个和第 p 个基本解,于是在将式(1.1.15)代入式(1.4.6)之后,可以得到

$$m_k(\xi) \frac{\mathrm{d}m_p}{\mathrm{d}\xi} \int_{\rho_1}^{\rho_2} [W_k(\rho) Q_{zp}(\rho) - \tau_k(\rho) U_\rho(\rho)] \rho \mathrm{d}\rho +$$

$$m_p(\xi) \frac{\mathrm{d}m_k}{\mathrm{d}\xi} \int_{\rho_1}^{\rho_2} [\tau_\rho(\rho) U_k(\rho) - Q_{zk}(\rho) W_\rho(\rho)] \rho \mathrm{d}\rho = 0$$

由于上式应对任意的 ξ 成立,于是有

$$\int_{\rho_1}^{\rho_2} [\tau_p(\rho) U_k(\rho) - Q_{zk}(\rho) W_p(\rho)] \rho d\rho = 0$$

利用正交关系式(1.4.5),我们就能够针对端部带有混合边界条件的圆柱体的受迫振动问题得到准确解了。例如,不妨考虑一种混合型端部边界条件,为了简单起见,这里假定它们关于 $\xi = 0$ 平面是对称的,至于反对称情况可以以类似的方式来处理[在对称情况中可以取 $m_k = \text{ch}(\mu_k \xi)$,而在反对称情况中可以取 $m_k = \text{sh}(\mu_k \xi)$]。此处设定的条件为

$$\sigma_z = Q(\rho) e^{i\omega t}, U_r = a(\rho) e^{i\omega t} \quad (\text{对于 } \xi = \pm l_0) \quad (1.4.7)$$

为了满足上面这个边界条件,我们需要进行如下展开

$$\begin{aligned} Q(\rho) &= \sum_{k=1}^{\infty} C_k \sigma_{zk}(\rho) \text{ch}(\mu_k l_0) \\ a(\rho) &= \sum_{k=1}^{\infty} C_k U_k(\rho) \text{ch}(\mu_k l_0) \end{aligned} \quad (1.4.8)$$

式中:C_k 为任意常数,需要根据端部边界条件进行确定,也就是说如果采用了式(1.4.5),那么就能够从式(1.4.8)中确定出这些常数。

我们将式(1.4.8)中的第一行乘以 $\rho W_p(\rho) \text{sh}(\mu_p l_0)$,第二行乘以 $\rho \tau_p(\rho) \text{sh}(\mu_p l_0)$,然后相加,并在 ρ_1 到 ρ_2 上对 ρ 积分,注意到广义正交性关系,那么所需的常数将为如下形式

$$C_k = 2^{-1} \Delta_k^{-1} \text{ch}^{-1}(\mu_k l_0) \int_{\rho_1}^{\rho_2} [a(\rho) \tau_k(\rho) - Q(\rho) W_k(\rho)] \rho d\rho \quad (1.4.9)$$

式中:Δ_k 为积分式(1.4.5)在 $p = k$ 处的值,即

$$\Delta_k = \lambda^2 \mu_k^2 \left\{ \begin{aligned} & 2\left[z_1(\gamma_k \rho) z_0(\alpha_k \rho) - \frac{\alpha_k}{\gamma_k} z_0(\gamma_k \rho) z_1(\alpha_k \rho) \right] \rho \\ & + \frac{1}{2} \mu_k^2 \rho^2 [z_0^2(\alpha_k \rho) + z_1^2(\alpha_k \rho)] - \frac{1}{2} \rho^2 [z_0^2(\gamma_k \rho) + z_1^2(\gamma_k \rho)] \end{aligned} \right\}, \rho = \rho_1, \rho_2$$

应当注意的是,利用不同根组对应的解的渐近特性,我们很容易得到 Δ_k 的渐近表达。这里不考虑前面所讨论过的所有情形,只介绍与式(1.3.9)所给出的解相对应的 Δ_k 的表达式

$$\Delta_k^0 = s^2 \delta_k^4 \begin{bmatrix} -\dfrac{2}{\gamma_k}(3\delta_k^2 + 2s^2)\cos^2\alpha_k \sin 2\gamma_k + \dfrac{(2\delta_k^2 + s^2)^2}{\alpha_k^2}\cos^2\gamma_k - \\ 4\delta_k^2 \cos^2\alpha_k + \dfrac{2\delta_k^2 + s^2}{2\alpha_k^3}\left(6\delta_k^2 + \dfrac{3-7v}{1-v}s^2\right)\cos^2\gamma_k \sin 2\alpha_k \end{bmatrix} \quad (k=1,3,5,\cdots)$$

$$\Delta_k^0 = s^2 \delta_k^4 \begin{bmatrix} \dfrac{2}{\gamma_k}(3\delta_k^2 + 2s^2)\sin^2\alpha_k \sin 2\gamma_k + \dfrac{(2\delta_k^2 + s^2)^2}{\alpha_k^2}\sin^2\gamma_k - \\ 4\delta_k^2 \sin^2\alpha_k + \dfrac{2\delta_k^2 + s^2}{2\alpha_k^3}\left(6\delta_k^2 + \dfrac{3-7v}{1-v}s^2\right)\sin^2\gamma_k \sin 2\alpha_k \end{bmatrix} \quad (k=2,4,6,\cdots)$$

由上可知,利用齐次解的广义正交性条件我们可以准确地求解仅带有端部混合边界的圆柱体的受迫振动问题,而在所有其他情况下,为了满足端部的边界条件,我们往往不得不借助于各种近似方法。为此,我们来考虑如何利用齐次解去满足圆柱体端部边界条件这一问题。不妨设 $\xi = \pm l_0 (l_0 = R_0^{-1} l)$ 处的应力为 σ_z^i 和 $\tau_{rz}^i (i=1,2)$,于是根据前面的内容可知,此时我们已经能够考察载荷关于 $\xi = 0$ 平面对称的情况了,即

$$\sigma_z = Q(\rho) \mathrm{e}^{\mathrm{i}\omega t}, \quad \tau_{rz} = \tau(\rho) \mathrm{e}^{\mathrm{i}\omega t} \quad (\text{对于 } \xi = \pm l_0) \tag{1.4.10}$$

此处可以寻求形如式(1.1.15)的解。为确定任意常数 $C_k(k=1,2,\cdots)$,可以将每个常数的变分均视为独立的,并采用拉格朗日变分原理进行分析,于是有

$$\int_v (g\omega^2 U_p^* \delta U_p^* - \sigma_{pj}^* \delta \varepsilon_{pj}^*) \mathrm{d}v + \int_s T_p^* \delta U_p^* \mathrm{d}s = 0 \tag{1.4.11}$$

式中: $U_p^*, \cdots, \sigma_{pj}^*$ 均为相关量的幅值。

由于齐次解满足运动方程和圆柱面上的边界条件,于是变分原理的形式可以变为

$$\int_{\rho_1}^{\rho_2} [(G_z^* - Q)\delta W^* + (\tau_{rz}^* - \tau)\delta U^*] \rho \mathrm{d}\rho = 0 \tag{1.4.12}$$

式中: σ_z^*、τ_{rz}^*、U^* 和 W^* 分别为应力和位移的幅值。根据式(1.4.12)我们不难导出一个无限型线性代数方程组,即

$$\sum_{k=1}^{\infty} M_{kp} C_k = N_p \quad (p=1,2,\cdots) \tag{1.4.13}$$

其中

$$M_{kp} = \left[\rho \left\{ \begin{array}{l} 2\alpha_k\alpha_p\,(\alpha_p^2-\alpha_k^2)^{-1}\begin{bmatrix} \alpha_k z_1(\alpha_p\rho)z_1'(\alpha_k\rho) \\ -\alpha_p z_1(\alpha_k\rho)z_1'(\alpha_p\rho) \end{bmatrix} \times \\ (\mu_k^2\mathrm{ch}(\mu_p l_0)\mathrm{sh}(\mu_k l_0)+\mu_p^2\mathrm{ch}(\mu_k l_0)\mathrm{sh}(\mu_p l_0))+(\gamma_p^2-\gamma_k^2)^{-1}\times \\ \begin{bmatrix} \gamma_k z_1(\gamma_p\rho)z_1'(\gamma_k\rho) \\ -\gamma_p z_1(\gamma_k\rho)z_1'(\gamma_p\rho) \end{bmatrix}\begin{bmatrix} (2\mu_k^2+\lambda^2)\mathrm{ch}(\mu_p l_0)\mathrm{sh}(\mu_k l_0)+ \\ (2\mu_p^2+\lambda^2)\mathrm{ch}(\mu_k l_0)\mathrm{sh}(\mu_p l_0) \end{bmatrix} \\ +\alpha_k\,(\alpha_k^2-\gamma_p^2)^{-1}\begin{bmatrix} \gamma_p z_1(\alpha_k\rho)z_1'(\gamma_p\rho) \\ -\alpha_k z_1(\gamma_p\rho)z_1'(\alpha_k\rho) \end{bmatrix}\begin{bmatrix} 2\mu_k^2\mathrm{ch}(\mu_p l_0)\mathrm{sh}(\mu_k l_0)+ \\ (2\mu_n^2+\lambda^2)\mathrm{ch}(\mu_k l_0)\mathrm{sh}(\mu_p l_0) \end{bmatrix} \\ +\alpha_p\,(\alpha_p^2-\gamma_k^2)^{-1}\begin{bmatrix} \gamma_k z_1(\alpha_p\rho)z_1'(\gamma_k\rho) \\ -\alpha_p z_1(\gamma_k\rho)z_1'(\alpha_p\rho) \end{bmatrix}\begin{bmatrix} (2\mu_k^2+\lambda^2)\mathrm{ch}(\mu_p l_0)\mathrm{sh}(\mu_k l_0)+ \\ 2\mu_n^2\mathrm{ch}(\mu_k l_0)\mathrm{sh}(\mu_p l_0) \end{bmatrix} \end{array} \right\}\right]_{\rho_1}^{\rho_2}$$

$(k\neq p)$

$$M_{kp} = \left\{ \begin{array}{l} \mu_k^2\alpha_k^2\rho^2\left[z_1'^2(\alpha_k\rho)+\dfrac{\alpha_k^2\rho^2-1}{\alpha_k^2\rho^2}z_1^2(\alpha_k\rho)\right]+ \\ \dfrac{2\mu_k^2+\lambda^2}{2}\rho^2\left[z_1'^2(\gamma_k\rho)+\dfrac{\gamma_k^2\rho^2-1}{\gamma_k^2\rho^2}z_1^2(\gamma_k\rho)\right] \\ +\dfrac{\alpha_k(4\mu_k^2+\lambda^2)}{\alpha_k^2-\gamma_k^2}\rho\begin{bmatrix} \gamma_k z_1(\alpha_k\rho)z_1'(\gamma_k\rho)- \\ \alpha_k z_1(\gamma_k\rho)z_1'(\alpha_k\rho) \end{bmatrix} \end{array} \right\}\Bigg|_{\rho_1}^{\rho_2}\sin(2\mu_k l_0)$$

$$N_p = \int_{\rho_1}^{\rho_2}[Q(\rho)W(\alpha_p\rho,\gamma_p\rho,l_0)+\tau(\rho)U(\alpha_p\rho,\gamma_p\rho,l_0)]\rho\mathrm{d}\rho$$

考虑到薄壳情况下的 ε 很小,因而我们可以构造出式(1.4.13)的渐近解。首先讨论 $\lambda = O(1)$ 的情况,为清晰起见,这里先更加准确地分析一下外载荷。假定 $Q = O(1)$,并考虑到与第一组和第二组根对应的幅值 σ_z 和 τ_{rz} 具有不同的阶次,即 $\sigma_z^{(1)} \sim 1, \tau_{rz}^{(1)} \sim \varepsilon^3, \sigma_z^{(2)} \sim 1, \tau_{rz}^{(2)} \sim \sqrt{\varepsilon}$,我们在选择 T 的阶次时必须注意如下方面。利用式(1.1.15)、式(1.3.1)、式(1.3.2)和式(1.3.4)以及 $F_k(\pm 1) = 0$ 这一关系,我们可得

$$\int_{-1}^{1}\tau_{rz}\mathrm{d}\eta = -2(1-2v)G(1+v)(\lambda_0^2-1)\mathrm{sh}\left(\dfrac{\mu_k}{\sqrt{\varepsilon}}\xi\right)C_k\sqrt{\varepsilon} \quad (1.4.14)$$

如果将边界上给定的切应变表示为如下形式

$$T = T_1 + T_2, T_1 = \frac{1}{2}\int_{-1}^{1} T \mathrm{d}\eta, T_2 = T - T_1 \qquad (1.4.15)$$

那么，在渐近式(1.4.14)基础上就有必要假定 T_1 为 $\sqrt{\varepsilon}$ 阶，而 T_2 与 Q 同阶，也即 $T \sim 1$。于是在这一情况下，利用式(1.3.1)、式(1.3.2)和式(1.3.4)，解就可以表示成如下形式

$$U_r = R_0 \left[U_1 C_1 + \sum_{k=1}^{2} U_{2k} A_k + \sum_{n=1}^{\infty} U_{3n} B_n \right]$$

$$U_z = R_0 \left[W_1 C_1 + \sum_{k=1}^{2} W_{2k} A_k + \sum_{n=1}^{\infty} W_{3n} B_n \right]$$

$$\sigma_z = 2G \left[\sigma_z^{(1)} C_1 + \sum_{k=1}^{2} \sigma_z^{(k)} A_k + \sum_{n=1}^{\infty} \sigma_z^{(n)} B_n \right] \qquad (1.4.16)$$

$$\sigma_\varphi = 2G \left[\sigma_\varphi^{(1)} + \sum_{k=1}^{2} \sigma_\varphi^{(k)} A_k + \sum_{n=1}^{\infty} \sigma_\varphi^{(n)} B_n \right]$$

$$\tau_{rz} = G \left[\tau_1 C_1 + \sum_{k=1}^{2} \tau_{2k} A_k + \sum_{n=1}^{\infty} \tau_{3n} B_n \right]$$

式中：C_1、A_k 和 B_n 为任意常数，其形式如下

$$\begin{aligned} C_1 &= C_{10} + \sqrt{\varepsilon} C_{11} + \varepsilon C_{12} + \cdots \\ A_k &= A_{k0} + \sqrt{\varepsilon} A_{k1} + \varepsilon A_{k2} + \cdots \\ B_n &= B_{n0} + \sqrt{\varepsilon} B_{n1} + \varepsilon B_{n2} + \cdots \end{aligned} \qquad (1.4.17)$$

考虑到边界上给定的应变阶次，在变分原理基础上我们不难得到如下方程

$$\begin{aligned} \prod_0 C_{10} &= E_0 \\ \sum_{k=1}^{2} \prod_{pk} A_{k0} &= E_p \quad (p=1,2) \end{aligned} \qquad (1.4.18)$$

$$\begin{aligned} \sum_{n=1,3}^{\infty} g_{tn} B_{n0} &= H_t \quad (t=1,3,\cdots) \\ \sum_{n=2,4}^{\infty} g_{tn} B_{n0} &= H_t \quad (t=2,4,\cdots) \end{aligned} \qquad (1.4.19)$$

其中

$$\prod_0 = 2G(1+v)(1-\lambda_0^2)[1-(1-v^2)\lambda_0^2] \times$$

$$\text{sh}\left(\lambda_0 \frac{\sqrt{1-(1-v^2)\lambda_0^2}}{\lambda_0^2-1}\right)l_0 \text{ch}\left(\lambda_0 \frac{\sqrt{1-(1-v^2)\lambda_0^2}}{\lambda_0^2-1}\right)l_0$$

$$E_0 = \int_{-1}^{1}\left\{\begin{array}{l}[(1-v^2)\lambda_0^2]Q(\eta)\text{ch}\left(\lambda_0\frac{\sqrt{1-(1-v^2)\lambda_0^2}}{\lambda_0^2-1}\right)l_0 \\ -v\text{sh}\left(\lambda_0\frac{\sqrt{1-(1-v^2)\lambda_0^2}}{\lambda_0^2-1}l_0\right)\end{array}\right\} \quad (1.4.20)$$

$$\prod_{pk} = 2G(1+v)(\lambda_0^2-1)\left[\begin{array}{l}6(1-v^2)(\lambda_0^2-1)\mu_{k0}\text{ch}\left(\frac{\mu_{k0}}{\sqrt{\varepsilon}}l_0\right)\text{sh}\left(\frac{\mu_{p0}}{\sqrt{\varepsilon}}l_0\right)\\ +(1-2v)\mu_{p0}^3\text{sh}\left(\frac{\mu_{k0}}{\sqrt{\varepsilon}}l_0\right)\text{ch}\left(\frac{\mu_{p0}}{\sqrt{\varepsilon}}l_0\right)\end{array}\right]$$

$$E_p = \int_{-1}^{1}\left\{[3(1-v^2)(\lambda_0^2-1)\eta + v\mu_{p0}^2]Q(\eta)\text{sh}\left(\frac{\mu_{p0}}{\sqrt{\varepsilon}}l_0\right) - \mu_{p0}^3\text{ch}\left(\frac{\mu_{p0}}{\sqrt{\varepsilon}}l_0\right)T(\eta)\right\}\text{d}\eta$$

$$g_{tn} = 8G\delta_t^2\delta_n^2(\delta_t^2-\delta_n^2)^{-2}(\delta_t-\delta_n)^{-1}(\sin^2\delta_t-\sin^2\delta_n)[v(\delta_t^2-\delta_n^2)^2+2\delta_t\delta_n] \times$$

$$\left[\delta_t\text{ch}\left(\frac{\delta_t}{\varepsilon}l_0\right)\text{sh}\left(\frac{\delta_n}{\varepsilon}l_0\right)+\delta_n\text{ch}\left(\frac{\delta_n}{\varepsilon}l_0\right)\text{sh}\left(\frac{\delta_t}{\varepsilon}l_0\right)\right], t=1,3,\cdots$$

$$g_{tt} = 4G\delta_t^3(1-2/3\sin^2\delta_t)\text{sh}\left(\frac{2\delta_t}{\varepsilon}l_0\right)$$

$$H_t = \int_{-1}^{1}\left\{\begin{array}{l}Q(\eta)[(1-v)\delta_t^{-1}F_t''(\eta)-v\delta_t F_t(\eta)] - \\ T(\eta)[(1-v)\delta_t^{-2}F_t'''(\eta)+(2-v)F_t'(\eta)]\end{array}\right\}\text{d}\eta \quad (1.4.21)$$

当 t 和 n 取值为 $2,4,\cdots$ 时,对应的 g_{tn} 表达式可以通过将式(1.4.21)中的 $\cos\delta_n$ 和 $\sin\delta_n$ 分别替换成 $\sin\delta_n$ 和 $\cos\delta_n$ 得到。

从式(1.4.21)的结构不难看出,未知的 C_{10}、A_{k0} 和 B_{n0} 都可以独立确定。C_{ii}、A_{ki} 和 $B_{ni}(i=1,2,\cdots)$ 可以通过求式(1.4.20)和式(1.4.21)所给出的矩阵的逆得到。这些矩阵的元素不依赖于圆柱体端部所受到的载荷类型,因此只需进行一次求逆即可。值得指出的是,式(1.4.19)在厚板和薄壳理论(静力学)中已经出现过[9-11,97],并且人们已经基于这些结果进行过各种问题的数值分析。对于一个半无限圆柱体,$m_k = e^{-\mu_k\xi}$,情况类似于式(1.4.18)和式(1.4.19)所对应的系统,因而这里不再继续讨论。

在 $\lambda_0^2 = 1$ 情况中,式(1.4.19)仍然适用,而式(1.4.18)的形式则为

$$\sum_{k=1}^{3} \Pi_{pk} A_{k0} = E_p \quad (p = 1,2,3) \tag{1.4.22}$$

其中

$$\Pi_{pk} = 2/3 G(1-2v)v^2(1+v)^2 \mu_{p0}^2 \text{ch}\left(\frac{\mu_{p0}}{\sqrt[3]{\varepsilon}} l_0\right) \text{sh}\left(\frac{\mu_{k0}}{\sqrt[3]{\varepsilon}} l_0\right)$$

$$E_p = -\int_{-1}^{1} \left[\mu_{p0} T(\eta) \text{sh}\left(\frac{\mu_{p0}}{\sqrt[3]{\varepsilon}} l_0\right) - vQ(\eta) \sqrt[3]{\varepsilon} \text{ch}\left(\frac{\mu_{p0}}{\sqrt[3]{\varepsilon}} l_0\right)\right] d\eta$$

类似地,在圆柱体的超低频振动情况下,我们有

$$\begin{aligned}&[v^2(1+v)\Lambda^4 \mu_{10} \varepsilon^\beta \text{ch}(\mu_{10} l_0) \text{sh}(\mu_{10} l_0)] A_{10} \\ &= \int_{-1}^{1} [v\Lambda^2 Q(\eta) \text{ch}(\mu_{10} l_0) + \mu_{10}(1-v^2) T(\eta) \text{sh}(\mu_{10} l_0)] d\eta\end{aligned} \tag{1.4.23}$$

进一步,考虑 $\mu = O(\varepsilon^{-\beta})$, $\lambda = O(\varepsilon^{1-2\beta})$ 且 $\frac{1}{2} < \beta < 1$ 的情况,在式(1.3.9)基础上,根据变分原理我们有

$$\sum_{k=1}^{2} \Pi_{pk} A_{k0} = E_p (p=1,2) \tag{1.4.24}$$

其中

$$\Pi_{pk} = 12G(1+v)(1-v^2)\Lambda^4 \mu_{k0} \varepsilon^{1-3\beta} \text{ch}\left(\frac{\mu_{k0}}{\varepsilon^\beta} l_0\right) \text{sh}\left(\frac{\mu_{p0}}{\varepsilon^\beta} l_0\right)$$

$$E_p = \int_{-1}^{1} \left[3(1-v^2)\Lambda^2 \eta Q(\eta) \text{sh}\left(\frac{\mu_{p0}}{\varepsilon^\beta} l_0\right) - \mu_{p0}^2 \varepsilon^{1-\beta} T(\eta) \text{ch}\left(\frac{\mu_{p0}}{\varepsilon^\beta} l_0\right)\right] d\eta$$

在其他情况下,形式也是类似的,因此这里不再继续讨论。

这里我们进一步给出当 $\mu_n = \varepsilon^{-1} \delta_n$ 和 $\lambda = \varepsilon^{-1} s$ 时的无限方程组。考虑式(1.3.9),根据式(1.4.13)可得

$$\begin{aligned}\sum_{k=1,3,\cdots}^{\infty} g_{pk} B_{k0} &= H_p (p=1,3,\cdots) \\ \sum_{k=2,4,\cdots}^{\infty} g_{pk} B_{k0} &= H_p (p=2,4,\cdots)\end{aligned} \tag{1.4.25}$$

其中

$$g_{pk} = 4G \left\{ \begin{array}{l} (2\delta_k^2 + s^2)(2\delta_p^2 + s^2)(\delta_k^2 - \delta_p^2)^{-1} \cos\gamma_{k0} \cos\gamma_{p0} \\ \times (\alpha_{k0} \sin\alpha_{k0} \cos\alpha_{p0} - \alpha_{p0} \sin\alpha_{p0} \cos\alpha_{k0}) \times \\ \left[\delta_k^2 \text{ch}\left(\dfrac{\delta_k}{\varepsilon}\right) \text{sh}\left(\dfrac{\delta_p}{\varepsilon} l_0\right) + \delta_p^2 \text{ch}\left(\dfrac{\delta_p}{\varepsilon} l_0\right) \text{sh}\left(\dfrac{\delta_k}{\varepsilon} l_0\right) \right] + \\ 2\delta_k^2 \delta_p^2 (\delta_k^2 - \delta_p^2)^{-1} \cos\alpha_{k0} \cos\alpha_{p0} \times \\ (\gamma_{k0} \sin\gamma_{k0} \cos\gamma_{p0} - \gamma_{p0} \sin\gamma_{p0} \cos\gamma_{k0}) \times \\ \left[(2\delta_k^2 + s^2) \text{ch}\left(\dfrac{\delta_k}{\varepsilon} l_0\right) \text{sh}\left(\dfrac{\delta_p}{\varepsilon} l_0\right) + (2\delta_p^2 + s^2) \text{ch}\left(\dfrac{\delta_p}{\varepsilon} l_0\right) \text{sh}\left(\dfrac{\delta_k}{\varepsilon} l_0\right) \right] \\ + \delta_k^2 (2\delta_p^2 + s^2)(\delta_k^2 - \delta_p^2 + \chi^2)^{-1} (\alpha_{p0} \sin\alpha_{p0} \cos\gamma_{k0} - \gamma_{k0} \sin\gamma_{k0} \cos\alpha_{p0}) \\ \times \left[(2\delta_k^2 + s^2) \text{ch}\left(\dfrac{\delta_k}{\varepsilon} l_0\right) \text{sh}\left(\dfrac{\delta_p}{\varepsilon} l_0\right) + 2\delta_k^2 \text{ch}\left(\dfrac{\delta_p}{\varepsilon} l_0\right) \text{sh}\left(\dfrac{\delta_k}{\varepsilon} l_0\right) \right] - \\ 2\delta_p^2 (2\delta_k^2 + s^2)(\delta_k^2 - \delta_p^2 + \chi^2)^{-1} (\alpha_{k0} \sin\alpha_{k0} \cos\gamma_{p0} - \gamma_{p0} \sin\gamma_{p0} \cos\alpha_{k0}) \\ \times \left[2\delta_k^2 \text{ch}\left(\dfrac{\delta_k}{\varepsilon} l_0\right) \text{sh}\left(\dfrac{\delta_p}{\varepsilon} l_0\right) + (2\delta_p^2 + s^2) \text{ch}\left(\dfrac{\delta_p}{\varepsilon} l_0\right) \text{sh}\left(\dfrac{\delta_k}{\varepsilon} l_0\right) \right] \end{array} \right\},$$

$$k \neq p, \chi^2 = \frac{1}{2(1-v)} \lambda^2 \tag{1.4.26}$$

$$g_{kk} = 4G\delta_k^2 (2\delta_k^2 + s^2) \left\{ \begin{array}{l} 2\delta_k^2 \cos^2\alpha_{k0} + (2\delta_k^2 + s^2)\cos^2\gamma_{k0} + \\ \left[\dfrac{2\delta_k^2 + s^2}{2\alpha_{k0}} + \dfrac{2(1-v)}{s^2} \alpha_{k0} \right] \cos^2\gamma_{k0} \sin2\alpha_{k0} + \\ \left[\dfrac{\delta_k^2}{\gamma_{k0}} - \dfrac{2(1-v)}{s^2} \gamma_{k0} \right] \cos^2\alpha_{k0} \sin2\gamma_{k0} \end{array} \right\} \text{sh}\left(2\dfrac{\delta_k}{\varepsilon} l_0\right)$$

$$H_t = \int \left\{ \begin{array}{l} \delta_t [(2\delta_t^2 + s^2)\cos\gamma_{t0}\cos\alpha_{t0}\eta - 2\delta_t^2 \cos\alpha_{t0}\cos\gamma_{t0}\eta] \tau(\eta) \\ + \delta_t^2 [(2\delta_t^2 + s^2)\cos\gamma_{t0}\sin\alpha_{t0}\eta - 2\gamma_{t0}\cos\alpha_{t0}\sin\gamma_{t0}\eta] Q(\eta) \end{array} \right\} d\eta, t = 1,3,\cdots$$

(1.4.27)

我们可以注意到,正如上面所显示的,当 $\lambda = O(\varepsilon^{-\beta})$ 和 $\lambda = O(\varepsilon^{1-2\beta})$ ($0 \leq \beta < 1$)时,方程组(1.4.13)将可分离为两个子方程组,一个包含了有限个未知参数,它们与弹性理论中的动力学问题相关,而另一个则与 N. A. Bazarenko 以及 I. I. Vorovich 的工作(针对静态情形)中所得到的结果一致。这些方程组的矩阵不依赖于外载荷类型,也跟激励频率无关。在 $\lambda = \Lambda O(\varepsilon^{-\beta})$ ($\beta \geq 1$)情况下,我们将得到一个与弹性条的弹性动力学问题相关的无限方程组。

此外,对于 $n=2,4,6,\cdots$ 的情况,对应的表达式可以根据式(1.4.26)和式(1.4.27)得到,只需将其中的 $\cos x$ 和 $\sin x$ 分别替换为 $\sin x$ 和 $\cos x$ 即可。

根据上述讨论可以看出,弹性动力学边值问题的求解在一般情况下跟静态问题是类似的,可以简化为一组线性代数方程的求解。不过,我们应当注意某些情况下前述无限方程组(1.4.13)的截断法求解时会变得相当复杂,原因在于,幅值特性与频率参数的关系是比较复杂的,这一点不难从位移矢量和应力张量的分量表达式看出。对于某些频率值来说,根据该无限方程组确定的应力和位移的幅值(以及未知量)往往会变得无穷大。这种情况会导致无限方程组的传统求解方法(基于对方程组规律性的认识)不再适用于式(1.4.13)的分析,因为从一开始未知参数与频率之间就不存在均匀一致性。当然,如同上面曾经提及的,式(1.4.19)与静态壳理论中得到的结果是一致的,对于后者,这种简化方法的可解性和收敛性已经在参考文献[11]中得到了证明。对于式(1.4.25),当所考察的频率范围不包含固有频率时,简化方法的可解性与收敛性跟参考文献[11]中的结果相同。

1.5 中空圆柱体实用动力学精化理论的构建

当前已有的诸多实用壳理论主要建立在一些特定的假设基础之上,尚缺乏一种比较统一的理论。从这一角度来说,基于三维弹性方程对壳的应力应变状态进行分析,并研究建立以渐近方法为核心的各种实用理论,使之具有指定的或所期望的精度,这一工作显然是非常必要的。

对于中空圆柱体而言,在受到端部轴对称载荷的作用时,在 1.1 节～1.4 节中已经通过齐次解对其三维弹性动力学问题解的渐近行为进行了研究。在这一节中,将通过渐近方法来移除圆柱面边界上的载荷,这一方法的基本思路是将三维弹性问题简化成二维弹性问题,从而针对轴对称情况下的每种应力应变状态特性导出二维微分方程,当所期望的精度越高时,这些方程的阶次也应越高。借助这一方法,我们就可以相对容易地求解中空圆柱体的非齐次问题,当然也可以求解 1.1 节～1.4 节所述的齐次问题。

首先考虑如何构造实用理论来释放圆柱体侧表面上的应力。此处我们针对位移 U 和 W 来介绍此类理论的构建,而应力可以根据广义胡克定律得到。为此,可以将运动方程表示为如下形式

$$\frac{2(1-v)}{1-2v}\left(U'' + \frac{1}{\rho}U' - \frac{U}{\rho^2} + \gamma^2 U + \frac{1}{1-2v}PW'\right) = 0$$
$$\frac{1}{1-2v}P\left(U' + \frac{U}{\rho}\right) + W'' + \frac{1}{\rho}W' + \frac{2(1-v)}{1-2v}\alpha^2 W = 0$$
(1.5.1)

其中

$$P = \frac{\partial}{\partial \xi}, \sqrt{\frac{m_0}{G}} R_0 \frac{\partial}{\partial t} = \mathrm{i}\lambda, \rho = \frac{r}{R_0}, \xi = \frac{z}{R_0},$$

$$R_0 = \frac{1}{2}(R_1 + R_2), \gamma^2 = p^2 + \lambda^2, \alpha^2 = p^2 + \frac{1-2v}{2(1-v)}\lambda^2$$

式中:m_0 为壳材料的密度。

将微分变量 p 和 λ 视为代数运算符,那么式(1.5.1)的一般解可以表示为

$$\begin{aligned} U &= -\alpha \mathrm{J}_1(\alpha\rho) C_1 - \alpha \mathrm{Y}_1(\alpha\rho) C_2 - p\mathrm{J}_1(\gamma\rho) C_3 - p\mathrm{Y}(\gamma\rho) C_4 \\ W &= p\mathrm{J}_0(\alpha\rho) C_1 + p\mathrm{Y}_0(\alpha\rho) C_2 + \gamma \mathrm{J}_0(\gamma\rho) C_3 + \gamma \mathrm{Y}_0(\gamma\rho) C_4 \end{aligned} \quad (1.5.2)$$

相应地,应力可以表示为

$$\sigma_r = 2G \left\{ \begin{array}{l} \left[\frac{\alpha}{\rho}\mathrm{J}_1(\alpha\rho) - \delta^2 \mathrm{J}_0(\alpha\rho)\right] C_1 + \left[\frac{\alpha}{\rho}\mathrm{Y}_1(\alpha\rho) - \delta^2 \mathrm{Y}_0(\alpha\rho)\right] C_2 \\ + P\left[\frac{1}{\rho}\mathrm{J}_1(\gamma\rho) - \gamma \mathrm{J}_0(\gamma\rho)\right] C_3 + P\left[\frac{1}{\rho}\mathrm{Y}_1(\gamma\rho) - \gamma \mathrm{Y}_0(\gamma\rho)\right] C_4 \end{array} \right\}$$

$$\tau_{rz} = -G \left[\begin{array}{l} 2\alpha p \mathrm{J}_1(\alpha\rho) C_1 + 2\alpha p \mathrm{Y}_1(\alpha\rho) C_2 + \\ (p^2 + \gamma^2)\mathrm{J}_1(\gamma\rho) C_3 + (p^2 + \gamma^2)\mathrm{Y}_1(\gamma\rho) C_4 \end{array} \right]$$

$$\sigma_z = 2G \left\{ \begin{array}{l} \left[p^2 - \frac{v}{2(1-v)}\lambda^2\right]\mathrm{J}_0(\alpha\rho) C_1 + \left[p^2 - \frac{v}{2(1-v)}\lambda^2\right]\mathrm{Y}_0(\alpha\rho) C_2 \\ + \gamma \mathrm{J}_0(\gamma\rho) C_3 + \gamma \mathrm{Y}_0(\gamma\rho) C_4 \end{array} \right\}$$

$$\sigma_\varphi = 2G \left\{ \begin{array}{l} -\left[\frac{\alpha}{\rho}\mathrm{J}_1(\alpha\rho) + \frac{v}{2(1-v)}\lambda^2 \mathrm{J}_0(\alpha\rho)\right] C_1 - \left[\begin{array}{l}\frac{\alpha}{\rho}\mathrm{Y}_1(\alpha\rho) + \\ \frac{v}{2(1-v)}\lambda^2 \mathrm{Y}_0(\alpha\rho)\end{array}\right] C_2 \\ -\frac{1}{\rho}\mathrm{J}_1(\gamma\rho) C_3 - \frac{1}{\rho}\mathrm{Y}_1(\gamma\rho) C_4 \end{array} \right\}$$

(1.5.3)

式中:$\mathrm{J}_k(x)$ 和 $\mathrm{Y}_k(x)$ 分别为第一类和第二类贝塞尔函数。

进一步,我们通过圆柱体表面上的边界条件以及初始条件来确定上面的 $C_1 \sim C_4$,此处的边界面包括 $r = R_1$、$r = R_2$ 以及 $z = \pm l$。

利用 1.1 节~1.3 节所构造的齐次解，我们可以将端部的应变移除，于是就可以忽略端部的条件，只需满足侧表面上的边界要求即可，即

$$\sigma_r = \sigma_k(\xi,t), \tau_{rz} = \tau(\xi,t) \quad (r = r_k, k = 1,2) \tag{1.5.4}$$

由于微分算子 p 和 λ（作为代数运算符）满足形式上的加法规则和乘法规则，因此，式(1.5.4)就可以针对 C_i 进行求解，其形式可化为

$$DC_i = a_i(\xi,t) \quad (i = 1,2,3,4) \tag{1.5.5}$$

式中：$a_i(\xi,t)$ 是由外载荷所决定的函数，D 为式(1.5.4)的行列式算子。如果算子 D 作用在式(1.5.2)的两边，而将 DC_i 替换为对应的值（即式(1.5.5)），那么我们就能够得到位移 U 和 W 的微分关系，即

$$\begin{aligned}
D_u &= -\alpha J_1(\alpha\rho) a_1(\xi,t) - \alpha Y_1(\alpha\rho) a_2(\xi,t) - \\
&\quad p J_1(\gamma\rho) a_3(\xi,t) - p Y_1(\gamma\rho) a_4(\xi,t) \\
D_w &= p J_0(\alpha\rho) a_1(\xi,t) + Y_0(\alpha\rho) a_2(\xi,t) + \\
&\quad \gamma J_0(\gamma\rho) a_3(\xi,t) + \gamma Y_0(\gamma\rho) a_4(\xi,t)
\end{aligned} \tag{1.5.6}$$

其中

$$\begin{aligned}
D &= \frac{8}{\pi^2 \rho_1 \rho_2} p^2 (2p^2 + \lambda^2)^2 - \frac{\alpha^2 \lambda^2}{\rho_1 \rho_2} L_{11}(\alpha) L_{11}(\gamma) + \\
&\quad \frac{1}{2} \frac{\alpha \lambda^2 (2p^2 + \lambda^2)^2}{\rho_2} L_{01}(\alpha) L_{11}(\gamma) + \frac{1}{2} \frac{\alpha \lambda^2 (2p^2 + \lambda^2)^2}{\rho_1} L_{10}(\alpha) L_{11}(\gamma) - \\
&\quad \frac{2\gamma \lambda^2 p^2 \alpha^2}{\rho_1} L_{10}(\gamma) L_{11}(\alpha) - \frac{2\gamma \lambda^2 p^2 \alpha^2}{\rho_2} L_{01}(\gamma) L_{11}(\alpha) - \\
&\quad \frac{1}{4}(2p^2 + \lambda^2)^4 L_{00}(\alpha) L_{11}(\gamma) - 4p^4 \alpha^2 (p^2 + \lambda^2) L_{00}(\gamma) L_{11}(\alpha) + \\
&\quad \alpha\gamma p^2 (2p^2 + \lambda^2)^2 [L_{01}(\gamma) L_{10}(\alpha) + L_{01}(\alpha) L_{10}(\gamma)]
\end{aligned}$$

$$a_1(\xi,t) = \Delta_{11}^{(1)} \sigma_1(\xi,t) - \Delta_{12}^{(1)} \tau_1(\xi,t) + \Delta_{13}^{(1)} \sigma_2(\xi,t) - \Delta_{14}^{(1)} \tau_2(\xi,t)$$

$$a_2(\xi,t) = -\Delta_{11}^{(2)} \sigma_1(\xi,t) - \Delta_{12}^{(2)} \tau_1(\xi,t) + \Delta_{13}^{(2)} \sigma_2(\xi,t) - \Delta_{14}^{(2)} \tau_2(\xi,t)$$

$$a_3(\xi,t) = \Delta_{11}^{(3)} \sigma_1(\xi,t) - \Delta_{12}^{(3)} \tau_1(\xi,t) + \Delta_{13}^{(3)} \sigma_2(\xi,t) - \Delta_{14}^{(3)} \tau_2(\xi,t)$$

$$a_4(\xi,t) = -\Delta_{11}^{(4)} \sigma_1(\xi,t) + \Delta_{12}^{(4)} \tau_1(\xi,t) - \Delta_{13}^{(4)} \sigma_2(\xi,t) + \Delta_{14}^{(4)} \tau_2(\xi,t)$$

$$\Delta_{11}^{(1)} = \frac{4\alpha p^2 (2p^2+\lambda^2)}{\pi\rho_2} Y_1(\alpha\rho_1) - (2p^2+\lambda^2) l_{11} \times$$

$$[y(\alpha\rho_2)] L_{11}(\gamma) + 2\alpha p^2 (2p^2+\lambda^2) l_{12}(\gamma\rho_2) Y_1(\alpha\rho_2)$$

$$\Delta_{12}^{(1)} = \frac{2p(2p^2+\lambda^2)}{\pi\rho_2} l_{11}[y(\alpha\rho_1)] - p(2p^2+\lambda^2) l_{11} \times$$

$$[y(\alpha\rho_2)] l_{12}^*(\gamma\rho_2) + 2\alpha p^3 y_1(\alpha\rho_2) l_{13}(\gamma)$$

$$\Delta_{13}^{(1)} = \frac{4\alpha p^2 (2p^2+\lambda^2)}{\pi\rho_1} Y_1(\alpha\rho_2) - (2p^2+\lambda^2)^2 l_{11} \times$$

$$[y(\alpha\rho_2)] L_{11}(\gamma) - 2\alpha p^2 (2p^2+\lambda^2) y_1(\alpha\rho_1) l_{12}^*(\gamma\rho_1)$$

$$\Delta_{14}^{(1)} = \frac{-2p(2p^2+\lambda^2)}{\pi\rho_1} l_{11}[y(\alpha\rho_2)] + p(2p^2+\lambda^2) l_{11} \times$$

$$[y(\alpha\rho_1)] l_{12}(\gamma\rho_2) - 2\alpha p^3 y_1(\alpha\rho_2) l_{13}(\gamma)$$

(1.5.7)

关于 $\Delta_{11}^{(2)} \sim \Delta_{14}^{(2)}$ 的表达式，可以从上面这组表达式修改得到，即将 $y_k(x)$ 替换为 $J_k(x)$。

$$\Delta_{11}^{(3)} = \frac{2p(2p^2+\lambda^2)^2}{\pi\rho_2} Y_1(\gamma\rho_1) - 4\alpha^2 p^3 l_{11}[y(\gamma\rho_2)] L_{11}(\alpha) +$$

$$2p\alpha(2p^2+\lambda^2) Y_1(\gamma\rho_2) l_{15}(\alpha\rho_2)$$

$$\Delta_{12}^{(3)} = \frac{2p^2(2p^2+\lambda^2)}{\pi\rho_2} l_{11}[y(\gamma\rho_1)] + (2p^2+\lambda^2) y_1(\gamma\rho_2) l_{14}(\alpha) -$$

$$2\alpha p^2 l_{11}[y(\gamma\rho_2)] l_{15}^*(\alpha\rho_1)$$

(1.5.8)

$$\Delta_{13}^{(3)} = \frac{2p(2p^2+\lambda^2)^2}{\pi\rho_1} Y_1(\gamma\rho_2) + 4\alpha^2 p^3 l_{11}[y(\gamma\rho_1)] L_{11}(\alpha) -$$

$$2\alpha p(2p^2+\lambda^2) y_1(\gamma\rho_1) l_{15}^*(\alpha\rho_1)$$

$$\Delta_{14}^{(3)} = \frac{2p^2(2p^2+\lambda^2)}{\pi\rho_1} l_{11}[y(\gamma\rho)] + 2\alpha p^2 l_{11}[y(\gamma\rho_1)] l_{15}(\alpha\rho_2) -$$

$$(2p^2+\lambda^2) Y_1(\gamma\rho_1) l_{14}(\alpha)$$

类似地，关于 $\Delta_{11}^{(4)} \sim \Delta_{14}^{(4)}$ 的表达式，可以从上面这组表达式修改得到，即将 $y_k(x)$ 替换为 $J_k(x)$，即

$$l_{11}[x_k(\alpha\rho)] = \frac{\alpha}{\rho}x_k(\alpha\rho) - \delta^2 x_{k-1}(\alpha\rho)$$

$$l_{12}(\alpha\rho) = \frac{1}{\rho}L_{11}(\alpha) - \alpha L_{10}(\alpha)$$

$$l_{12}^*(\alpha\rho) = \frac{1}{\rho}L_{11}(\alpha) - \alpha L_{01}(\alpha)$$

$$l_{13}(x) = \frac{L_{11}(x)}{\rho_1\rho_2} - \frac{x}{\rho_1}L_{10}(x) - \frac{x}{\rho_2}L_{01}(x) + x^2 L_{00}(x)$$

$$l_{14}(x) = \frac{x^2}{\rho_1\rho_2}L_{11}(x) - \frac{x\delta^2}{\rho_1}L_{10}(x) - \frac{x\delta^2}{\rho_2}L_{01}(x) + \delta^4 L_{00}(x)$$

$$l_{15}(x) = \frac{x}{\rho}L_{11}(x) - \delta^2 L_{10}(x)$$

$$l_{15}^*(x) = \frac{x}{\rho_2}L_{11}(x) - \delta^2 L_{01}(x)$$

$$\delta^2 = p^2 - \frac{\lambda^2}{2}$$

$$L_{ii}(x) = J_i(x\rho_1)Y_i(x\rho_2) - J_i(x\rho_2)Y_i(x\rho_1)$$

$$L_{ij}(x) = J_i(x\rho_1)Y_j(x\rho_2) - J_j(x\rho_2)Y_i(x\rho_1), (i,j=0,1)$$

考虑 $\rho = 1 + \varepsilon y(-1 \leqslant y \leqslant 1)$,其中的 $\varepsilon = h/R_0$ 为薄壁参数,将式(1.5.6)相对于这个小参数展开,并考虑到式(1.5.7),于是可得

$$\sum_{k=1}^N D_k\left(\frac{\partial}{\partial\xi},\frac{\partial}{\partial t}\right)U\varepsilon^k = \sum_{k=1}^N \left[\begin{array}{l}A_{1k}\left(\frac{\partial}{\partial\xi},\frac{\partial}{\partial t}\right)\sigma(\xi,t) + A_{2k}\left(\frac{\partial}{\partial\xi},\frac{\partial}{\partial t}\right)\tau_1(\xi,t) \\ + A_{3k}\left(\frac{\partial}{\partial\xi},\frac{\partial}{\partial t}\right)\sigma_2(\xi,t) + A_{4k}\left(\frac{\partial}{\partial\xi},\frac{\partial}{\partial t}\right)\tau_2(\xi,t)\end{array}\right]\varepsilon^k$$

$$\sum_{k=1}^N D_k\left(\frac{\partial}{\partial\xi},\frac{\partial}{\partial t}\right)W\varepsilon^k = \sum_{k=1}^N \left[\begin{array}{l}B_{1k}\left(\frac{\partial}{\partial\xi},\frac{\partial}{\partial t}\right)\sigma_1(\xi,t) + B_{2k}\left(\frac{\partial}{\partial\xi},\frac{\partial}{\partial t}\right)\tau_1(\xi,t) \\ + B_{3k}\left(\frac{\partial}{\partial\xi},\frac{\partial}{\partial t}\right)\sigma_2(\xi,t) + B_{4k}\left(\frac{\partial}{\partial\xi},\frac{\partial}{\partial t}\right)\tau_2(\xi,t)\end{array}\right]\varepsilon^k$$

式中:$D_k\left(\frac{\partial}{\partial\xi},\frac{\partial}{\partial t}\right)$、$A_{ik}\left(\frac{\partial}{\partial\xi},\frac{\partial}{\partial t}\right)$ 和 $B_{ik}\left(\frac{\partial}{\partial\xi},\frac{\partial}{\partial t}\right)$ 都是变量 $\frac{\partial}{\partial\xi}$ 和 $\frac{\partial}{\partial t}$ 的多项式。

在略去上式中两端的阶次高于 ε^n 的项之后,我们就可以得到针对圆柱壳的具有对应精度的实用理论。也就是说,我们得到了一系列可以具有任何指定精度(依赖于 ε)的实用理论。为简洁起见,此处基于式(1.5.8)给出一个特定实

例,其中 $N=2, \tau_1 = \sigma_2 = 0$,即

$$\begin{cases} (1-v)\left\{2\left(2+2v-\dfrac{\partial^2}{\partial t^2}\right)\dfrac{\partial^2}{\partial \xi^2} - \dfrac{\partial^2}{\partial t^2}\left[(1-v)\dfrac{\partial^2}{\partial t^2}-2\right]\right\} \\ +\dfrac{1}{3}\begin{cases} 4\dfrac{\partial^6}{\partial \xi^6}+4\left[(3-2v)\dfrac{\partial^2}{\partial t^2}-4(1-v^2)\right]\dfrac{\partial^4}{\partial \xi^4} + \\ \left[(4v^2-16v+11)\dfrac{\partial^4}{\partial t^4}+2(4v^2+18v-18)\dfrac{\partial^2}{\partial t^2}+36(1-v^2)\right]\dfrac{\partial^2}{\partial \xi^2} \\ +(3-4v)(1-v)\dfrac{\partial^6}{\partial t^6}-2(6v^2-14v+7)\dfrac{\partial^4}{\partial t^4}+18(1-v)\dfrac{\partial^2}{\partial t^2} \end{cases}\varepsilon^2 + \cdots \end{cases} U$$

$$= \dfrac{(1-v)}{\varepsilon}\left\{-2\dfrac{\partial^2}{\partial \xi^2}-(1-v)\dfrac{\partial^2}{\partial t^2}+\varepsilon\left[\begin{array}{l} v\left(2\dfrac{\partial^2}{\partial \xi^2}+\dfrac{\partial^2}{\partial t^2}\right)y - 16(1-v)\dfrac{\partial^2}{\partial \xi^2} \\ +4(1-2v)\dfrac{\partial^2}{\partial t^2} \end{array}\right]+\cdots\right\}\sigma_1(\xi,t)$$

$$\begin{cases} (1-v)\left\{2\left(2+2v-\dfrac{\partial^2}{\partial t^2}\right)\dfrac{\partial^2}{\partial \xi^2} - \dfrac{\partial^2}{\partial t^2}\left[(1-v)\dfrac{\partial^2}{\partial t^2}-2\right]\right\} \\ +\dfrac{1}{3}\begin{cases} 4\dfrac{\partial^6}{\partial \xi^6}+4\left[(3-2v)\dfrac{\partial^2}{\partial t^2}-4(1-v^2)\right]\dfrac{\partial^4}{\partial \xi^4} + \\ \left[(4v^2-16v+11)\dfrac{\partial^4}{\partial t^4}+2(4v^2+18v-18)\dfrac{\partial^2}{\partial t^2}+36(1-v^2)\right]\dfrac{\partial^2}{\partial \xi^2} \\ +(3-4v)(1-v)\dfrac{\partial^6}{\partial t^6}-2(6v^2-14v+7)\dfrac{\partial^4}{\partial t^4}+18(1-v)\dfrac{\partial^2}{\partial t^2} \end{cases}\varepsilon^2 + \cdots \end{cases} W$$

$$= \dfrac{(1-v)}{\varepsilon}\left\{2v\dfrac{\partial^2}{\partial \xi^2}+\varepsilon\left[\left(2\dfrac{\partial^4}{\partial \xi^4}+\dfrac{1-v}{2}\dfrac{\partial^4}{\partial \xi^2 \partial t^2}\right)y + v\left(\dfrac{1}{2}\dfrac{\partial^2}{\partial t^2}-2\right)\dfrac{\partial^2}{\partial \xi^2}\right]+\cdots\right\}\sigma_1(\xi,t)$$

(1.5.9)

需要指出的是,上述这一理论实际上是在参考文献[1,12]中针对动力学问题所给出方法的基础上的进一步拓展。

如果在式(1.5.8)中保留更多的项,那么我们就能够得到更加准确的理论。需要注意的是,这些实用理论一般都是致力于将圆柱侧曲面边界上的应力要求释放掉,而端部边界上的应力则是通过齐次解来移除的。无论怎样,人们一般都需要了解式(1.5.8)类型的实用理论所给出的解与色散方程(1.1.13)给出的精确解之间的关系。为此,如果寻求式(1.5.8)的形如 $U,W \sim \mathrm{e}^{p\xi + i\omega t}$ 的齐次解,那么我们有

$$D_n(p,\lambda,\varepsilon) = D_1(p,\lambda)\varepsilon + D_2(p,\lambda)\varepsilon^q + \cdots + D_n(p,\lambda)\varepsilon^n = 0 \quad (1.5.10)$$

可以很容易地看出,根据式(1.5.10)我们能够确定出由式(1.2.4)、式(1.2.10)、式(1.2.16)、式(1.2.23)、式(1.2.26)和式(1.2.29)所给出的色散方程的所有零点。对于由式(1.2.12)、式(1.2.32)和式(1.2.34)所给出的色散方程的零点,根据式(1.5.10)是不能得到的。

1.6 各向同性中空圆柱体的扭转振动

众所周知,在中空圆柱体的轴对称波动运动中可以存在两种不同类型的运动形式,第一种与纵波传播有关,而第二种则与扭转波传播相关。前面我们已经讨论了中空圆柱体的纵波传播问题,下面将对其扭转振动问题进行分析。附带指出的是,在参考文献[3]中已经考察过实心圆柱体的类似问题。

扭转振动的运动方程具有如下形式

$$\frac{\partial^2 U_\varphi}{\partial \rho^2} + \frac{1}{\rho}\frac{\partial U_\varphi}{\partial \rho} - \frac{1}{\rho^2}U_\varphi + \frac{\partial^2 U_\varphi}{\partial \xi^2} - gG^{-1}\frac{\partial^2 U_\varphi}{\partial t^2} = 0 \quad (1.6.1)$$

$$\tau_{r\varphi} = G\left(\frac{\partial U_\varphi}{\partial \rho} - \frac{U_\varphi}{\rho}\right), \tau_{z\varphi} = G\frac{\partial U_\varphi}{\partial \xi} \quad (1.6.2)$$

假定圆柱体的侧表面不受载荷作用,即

$$\tau_{r\varphi} = 0 \quad (\rho = \rho_s, s = 1,2) \quad (1.6.3)$$

并且在圆柱体的两端面处,存在如下边界条件

$$\tau_{z\varphi} = \tau^{\pm}(\rho)\mathrm{e}^{\mathrm{i}\omega t} \quad (\xi = \pm l_0) \quad (1.6.4)$$

我们寻求式(1.6.1)的如下形式解

$$U_\varphi = U(\rho)m(\xi)\mathrm{e}^{\mathrm{i}\omega t} \quad (1.6.5)$$

将上面这个形式解代入式(1.6.1)和式(1.6.3)中,经过分离变量处理之后可得

$$\frac{\mathrm{d}^2 m}{\mathrm{d}\xi^2} - \mu^2 m(\xi) = 0 \quad (1.6.6)$$

$$U'' + \frac{1}{\rho}U' + \left(\gamma^2 - \frac{1}{\rho^2}\right)U = 0 \quad (1.6.7)$$

$$\left(U' - \frac{1}{\rho}U\right)_{\rho=\rho_s} = 0 \quad (1.6.8)$$

若定义如下算子 T:

$$TU = \left[-U'' - \frac{1}{\rho}U' + \frac{1}{\rho^2}U, \left(U' - \frac{1}{\rho}U\right)_{\rho=\rho_s} \right] = 0$$

那么在空间 $L_2(\rho_1, \rho_2)$ 中，式(1.6.7)和式(1.6.8)就可以表示成式(1.6.9)形式，即

$$TU = \gamma^2 U \qquad (1.6.9)$$

此处的 $L_2(\rho_1, \rho_2)$ 为希尔伯特空间，权为 ρ，标量积为

$$(U_1, U_2) = \int_{\rho_1}^{\rho_2} U_1 \bar{U}_2 \rho \mathrm{d}\rho \qquad (1.6.10)$$

很容易证明算子 T 是自伴算子，因此式(1.6.9)的谱是实的，本征矢量是正交和完备的，可在 $L_2(\rho_1, \rho_2)$ 中构成基底。另外，由于 γ^2 是实数，于是 μ^2 也是实数，也即 μ 要么是实数，要么是纯虚数。在参考文献[3]中，作者是从物理角度来考察实心圆柱体的，并指出了参考文献[13]中的相关表述是不正确的，因为那里的参数 μ 可以是复数。

现在来考虑式(1.6.6)和式(1.6.4)所构成的问题，即

$$\frac{\mathrm{d}^2 m}{\mathrm{d}\xi^2} - \mu^2 m(\xi) = 0$$

$$\tau_{z\varphi} = \tau^{\pm}(\rho)$$

我们可以将 $\tau^{\pm}(\rho)$ 通过式(1.6.9)的本征函数来展开，即

$$\tau^{\pm}(\rho) = \sum_{k=1}^{\infty} a_k^{\pm} U_k(\rho)$$

其中

$$\| U_k \|^2 = 1 = \int_{\rho_1}^{\rho_2} U_k^2 \rho \mathrm{d}\rho, \quad (U_k, U_n) = \delta_{kn}$$

于是，式(1.6.6)和式(1.6.4)的一般解就可以表示为如下形式

$$m_k(\xi) = C_{1k} \mathrm{e}^{\mu_k \xi} + C_{2k} \mathrm{e}^{-\mu_k \xi} \qquad (1.6.11)$$

$U_\varphi(\rho, \xi, t)$ 就能够表示为

$$U_\varphi = \sum_{k=1}^{\infty} C_k m_k(\xi) U_k(\rho) \mathrm{e}^{\mathrm{i}\omega t} \qquad (1.6.12)$$

式中：常数 C_k 可根据如下条件来确定，即

$$m_k' \big|_{\xi = \pm l_0} = a_k^{\pm}$$

需要注意的是,这一问题的本征值和本征矢量也可以通过渐近方法显式地加以确定。下面我们就来构造本征值和本征矢量的渐近表达式。式(1.6.7)的一般解可以表示为如下形式

$$U(\rho) = C_1 J_1(\gamma\rho) + C_2 Y_1(\gamma\rho) \tag{1.6.13}$$

式中:$J_1(\gamma\rho)$ 和 $Y_1(\gamma\rho)$ 分别为第一类和第二类贝塞尔函数;C_1 和 C_2 均为任意常数,可根据齐次边界条件式(1.6.8)确定。根据非平凡解的存在条件,我们可以得到如下色散方程

$$D(\mu,\lambda,\varepsilon) = \gamma^2 D_0(\mu,\lambda,\varepsilon) \tag{1.6.14}$$

其中

$$D_0 = L_{00}(\gamma\rho_1,\gamma\rho_2) - \frac{2}{\gamma\rho_1}L_{10}(\gamma\rho_1,\gamma\rho_2) - \frac{2}{\gamma\rho_2}L_{01}(\gamma\rho_1,\gamma\rho_2) + \frac{1}{\gamma^2\rho_1\rho_2}L_{11}(\gamma\rho_1,\gamma\rho_2)$$

方程(1.6.14)的零点为可数集,且在无穷大处为聚点。将所有的根相加,我们可以得到如下所示的齐次解

$$U_\varphi = R_0 \sum_{k=1}^\infty C_k \left[\gamma_k L_{10}(\gamma_k\rho,\gamma_k\rho_2) - \frac{2}{\rho_2} L_{11}(\gamma_k\rho,\gamma_k\rho_2) \right] m_k(\xi) e^{i\omega t}$$

$$\tau_{z\varphi} = G \sum_{k=1}^\infty C_k \left[\gamma_k L_{10}(\gamma_k\rho,\gamma_k\rho_2) - \frac{2}{\rho_2} L_{11}(\gamma_k\rho,\gamma_k\rho_2) \right] \frac{dm_k}{d\xi} e^{i\omega t}$$

$$\tau_{r\varphi} = G \sum_{k=1}^\infty C_k \left[\begin{array}{l} \gamma_k^2 L_{00}(\gamma_k\rho,\gamma_k\rho_2) - \dfrac{2\gamma_k}{\rho} L_{10}(\gamma_k\rho,\gamma_k\rho_2) - \\ \dfrac{2\gamma_k}{\rho} L_{01}(\gamma_k\rho,\gamma_k\rho_2) + \dfrac{4}{\rho\rho_2} L_{11}(\gamma_k\rho,\gamma_k\rho_2) \end{array} \right] m_k(\xi) e^{i\omega t}$$

$$\tag{1.6.15}$$

现在回到式(1.6.14)的根的问题上,我们可以发现

$$\lim_{\gamma \to 0} D_0(\mu,\lambda,\varepsilon) = C \quad (0 < C < \infty) \tag{1.6.16}$$

事实上,只需将 $D_0(\mu,\lambda,\varepsilon)$ 展开为 ε 的级数形式,就可以得到:

$$D_0(\mu,\lambda,\varepsilon) = 4\pi^{-1}\varepsilon\left[1 + \frac{1}{3}(9-2\gamma^2)\varepsilon^2 + \cdots\right] \tag{1.6.17}$$

由此,我们即可知道 $\gamma^2 = 0$ 是方程(1.6.14)的二重根。此处,我们得到了两个与透射解对应的纯虚零点,而函数 $D(\mu,\lambda,\varepsilon)$ 的剩余零点当 $\varepsilon \to 0$ 时将趋于无穷大。为了借助函数 $J_v(x)$ 和 $Y_v(x)$ 的渐近展开(在大宗量条件下)来构造这组零点,可以将式(1.6.14)表示成如下形式(仅仅保留渐近式中的首项),即

$$D(\mu,\lambda,\varepsilon) = \frac{2}{\pi}\sin(2\gamma\varepsilon) + O(\varepsilon) = 0 \tag{1.6.18}$$

于是,若令 $\lambda = \lambda_0 \varepsilon^{-1}$,我们来寻求

$$\mu_n = \delta_n \varepsilon^{-1} + O(\varepsilon) \quad (n = k-2, k = 3, 4, \cdots) \tag{1.6.19}$$

利用式(1.6.18)可以得到

$$\delta_n^2 = \frac{n^2\pi^2}{4} - \lambda_0^2, n = 1, 2, \cdots \tag{1.6.20}$$

根据式(1.6.20)可以看出,若 $\lambda_0^2 < \frac{n^2\pi^2}{4}$,那么可以得到实零点,它们对应于凋落解,而若 $\lambda_0^2 > \frac{n^2\pi^2}{4}$,则可得到一系列纯虚零点,并且 $\lambda = \lambda_0\varepsilon^{-\beta}$,$\mu_n = \mu_{n0}\varepsilon^{-\beta}$,$\beta > 1$ 这种情况也是可能的,不难发现这种情况下可以再次得到式(1.6.20),唯一的区别在于这种情况下的 n 是一个足够大的数。

现在我们可以给出 U_φ、$\tau_{z\varphi}$ 和 $\tau_{r\varphi}$ 的渐近表达式。$\gamma = 0$ 对应于如下所示的应力应变状态

$$U_\varphi = C_0 \rho m_0(\xi) e^{i\omega t}$$
$$\tau_{z\varphi} = GC_0 \rho m_0(\xi) e^{i\omega t} \tag{1.6.21}$$
$$\tau_{r\varphi} = 0$$

式中:$m_0(\xi) = a_1\cos(\lambda\xi) + a_2\sin(\lambda\varepsilon)$。

对于第二组零点,我们也可以类似地得到渐近表达式(首项近似),即

$$U_\varphi = R_0\varepsilon B_n\cos(\varepsilon\gamma_n)(\eta-1)m_n(\xi)e^{i\omega t}$$
$$\tau_{z\varphi} = G\varepsilon B_n\cos(\gamma_n)(\eta-1)\frac{dm_n}{d\xi}e^{i\omega t} \tag{1.6.22}$$
$$\tau_{r\varphi} = -GB_n\sin(\varepsilon\gamma_n)(\eta-1)m_n(\xi)e^{i\omega t}$$

式中:B_n 为任意常数,$\eta = \frac{\rho-1}{\varepsilon}$。

这样的话,我们也就得到了本征值和本征函数的比较简单的渐近表达式了。

需要注意的是,$\mu = 0$ 的情况是跟中空圆柱体的扭转振动相对应的,我们将在第3章再进行介绍。

1.7 侧表面固支的中空圆柱体的弹性振动

这一节我们在齐次解的基础上来考察中空圆柱体弹性动力学问题的渐近行

为,此处的中空圆柱体的侧表面是刚性固定的。对于实心圆柱体,关于这一问题的分析可以参阅参考文献[3],其中给出了另一求解过程。

对于中空圆柱体的轴对称动力学问题,假定侧表面固支,即
$$U_r = 0, U_z = 0 \quad r = R_1, R_2 \qquad (1.7.1)$$

此外,还假定边界末端是足够平滑的。根据式(1.7.1)可以得到如下色散方程

$$\Delta = 8\pi^{-2}\rho_1^{-1}\rho_2^{-1}\mu^2 - \alpha^2\gamma^2 L_{00}(\gamma)L_{11}(\alpha) - $$
$$\mu^4 L_{00}(\alpha)L_{11}(\gamma) + \alpha\gamma\mu^2[L_{01}(\gamma)L_{10}(\alpha) + L_{01}(\alpha)L_{10}(\gamma)] = 0$$
$$(1.7.2)$$

式(1.7.2)的方程零点是可数集,下面对其渐近行为进行分析。方程(1.7.2)的零点对应于如下所示的齐次解

$$U_r = -R_0 \sum_{k=1}^{\infty} C_k [\alpha_k z_1(\alpha_k\rho) + z_1(\gamma_k\rho)] \frac{\mathrm{d}m_k}{\mathrm{d}\xi} \mathrm{e}^{\mathrm{i}\omega t}$$
$$U_z = R_0 \sum_{k=1}^{\infty} C_k [\mu_k^2 z_0(\alpha_k\rho)\gamma_k z_0(\gamma_k\rho)] m_k(\xi) \mathrm{e}^{\mathrm{i}\omega t}$$
$$(1.7.3)$$

其中

$$z_v(\alpha_k\rho) = C_{1k}\mathrm{J}_v(\alpha_k\rho) + C_{2k}\mathrm{Y}_v(\alpha_k\rho)$$
$$z_v(\gamma_k\rho) = C_{3k}\mathrm{J}_v(\gamma_k\rho) + C_{4k}\mathrm{Y}_v(\gamma_k\rho)$$
$$C_{1k} = -\frac{1}{2}\pi^{-1}\rho_2^{-1}\mu_k^2\mathrm{Y}_0(\alpha_k\rho_1) + \alpha_k\gamma_k^2\mathrm{Y}_1(\alpha_k\rho_2)L_{00}(\gamma_k) - \mu_k^2\gamma_k\mathrm{Y}_0(\alpha_k\rho_2)L_{01}(\gamma_k)$$
$$C_{2k} = -2\pi^{-1}\rho_2^{-1}\mu_k^2\mathrm{J}_0(\alpha_k\rho_1) + \alpha_k\gamma_k^2\mathrm{J}_1(\alpha_k\rho_2)L_{00}(\gamma_k) - \mu_k^2\gamma_k\mathrm{J}_0(\alpha_k\rho_2)L_{01}(\gamma_k)$$
$$C_{3k} = -2\pi^{-1}\rho_2^{-1}\mu_k^2\gamma_k\mathrm{Y}_0(\gamma_k\rho_1) + \mu_k^4\mathrm{Y}_1(\gamma_k\rho_2)L_{00}(\alpha_k) - \alpha_k\gamma_k\mu_k^2\mathrm{Y}_0(\gamma_k\rho_2)L_{01}(\alpha_k)$$
$$C_{4k} = -2\pi^{-1}\rho_2^{-1}\mu_k^2\gamma_k\mathrm{J}_0(\gamma_k\rho_1) + \mu_k^4\mathrm{J}_1(\gamma_k\rho_2)L_{00}(\alpha_k) - \alpha_k\gamma_k\mu_k^2\mathrm{J}_0(\gamma_k\rho_2)L_{01}(\alpha_k)$$

可以证明,当 $\varepsilon \to 0$ 时,式(1.7.2)的所有零点都将无界增长。根据给定的 λ,可以将它们区分为如下两种情况,即

(1) $\lambda = O(\varepsilon^{-\beta}), 0 \leq \beta < 1, \varepsilon\mu_k \to$ 常数(当 $\varepsilon \to 0$ 时)

(2) $\lambda = O(\varepsilon^{-\beta}), \beta \geq 1, \mu_k = O(\varepsilon^{-\beta})$(当 $\varepsilon \to 0$ 时)。

对于情况(1)来说,令 $\lambda = \lambda_0\varepsilon^{-\beta}$,然后我们寻求

$$\mu_n = \frac{\delta_n}{\varepsilon} + O(\varepsilon^{1-2\beta}) \quad (n = 1, 2, \cdots) \qquad (1.7.4)$$

将式(1.7.4)代入式(1.7.2),并利用函数 $J_v(x)$ 和 $Y_v(x)$ 的渐近展开式,我们可以得到如下关于 δ_n 的方程

$$(3-4v)^2 \sin^2(2\delta_n) - 4\delta_n^2 = 0 \tag{1.7.5}$$

方程(1.7.5)的零点是可数集,它实际上跟弹性理论中类似的弹性条问题的特征方程[14]也是一致的,在该问题中是针对不同的 v 值给出对应的根。

类似地,为了构造第二组零点,可令 $\lambda = s\varepsilon^{-\beta}(\beta \geq 1)$,我们寻找如下形式的解

$$\mu_n = \delta_n \varepsilon^{-\beta} + O(\varepsilon^\beta) \tag{1.7.6}$$

将式(1.7.6)代入式(1.7.2),不难导出如下结果

$$\begin{aligned}
&(\alpha_{n0}\gamma_{n0}\sin\gamma_{n0}\cos\alpha_{n0} - \delta_n^{*2}\cos\gamma_{n0}\sin\alpha_{n0}) \\
&\times (\alpha_{n0}\gamma_{n0}\sin\alpha_{n0}\cos\gamma_{n0} - \delta_n^{*2}\cos\alpha_{n0}\sin\gamma_{n0}) = 0
\end{aligned} \tag{1.7.7}$$

其中

$$\alpha_{n0}^2 = \left[\delta_n^2 + \frac{1-2v}{2(1-v)}s^2\right]\varepsilon^{2-2\beta}, \gamma_{n0}^2 = (\delta_n^2 + s^2)\varepsilon^{2-2\beta}, \delta_n^{*2} = \delta_n \varepsilon^{2-2\beta}$$

方程(1.7.7)也就是弹性条问题中的瑞利 - 兰姆方程[3]。

现在我们来建立齐次解的渐近表达,它们对应于前述的两组零点,其渐近特性已经在前面讨论过。

将第一组解相对小参数 ε 做展开之后,我们可以得到如下渐近表达形式(为简洁起见,此处仅针对位移峰值,而关于应力,则可以利用广义胡克定律来确定)。这里需注意的是,存在两类解,第一类解对应函数 $(3-4v)\sin(2\delta_n) - 2\delta_n$ 的零点,而第二类解则对应函数 $(3-4v)\sin(2\delta_n) + 2\delta_n$ 的零点:

$$U_r^{(1)} = R_0 \varepsilon^2 \sum_{n=1}^{\infty} C_{n1} \left\{ \begin{aligned} &[\delta_n\cos\delta_n - (3-4v)\sin\delta_n]\cos(\delta_n\eta) \\ &+ \eta\delta_n\sin\delta_n\sin(\delta_n\eta) + O(\varepsilon) \end{aligned} \right\} \frac{dm_n}{d\xi}$$

$$U_z^{(1)} = R_0 \varepsilon \sum_{n=1}^{\infty} C_{n1}\delta_n^2 [\cos\delta_n\sin(\delta_n\eta) - \eta\sin\delta_n\cos(\delta_n\eta) + O(\varepsilon)]m_n(\xi)$$

$$(1.7.8)$$

$$U_r^{(2)} = R_0 \varepsilon^2 \sum_{n=1}^{\infty} C_{n2} \left\{ \begin{aligned} &[\delta_n\sin\delta_n + (3-4v)\cos\delta_n]\sin(\delta_n\eta) \\ &+ \eta\delta_n\cos\delta_n\cos(\delta_n\eta) + O(\varepsilon) \end{aligned} \right\} \frac{dm_n}{d\xi}$$

$$U_z^{(2)} = R_0 \varepsilon \sum_{n=1}^{\infty} C_{n2}\delta_n^2 [\eta\cos\delta_n\sin(\delta_n\eta) - \sin\delta_n\cos(\delta_n\eta) + O(\varepsilon)]m_n(\xi)$$

$$(1.7.9)$$

对于跟第二组零点对应的解,类似于第一组情形,我们可以得到首项近似下

的两类解,它们分别对应于如下函数的零点,即

$$\alpha_{n0}\gamma_{n0}\sin\gamma_{n0}\cos\alpha_{n0} - \delta_n^{*2}\cos\gamma_{n0}\sin\alpha_{n0}$$

$$\alpha_{n0}\gamma_{n0}\cos\gamma_{n0}\sin\alpha_{n0} - \delta_n^{*2}\sin\gamma_{n0}\cos\alpha_{n0}$$

类似地,将第二组解相对小参数 ε 做展开之后,我们可以得到如下渐近表达形式,即

$$U_r^{(1)} = R_0\varepsilon^2 \sum_{n=1}^{\infty} B_{n1} \frac{1}{\alpha_{n0}} [\alpha_{n0}\gamma_{n0}\sin\gamma_{n0}\cos(\alpha_{n0}\eta) - \delta_n^{*2}\sin\alpha_{n0}\cos(\gamma_{n0}\eta) + O(\varepsilon)] \frac{\mathrm{d}m_n}{\mathrm{d}\xi}$$

$$U_z^{(1)} = R_0\varepsilon \sum_{n=1}^{\infty} B_{n1} \frac{\delta_n^{*2}\gamma_{n0}}{\alpha_{n0}} [\sin\gamma_{n0}\sin(\alpha_{n0}\eta) - \sin\alpha_{n0}\sin(\gamma_{n0}\eta) + O(\varepsilon)] m_n(\xi)$$

(1.7.10)

$$U_r^{(2)} = R_0\varepsilon^2 \sum_{n=1}^{\infty} B_{n2} \frac{1}{\alpha_{n0}} [\alpha_{n0}\gamma_{n0}\cos\gamma_{n0}\sin(\alpha_{n0}\eta) - \delta_n^{*2}\cos\alpha_{n0}\sin(\gamma_{n0}\eta) + O(\varepsilon)] \frac{\mathrm{d}m_n}{\mathrm{d}\xi}$$

$$U_z^{(2)} = R_0\varepsilon \sum_{n=1}^{\infty} B_{n2} \frac{\delta_n^2\gamma_{n0}}{\alpha_{n0}} [\cos\alpha_{n0}\cos(\gamma_{n0}\eta) - C_{n1}, C_{n2}, B_{n1}, B_{n2}]$$

(1.7.11)

式中:C_{n1}、C_{n2}、B_{n1} 和 B_{n2} 均为任意常数,需要根据圆柱体端部的边界条件来确定。

从式(1.7.8)~式(1.7.11)可以看出,式(1.7.8)和式(1.7.10)所定义的解是对应于壳的弯曲振动的,而式(1.7.9)和式(1.7.11)所定义的解则对应壳的拉压振动形式。需要指出的是,目前还没有哪一种实用壳理论能够描述此类解。

1.8 侧表面带有混合边界条件的中空圆柱体的受迫振动

对于精确求解有限固体的动力学问题来说,指定某类边界条件是非常重要的。在1.4节中我们已经指定了一类边界条件,在该边界条件下圆柱体振动问题可以得到精确解。这里将给出另一类能够获得精确解的边界条件。

考虑一个中空圆柱体的受迫振动问题,其侧表面上为齐次混合边界条件,即

$$U_r = 0, \tau_{rz} = 0 \quad (\text{在 } \rho = \rho_1, \rho_2 \text{ 上}) \tag{1.8.1}$$

而其他边界上的条件可以是如下几种类型中的一种,即

$$\sigma_z = Q^{\pm}(r)e^{i\omega t}, \tau_{rz} = \tau(r)e^{i\omega t} \quad (\text{在 } \xi = \pm l_0 \text{ 上}) \tag{1.8.2}$$

$$\sigma_z = Q^{\pm}(r)e^{i\omega t}, U_r = a^{\pm}(r)e^{i\omega t} \quad (\text{在 } \xi = \pm l_0 \text{ 上}) \tag{1.8.3}$$

$$U_z = b_0^{\pm}(r)e^{i\omega t}, \tau_{rz} = \tau^{\pm}(r)e^{i\omega t} \quad (\text{在 } \xi = \pm l_0 \text{ 上}) \tag{1.8.4}$$

通过对这一问题的一般性分析可以发现,引入矢量分析中的亥姆霍兹定理是非常方便的,即

$$\bar{U} = \text{grad}\phi + \text{rot}\bar{F}, \text{div}\bar{F} = 0, \bar{F} = \bar{F}(0, F, 0) \tag{1.8.5}$$

在轴对称情况下,式(1.8.5)在柱坐标系中具有如下形式

$$U_r = R_0\left(\frac{\partial \phi}{\partial \rho} - \frac{\partial F}{\partial \xi}\right), U_z = R_0\left(\frac{\partial \phi}{\partial \xi} + \frac{\partial F}{\partial \rho} - \frac{F}{\rho}\right) \tag{1.8.6}$$

将式(1.8.6)代入式(1.1.4)可得

$$\frac{\partial^2 \phi}{\partial \rho^2} + \frac{1}{\rho}\frac{\partial \phi}{\partial \rho} + \frac{\partial^2 \phi}{\partial \xi^2} - \frac{1-2v}{2(1-v)}G^{-1}gR_0^2\frac{\partial^2 \phi}{\partial t^2} = 0$$

$$\frac{\partial^2 \psi}{\partial \rho^2} + \frac{1}{\rho}\frac{\partial \psi}{\partial \rho} + \frac{\partial^2 \psi}{\partial \xi^2} - G^{-1}gR_0^2\frac{\partial^2 \psi}{\partial t^2} = 0 \tag{1.8.7}$$

$$F = \frac{\partial \psi}{\partial \rho}$$

对于方程(1.8.7),我们可以寻找如下形式的一般解

$$\phi = a(\rho)\frac{dm}{d\xi}e^{i\omega t}, \psi = b(\rho)m(\xi)e^{i\omega t} \tag{1.8.8}$$

其中,函数$m(\xi)$应满足如下条件

$$\frac{d^2 m}{d\xi^2} - \mu^2 m(\xi) = 0 \tag{1.8.9}$$

将式(1.8.8)分别代入式(1.8.7)和式(1.8.1)中,并利用式(1.8.9),我们可以得到

$$a'' + \frac{1}{\rho}a' + \alpha^2 a = 0, \alpha^2 = \mu^2 + \frac{1-2}{2(1-v)}\lambda^2 \quad (\text{当 } \rho = \rho_1, \rho_2 \text{ 时}, a' = 0) \tag{1.8.10}$$

$$b'' + \frac{1}{\rho}b' + \gamma^2 b = 0, \gamma^2 = \mu^2 + \lambda^2 \quad (\text{当 } \rho = \rho_1, \rho_2 \text{ 时}, b' = 0) \tag{1.8.11}$$

根据式(1.8.6)和式(1.1.5),位移矢量和应力张量的分量就可以写成如下形式

$$U_r = R_0(a' - b')\frac{dm}{d\xi}e^{i\omega t}$$

$$U_z = R_0(\mu^2 a - \gamma^2 b) m(\xi) e^{i\omega t}$$

$$\sigma_z = 2G\left[\left(\mu^2 - \frac{v}{2-2v}\lambda^2\right)a - \gamma^2 b\right]\frac{dm}{d\xi}e^{i\omega t}$$

$$\sigma_\varphi = 2G\left[\frac{1}{\rho}(a' - b') - \frac{v}{2-2v}\lambda^2 a\right]\frac{dm}{d\xi}e^{i\omega t} \qquad (1.8.12)$$

$$\sigma_r = 2G\left[-\frac{1}{\rho}(a' - b') + \gamma^2 b - \delta^2 a\right]\frac{dm}{d\xi}e^{i\omega t}$$

$$\tau_{rz} = G\left[2\mu^2 a' - (2\mu^2 + \lambda^2)b'\right]m(\xi)e^{i\omega t}, \delta^2 = \mu^2 + \frac{\lambda^2}{2}$$

于是,一般边值问题就划分成了两个问题,分别是式(1.8.10)和式(1.8.11)。我们定义一个算子 T 如下:

$$Ty = \left\{-\frac{1}{\rho}(\rho y')', y'\bigg|_{\rho = \rho_1, \rho_2} = 0\right. \qquad (1.8.13)$$

那么在 $L_2(\rho_1, \rho_2)$ 空间中式(1.8.10)和式(1.8.11)就可以表示为算子形式了,即

$$Ta = \alpha^2 a \qquad (1.8.14)$$

$$Tb = \gamma^2 b \qquad (1.8.15)$$

上面这两个式子在数学上是完全相同的。我们很容易证明算子 T 是自伴算子,因而它的谱是实的,本征矢量在 $L_2(\rho_1, \rho_2)$ 空间中是正交和完备的,并可构成该空间的一组正交基。另外,由于 α^2 和 γ^2 都是实数,因而 μ^2 也是实数,也即 μ 值要么是实数,要么是纯虚数。

现在我们来考虑如下问题

$$\frac{d^2 m_k^{(i)}}{d\xi^2} - \mu_{ki}^2 m_k^{(i)}(\xi) = 0 \qquad (1.8.16)$$

$$\sigma_z(\rho, \pm l_0) = Q^\pm(\rho), \tau_{rz}(\rho, \pm l_0) = \tau^\pm(\rho)$$

其中已经通过 $\mu_{ki}(i=1,2)$ 分别指定了式(1.8.14)和式(1.8.15)的本征值,函数 $Q^\pm(\rho)$ 和 $\tau^\pm(\rho)$ 是根据式(1.8.14)或式(1.8.15)的本征函数进行扩展得到的。若选择式(1.8.14)的本征函数,那么我们有

$$Q^{\pm}(\rho) = \sum_{k=1}^{\infty} a_k^{\pm}(\rho), \tau^{\pm}(\rho) = \sum_{k=1}^{\infty} b_k^{\pm} a_k(\rho) \quad (1.8.17)$$

其中：$a_k^{\pm} = \int_{\rho_1}^{\rho_2} Q^{\pm}(\rho) a_k(\rho) \rho \mathrm{d}\rho, b_k^{\pm} = \int_{\rho_1}^{\rho_2} r^{\pm}(\rho) a_k(\rho) \rho \mathrm{d}\rho$，且

$$\|a_k\|^2 = 1 = \int_{\rho_1}^{\rho_2} a_k^2(\rho) \rho \mathrm{d}\rho, (a_k, a_n) = \delta_{kn}$$

$$\|b_k\|^2 = 1 = \int_{\rho_1}^{\rho_2} b_k^2(\rho) \rho \mathrm{d}\rho, (b_k, b_n) = \delta_{kn}$$

方程(1.8.16)的一般解可以写为

$$m_k^{(i)} = c_{k1}^{(i)} \mathrm{e}^{\mu_{ki}\xi} + c_{k2}^{(i)} \mathrm{e}^{-\mu_{ki}\xi} \quad (1.8.18)$$

由此我们不难得到该问题如下形式的一般解

$$U_r = R_0 \sum_{k=1}^{\infty} \left[C_k a_k'(\rho) \frac{\mathrm{d}m_k^{(1)}}{\mathrm{d}\xi} - d_k b_k'(\rho) \frac{\mathrm{d}m_k^{(2)}}{\mathrm{d}\xi} \right] \mathrm{e}^{i\omega t}$$

$$U_z = R_0 \sum_{k=1}^{\infty} \left[C_k \mu_{k1}^2 a_k(\rho) m_k^{(1)} - (\mu_{k2}^2 + \lambda^2) d_k b_k(\rho) m_k^{(2)} \right] \mathrm{e}^{i\omega t} \quad (1.8.19)$$

式中：常数 C_k 和 d_k 由条件式(1.8.2)~式(1.8.4)来确定。为满足式(1.8.2)，我们可以得到如下一组方程

$$2GC_k \left(\mu_{k1}^2 - \frac{v}{2-2v}\lambda^2 \right) \frac{\mathrm{d}m_k^{(1)}}{\mathrm{d}\xi} \bigg|_{\xi = \pm l_0} = a_k^{\pm}$$

$$G \left[\begin{array}{c} 2\mu_{k1}^2 m_k^{(1)}(\xi) \int_{\rho_1}^{\rho_2} a_k(\rho) a_k'(\rho) \rho \mathrm{d}\rho C_k - \\ (2\mu_{k2}^2 + \lambda^2) m_k^{(2)}(\xi) \int_{\rho_1}^{\rho_2} a_k(\rho) b_k'(\rho) \rho \mathrm{d}\rho d_k \end{array} \right]_{\xi = \pm l_0} = b_k^{\pm} \quad (1.8.20)$$

对于其他的圆柱体端部边界条件，也可以类似地得到满足。

下面我们进一步来构造本征值和本征矢量的渐近表达式。式(1.8.10)和式(1.8.11)的一般解分别具有如下形式

$$a = C_1 \mathrm{J}_0(\alpha\rho) + C_2 \mathrm{Y}_0(\alpha\rho) \quad (1.8.21)$$

$$b = D_1 \mathrm{J}_0(\gamma\rho) + D_2 \mathrm{Y}_0(\gamma\rho) \tag{1.8.22}$$

根据侧表面上的齐次边界条件要求，我们不难导出一组关于任意常系数的线性代数方程，而由其非平凡解的存在条件又可以进一步导出色散方程。

式(1.8.21)和式(1.8.22)的根是可数集，极限是无穷大。它们对应如下齐次解：

$$\sigma_z^{(1)} = 2G \sum_{k=1}^{\infty} C_k \left[\mu_{k1}^2 - \frac{v}{2-2v}\lambda^2 \right] L_{01}(\alpha_k\rho, \alpha_k\rho_2) \frac{\mathrm{d}m_k^{(1)}}{\mathrm{d}\xi} \mathrm{e}^{\mathrm{i}\omega t}$$

$$\sigma_\varphi^{(1)} = -2G \sum_{k=1}^{\infty} C_k \left[\frac{v}{2-2v}\lambda^2 L_{01}(\alpha_k\rho, \alpha_k\rho_2) + \frac{\alpha_k}{\rho} L_{11}(\alpha_k\rho, \alpha_k\rho_2) \right] \frac{\mathrm{d}m_k^{(1)}}{\mathrm{d}\xi} \mathrm{e}^{\mathrm{i}\omega t}$$

$$\sigma_r^{(1)} = -2G \sum_{k=1}^{\infty} C_k \left[\delta_k^{*2} L_{01}(\alpha_k\rho, \alpha_k\rho_2) - \frac{\alpha_k}{\rho} L_{11}(\alpha_k\rho, \alpha_k\rho_2) \right] \frac{\mathrm{d}m_k^{(1)}}{\mathrm{d}\xi} \mathrm{e}^{\mathrm{i}\omega t}$$

$$\tau_{rz}^{(1)} = -2G \sum_{k=1}^{\infty} C_k \mu_{k1}^2 \alpha_k L_{11}(\alpha_k\rho, \alpha_k\rho_2) m_k^{(1)}(\xi) \mathrm{e}^{\mathrm{i}\omega t}$$

$$\tag{1.8.23}$$

$$U_r^{(2)} = R_0 \sum_{k=1}^{\infty} D_k \gamma_k L_{11}(\gamma_k\rho, \gamma_k\rho_2) \frac{\mathrm{d}m_k^{(2)}}{\mathrm{d}\xi} \mathrm{e}^{\mathrm{i}\omega t}$$

$$U_z^{(2)} = -R_0 \sum_{k=1}^{\infty} D_k \gamma_k L_{01}(\gamma_k\rho, \gamma_k\rho_2) m_k^{(2)}(\xi) \mathrm{e}^{\mathrm{i}\omega t}$$

$$\sigma_z^{(2)} = -2G \sum_{k=1}^{\infty} D_k \gamma_k L_{01}(\gamma_k\rho, \gamma_k\rho_2) \frac{\mathrm{d}m_k^{(2)}}{\mathrm{d}\xi} \mathrm{e}^{\mathrm{i}\omega t}$$

$$\sigma_\varphi^{(2)} = 2G \sum_{k=1}^{\infty} \frac{D_k \gamma_k}{\rho} L_{11}(\gamma_k\rho, \gamma_k\rho_2) \frac{\mathrm{d}m_k^{(2)}}{\mathrm{d}\xi} \mathrm{e}^{\mathrm{i}\omega t}$$

$$\sigma_r^{(2)} = -2G \sum_{k=1}^{\infty} D_k \gamma_k \left[\frac{1}{\rho} L_{11}(\gamma_k\rho, \gamma_k\rho_2) - \gamma_k L_{01}(\gamma_k\rho, \gamma_k\rho_2) \right] \frac{\mathrm{d}m_k^{(2)}}{\mathrm{d}\xi} \mathrm{e}^{\mathrm{i}\omega t}$$

$$\tau_{rz}^{(2)} = G \sum_{k=1}^{\infty} D_k \gamma_k (2\mu_{k2}^2 + \lambda^2) L_{11}(\gamma_k\rho, \gamma_k\rho_2) m_k^{(2)}(\xi) \mathrm{e}^{\mathrm{i}\omega t}$$

$$\tag{1.8.24}$$

式中：C_k 和 D_k 为任意常数。

式(1.8.21)具有一个有界根 $\alpha = 0$，从式(1.8.23)我们可以观察到这个根对应位移和应力分量的如下选择

$$U_z = R_0(1-2v)C_0 m_0(\xi) e^{i\omega t}$$

$$\sigma_z = 2G(1-v)C_0 \frac{dm_0}{d\xi} e^{i\omega t}$$

$$\sigma_\varphi = 2GvC_0 \frac{dm_0}{d\xi} e^{i\omega t} \qquad (1.8.25)$$

$$\sigma_r = -2GvC_0 \frac{dm_0}{d\xi} e^{i\omega t}$$

$$U_r = 0, \tau_{rz} = 0$$

$$m_0(\xi) = C_1 \cos\left(\sqrt{\frac{1-2v}{2(1-v)}}\lambda\xi\right) + C_2 \sin\left(\sqrt{\frac{1-2v}{2(1-v)}}\lambda\xi\right)$$

此外,不难发现,当 $\varepsilon \to 0$ 时,函数 $\Delta_1(\mu,\lambda,\varepsilon)$ 和 $\Delta_2(\mu,\lambda,\varepsilon)$ 的所有其他零点都将无界增长。利用大宗量条件下的贝塞尔函数的渐近特性,式(1.8.21)和式(1.8.22)可以写为如下形式

$$L_{11}(\alpha\rho_1, \alpha\rho_2) = \frac{2}{\pi\alpha}\frac{1}{\sqrt{\rho_1\rho_2}}\left[\left(1+\frac{3}{8\alpha^2}\right)\sin(2\alpha\varepsilon) - \frac{3}{4}\varepsilon\cos(2\alpha\varepsilon) + O\left(\frac{1}{\alpha^3}\right)\right] = 0$$

$$L_{11}(\gamma\rho_1, \gamma\rho_2) = \frac{2}{\pi\gamma}\frac{1}{\sqrt{\rho_1\rho_2}}\left[\left(1+\frac{3}{8\gamma^2}\right)\sin(2\gamma\varepsilon) - \frac{3}{4}\varepsilon\cos(2\gamma\varepsilon) + O\left(\frac{1}{\gamma^3}\right)\right] = 0$$

$$(1.8.26)$$

在给定 $\lambda = S\varepsilon^{-1}$ 时,我们可以来寻求如下的 μ_{ni}

$$\mu_{ni} = \delta_{ni}\varepsilon^{-1} + \chi_{ni}\varepsilon + \cdots \quad (i=1,2) \qquad (1.8.27)$$

将式(1.8.27)代入式(1.8.26)可得

$$\sin\left(2\sqrt{\delta_{n1}^2 + \frac{1-2v}{2(1-v)}S^2}\right) = 0 \qquad (1.8.28)$$

$$\chi_{n1} = \frac{3}{8}\delta_{n1}^{-1}$$

$$\sin(2\sqrt{\delta_{n2}^2 + S^2}) = 0 \qquad (1.8.29)$$

$$\chi_{n2} = \frac{3}{8}\delta_{n2}^{-1}$$

由此可知,对于 $S^2 > \frac{1-v}{1-2v}\frac{k^2\pi^2}{2}$ 和 $S^2 > \frac{k^2\pi^2}{2}$,我们将得到两组纯虚根。借助贝塞尔函数渐近展开并取其首项,根据式(1.8.23)和式(1.8.24)就可以发现这

些零点应当对应如下解组

$$U_r^{(1)} = -R_0\varepsilon^2 \sum_{k=1}^{\infty} C_k [\alpha_{k0}\sin\alpha_{k0}(\eta-1) + O(\varepsilon)] \frac{\mathrm{d}m_k^{(1)}}{\mathrm{d}\xi}\mathrm{e}^{\mathrm{i}\omega t}$$

$$U_z^{(1)} = R_0\varepsilon \sum_{k=1}^{\infty} C_k [\delta_{k1}^2\cos\alpha_{k0}(\eta-1) + O(\varepsilon)] m_k^{(1)}(\xi)\mathrm{e}^{\mathrm{i}\omega t}$$

$$\sigma_z^{(1)} = 2G\varepsilon \sum_{k=1}^{\infty} C_k \left[\left(\delta_{k1}^2 - \frac{v}{2-2v}\right)\cos\alpha_{k0}(\eta-1) + O(\varepsilon)\right] \frac{\mathrm{d}m_k^{(1)}}{\mathrm{d}\xi}\mathrm{e}^{\mathrm{i}\omega t}$$

$$\sigma_\varphi^{(1)} = -G\frac{v}{1-v}S^2 \sum_{k=1}^{\infty} C_k [\cos\alpha_{k0}(\eta-1) + O(\varepsilon)] \frac{\mathrm{d}m_k^{(1)}}{\mathrm{d}\xi}\mathrm{e}^{\mathrm{i}\omega t} \quad (1.8.30)$$

$$\sigma_r^{(1)} = -2G\varepsilon \sum_{k=1}^{\infty} C_k \left[\left(\delta_{k1}^2 + \frac{S^2}{2}\right)\cos\alpha_{k0}(\eta-1) + O(\varepsilon)\right] \frac{\mathrm{d}m_k^{(1)}}{\mathrm{d}\xi}\mathrm{e}^{\mathrm{i}\omega t}$$

$$\tau_{rz}^{(1)} = -2C \sum_{k=1}^{\infty} C_k [\delta_{k1}^2\alpha_{k0}\sin\alpha_{k0}(\eta-1) + O(\varepsilon)] m_k^{(1)}(\xi)\mathrm{e}^{\mathrm{i}\omega t}$$

$$U_r^{(2)} = R_0\varepsilon^2 \sum_{k=1}^{\infty} D_k [\sin\gamma_{k0}(\eta-1) + O(\varepsilon)] \frac{\mathrm{d}m_k^{(2)}}{\mathrm{d}\xi}\mathrm{e}^{\mathrm{i}\omega t}$$

$$U_z^{(2)} = -R_0\varepsilon \sum_{k=1}^{\infty} D_k [\cos\gamma_{k0}(\eta-1) + O(\varepsilon)] m_k^{(2)}(\xi)\mathrm{e}^{\mathrm{i}\omega t}$$

$$\sigma_z^{(2)} = -2G\varepsilon \sum_{k=1}^{\infty} D_k [\gamma_{k0}\cos\gamma_{k0}(\eta-1) + O(\varepsilon)] \frac{\mathrm{d}m_k^{(2)}}{\mathrm{d}\xi}\mathrm{e}^{\mathrm{i}\omega t}$$

$$\sigma_\varphi^{(2)} = 2G\varepsilon^2 \sum_{k=1}^{\infty} D_k [\sin\gamma_{k0}(\eta-1) + O(\varepsilon)] \frac{\mathrm{d}m_k^{(2)}}{\mathrm{d}\xi}\mathrm{e}^{\mathrm{i}\omega t} \quad (1.8.31)$$

$$\sigma_r^{(2)} = 2G\varepsilon \sum_{k=1}^{\infty} D_k [\cos\gamma_{k0}(\eta-1) + O(\varepsilon)] \frac{\mathrm{d}m_k^{(2)}}{\mathrm{d}\xi}\mathrm{e}^{\mathrm{i}\omega t}$$

$$\tau_{rz}^{(2)} = G \sum_{k=1}^{\infty} D_k [(2\delta_{k2}^2 + S^2)\sin\gamma_{k0}(\eta-1) + O(\varepsilon)] \frac{\mathrm{d}m_k^{(2)}}{\mathrm{d}\xi}\mathrm{e}^{\mathrm{i}\omega t}$$

$$\alpha_{k0}^2 = \delta_{k1}^2 + \frac{1-2v}{2(1-v)}S^2, \gamma_{k0} = \delta_{k2}^2 + S^2$$

式(1.8.22)有一个有界根 $\gamma=0$,很容易可以看出这个根是跟平凡解对应的。这样我们也就最终得到了简单的渐近表达式了,利用它就可以计算壳结构的应力应变状态。

参考文献

1. Bazarenko, N.A., Vorovich, I.I.: Asymptotic behaviour of the solution of the problem of elasticity theory for a hollow cylinder of finite length with a small thickness. J. Appl. Math. Mech. **29**(6), 1035–1052 (1965)
2. Goldenveizer A.L., Lidskiy V.B., Tovstik P.E.: Free vibrations of thin elastic shells p 383. Nauka, Moscow (1979)
3. Hrinchenko V.T., Myaleshka V.V.: Harmonic vibrations and waves in elastic bodies p 283. Naukova Dumka, Kiev (1981)
4. Vlasov V.Z.: The general theory of shells and its applications in engineering p 783 (1949)
5. Grigolyuk E.N., Selezov I.T.: Non-classical theory of vibrations of rods, plates and shells p 272. VINITI (1973)
6. Zhilin P.A.: The theory of simple shells and its applications: Diss. Doctor Phys.-Mat. Sci. – Leningrad p 348 (1983)
7. Goldenveizer, A.L.: Methods of study and refinement of the theory of shells (overview of recent works). J. Appl. Math. Mech. **32**(4), 684–695 (1968)
8. Zilbergleit A.P., Nuller B.M.: Generalized orthogonality of homogeneous solutions in dynamic problems of elasticity theory. Dokl. AN USSR **234**(2), pp 325–333 (1977)
9. Aksentyan, O.C., Vorovich, I.I.: Stress state a of plate with small thinness. PMM **27**(6), 1057–1074 (1963)
10. Bazarenko N.A., Vorovich I.I.: Analysis of three-dimensional stress and strain states of circular cylindrical shells. Construction of refined applied theories. J. Appl.Math. Mech. **33**(3) 495–510 (1969)
11. Ustinov, Y.A., Yudovich, V.I.: On the completeness of the system of elementary solutions of the biharmonic equation in a half-band. J. Appl. Math. Mech. **37**(4), 706–714 (1973)
12. Wilensky, T.V., Vorovich, I.I.: Asymptotic behavior of the solution of the problem of elasticity theory for a spherical shell of small thickness. J. Appl. Math. Mech. **30**(2), 278–295 (1966)
13. McMahon, G.W.: Experimental study of the vibrations of solid, isotropic, elastic cylinders. J. Acoust. Soc. Amer. **36**(1), 87–94 (1964)
14. Uflyand Y.S.: Integral transforms in the theory of elasticity (2nd ed., Rev. and add.) p 402. Nauka, Leningrad (1967)

第 2 章 中空球体弹性动力学问题的渐近分析

本章摘要：这一章主要考察中空球体的三维弹性动力学问题，针对轴对称振动构建了齐次解，并提出了一种非齐次解的构造方法。进一步，针对球壳与色散方程不同根组所对应的齐次解做了渐近分析，并研究了非轴对称弹性动力学问题。由于球对称性的存在，我们可以将一般性边值问题划分为两类，一类对应中空球体轴对称振动形式的边值问题，另一类描述了中空球体的涡动，它对应纯扭转振动的边值问题。

2.1 球坐标系下轴对称弹性动力学理论方程解的一般描述

我们设一个球层所占据的空间域可以通过球坐标系统(r,θ,φ)来描述，不妨将其表示为$\varGamma=[R_1,R_2]\times[\theta_1,\theta_2]\times[0,2\pi]$，如图 2.1 所示。这个球层的球面边界部分$r=R_s(s=1,2)$称为正表面，而其他边界部分则称为侧表面。此外，我们还假定位移矢量的各个分量均不依赖于变量φ，也即：$U_r=U_r(r,\theta,t)$，$U_\theta=U_\theta(r,\theta,t)$，$U_\varphi=U_\varphi(r,\theta,t)$。

下面将针对球层的动力学行为描述给出一个完整的方程组。在轴对称情况下，球坐标系中的运动方程组具有如下形式：

$$\frac{1}{1-2v}\frac{\partial X}{\partial r}+\Delta U_r-\frac{2}{r^2}U_r-\frac{2}{r^2}\frac{\partial U_\theta}{\partial \theta}-\frac{2\cot\theta}{r^2}U_\theta=G^{-1}g\frac{\partial^2 U_r}{\partial t^2} \quad (2.1.1)$$

$$\frac{1}{1-2v}\frac{1}{r}\frac{\partial X}{\partial \theta}+\Delta U_\theta+\frac{2}{r^2}\frac{\partial U_r}{\partial \theta}-\frac{1}{r^2\sin^2\theta}U_\theta=G^{-1}g\frac{\partial^2 U_\theta}{\partial t^2}$$
$$\quad (2.1.2)$$

$$\Delta U_\varphi-\frac{1}{r^2\sin^2\theta}U_\varphi=G^{-1}g\frac{\partial^2 U_\varphi}{\partial t^2}$$

式中：X 为体积胀缩量；Δ 为球坐标系下的拉普拉斯算子。它们的表达式分别如下

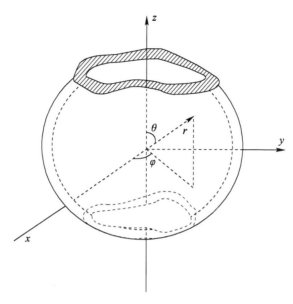

图 2.1 中空球体

$$X = \frac{\partial U_r}{\partial r} + \frac{2}{r}U_r + \frac{\cot\theta U_\theta}{r} + \frac{1}{r}\frac{\partial U_\theta}{\partial \theta}$$

$$\Delta = \frac{\partial^2}{\partial r^2} + \frac{2}{r}\frac{\partial}{\partial r} + \frac{1}{r^2}\cot\theta\frac{\partial}{\partial \theta} + \frac{1}{r^2}\frac{\partial^2}{\partial \theta^2}$$

根据广义胡克定律我们可以得到如下关系

$$\sigma_r = 2G\left(\frac{\partial U_r}{\partial r} + \frac{v}{1-2v}X\right)$$

$$\sigma_\theta = 2G\left(\frac{1}{r}\frac{\partial U_\theta}{\partial \theta} + \frac{U_r}{r} + \frac{v}{1-2v}X\right) \quad (2.1.3)$$

$$\sigma_\varphi = 2G\left(\frac{U_r}{r} + \frac{\cot\theta}{r}U_\theta + \frac{v}{1-2v}X\right)$$

$$\tau_{r\theta} = G\left(\frac{\partial U_\theta}{\partial r} + \frac{1}{r}\frac{\partial U_r}{\partial \theta} - \frac{U_\theta}{r}\right)$$

$$\tau_{r\varphi} = G\left(\frac{\partial U_\varphi}{\partial r} - \frac{U_\varphi}{r}\right) \quad (2.1.4)$$

$$\tau_{\theta\varphi} = G\left(\frac{1}{r}\frac{\partial U_\varphi}{\partial \theta} - \frac{\cot\theta}{r}U_\varphi\right)$$

此外,这里还假定了表面上存在如下载荷作用

$$\sigma_r = Q_s(\theta)\mathrm{e}^{\mathrm{i}\omega t}, \tau_{r\theta} = \tau_s(\theta)\mathrm{e}^{\mathrm{i}\omega t} \quad (\text{在 } r = R_s \text{ 上}) \tag{2.1.5}$$

$$\tau_{r\varphi} = T_s(\theta)\mathrm{e}^{\mathrm{i}\omega t} \quad (\text{在 } r = R_s \text{ 上}) \tag{2.1.6}$$

我们暂时先不指定侧表面上的边界条件的性质,不难看出式(2.1.2)和式(2.1.6)所构成的这一问题的解实际上描述的是球层的扭转振动,这将在后面进行讨论。现在我们先来考察式(2.1.1)和边界条件式(2.1.5)所构成的问题。

2.2 非齐次解

对于满足正表面上的非齐次边界条件式(2.1.5)的运动方程(2.1.1)的解,一般称为非齐次解。为得到这些非齐次解,可以采用前一章针对圆柱体所给出的分析方法,不过这并不是获得表面上应力分布的唯一方法。例如,下面就是一种人们所熟知的解决途径:将 Γ 域扩展为一个封闭球壳,即 $F_0 = [R_1, R_2] \times [0, \pi] \times [0, 2\pi]$,而将正表面 $S_{1,2}$ 上所指定的载荷 $[Q_s(\theta), \tau_s(\theta)]$ 扩展到这个封闭球面 $S_{1,2}^0 (r = R_1, R_2)$ 上,而不是任意分布情形,进一步把 $S_{1,2}$ 上指定的外力记为 $Q_s^*(\theta)$ 和 $\tau_s^*(\theta)$,于是有 $(\theta, \varphi) \in S_{1,2}, Q_s^* = Q_s, \tau_s^* = \tau_s$。

假定外载荷可以表示为勒让德函数级数形式,即

$$Q_s^*(\theta, t) = \sum_{n=0}^{\infty} \sigma_{ns} P_n(\cos\theta)\mathrm{e}^{\mathrm{i}\omega t}, \tau_s^* = \sum_{n=1}^{\infty} \tau_{ns} \frac{\mathrm{d}P_n}{\mathrm{d}\theta}\mathrm{e}^{\mathrm{i}\omega t} \tag{2.2.1}$$

上面这个级数中的系数可以通过勒让德函数的相关公式来确定,即

$$\sigma_{ns} = \frac{2n+1}{2}\int_0^{\pi} Q_s^*(\theta) P_n(\cos\theta)\sin\theta \mathrm{d}\theta$$

$$\tau_{ns} = \frac{2n+1}{2n(n+1)}\int_0^{\pi} \tau_s^*(\theta) \frac{\mathrm{d}P_n}{\mathrm{d}\theta}\sin\theta \mathrm{d}\theta \tag{2.2.2}$$

在这种情况下,我们就可以寻求如下级数形式的位移矢量的分量,即

$$U_r = \left(\sum_{n=0}^{\infty} U_{rn}(r) P_n(\cos\theta) \right) \mathrm{e}^{\mathrm{i}\omega t}$$

$$U_{\theta} = \left(\sum_{n=0}^{\infty} U_{\theta n}(r) \frac{\mathrm{d}P_n}{\mathrm{d}\theta} \right) \mathrm{e}^{\mathrm{i}\omega t} \tag{2.2.3}$$

上面出现的 $P_n(\cos\theta)$ 为勒让德函数。将式(2.2.2)代入运动方程(2.1.1)和边界条件式(2.1.5)中,那么我们就可以导得关于函数 $U_{rn}(r)$ 和 $U_{\theta n}(r)$ 的一

组常微分方程和边界条件式,也即

$$\left(U'_{rn} + \frac{2}{r}U_{rn}\right)' + \frac{1-2v}{2(1-v)}\left(\lambda^2 - \frac{z^2 - \frac{1}{4}}{r^2}\right)U_{rn} -$$

$$\frac{1}{2(1-v)}\frac{1}{r}\left(z^2 - \frac{1}{4}\right)\left(U'_{\theta n} + \frac{4v-3}{r}U_{\theta n}\right) = 0$$

$$\frac{1}{1-2v}\frac{1}{r}\left(U'_{rn} + \frac{4-4v}{r}U_{rn}\right) + U''_{\theta n} + \frac{2}{r}U'_{\theta n} + \left[\lambda^2 - \frac{2(1-v)}{1-2v}\frac{z^2 - \frac{1}{4}}{r^2}\right]U_{\theta n} = 0$$

(2.2.4)

$$\frac{2G}{1-2v}\left[(1-v)U'_{rn} + \frac{2v}{r}U_{rn} - v\left(z^2 - \frac{1}{4}\right)U_{\theta n}\right]_{r=R_s} = \sigma_{ns}$$

$$G\left[U'_{\theta n} - \frac{U_{\theta n}}{r} + \frac{U_{rn}}{r}\right]_{r=R_s} = \tau_{ns}$$

(2.2.5)

式中:$n(n+1) = z^2 - \frac{1}{4}$,$\lambda^2 = \frac{2(1+v)gR_0^2\omega^2}{E}$,$R_0 = \frac{R_1 + R_2}{2}$ 为中曲面的半径;"′" 为对 r 的求导运算。

为求解上述这一问题,我们可以利用各种不同的方法,包括数值方法,例如 Godunov 的正交扫描法。这些方法不依赖于壳的各种参数,包括其厚度,不过如果壳的相对厚度足够小,而且正表面上指定的载荷足够平滑,那么在构造非齐次解时采用渐近方法[1]的首次迭代过程进行处理可能是更为适合的,因为它耗费的计算时间更少,也更加方便。在参考文献[2]中已经利用这一方法构造了径向非均匀球壳的非齐次解(静态情况下)。

2.3 齐次解的构建

所谓的齐次解,是指运动方程(2.1.1)在满足正表面上应力为零这一条件下的解,这一边界条件可以表示为

$$\sigma_r = 0, \tau_{r\theta} = 0 \quad (在 \rho = \rho_s, s = 1,2 \text{ 上}) \qquad (2.3.1)$$

其他边界上的条件可以表示为

$$\sigma_\theta = Q_j(\rho)e^{i\omega t}, \tau_{r\theta} = \tau_j(\rho)e^{i\omega t} \quad (在 \theta = \theta_j, j = 1,2 \text{ 上}) \qquad (2.3.2)$$

式中:$\rho = R_0^{-1}r$ 为无量纲形式的径向坐标。

为了构造出球层的齐次解,我们可以寻求方程(2.1.1)的如下形式的解

$$[U_r, U_\theta] = \left[U(\rho)m(\theta), W(\rho)\frac{\mathrm{d}m}{\mathrm{d}\theta}\right]e^{\mathrm{i}\omega t} \tag{2.3.3}$$

式中:函数 $m(\theta)$ 满足如下条件

$$\frac{\mathrm{d}^2 m}{\mathrm{d}\theta^2} + \cot\theta \frac{\mathrm{d}m}{\mathrm{d}\theta} + \mu(\mu+1)m(\theta) = 0 \tag{2.3.4}$$

式(2.3.4)中的参数 μ 可在 $S_{1,2}$ 上的边界条件得到满足之后予以确定。将式(2.3.4)代入方程(2.1.1),并进行分离变量处理之后,我们就能够得到关于函数对 (U, W) 的如下一组常微分方程:

$$\left(U' + \frac{2}{\rho}U\right)' + \frac{1-2v}{2(1-v)}\left(\lambda^2 - \frac{z^2 - \frac{1}{4}}{\rho^2}\right)U - \frac{1}{2(1-v)}\frac{1}{\rho}\left(z^2 - \frac{1}{4}\right)\left(W' + \frac{4v-3}{\rho}W\right) = 0$$

$$\frac{1}{1-2v}\frac{1}{\rho}\left(U' + \frac{4-4v}{\rho}\right) + W'' + \frac{2}{\rho}W' + \left[\lambda^2 - \frac{2(1-v)}{1-2v}\frac{z^2 - \frac{1}{4}}{\rho^2}\right]W = 0$$

$$\mu(\mu+1) = z^2 - \frac{1}{4}$$

$$\tag{2.3.5}$$

这里我们不再进行更多的详细推导,而直接给出式(2.3.5)的最终解,即

$$U(\rho) = \frac{1}{\sqrt{\rho}}\left[\alpha Z'_z(\alpha\rho) - \frac{1}{2\rho}Z_z(\alpha\rho) - \frac{1}{\rho}\left(z^2 - \frac{1}{4}\right)Z_z(\lambda\rho)\right]$$

$$W(\rho) = \frac{1}{\sqrt{\rho}}\left[\frac{1}{\rho}Z_z(\alpha\rho) - \lambda Z'_z(\lambda\rho) - \frac{1}{2\rho}Z_z(\lambda\rho)\right] \tag{2.3.6}$$

其中

$$\alpha^2 = \frac{1-2v}{2(1-v)}\lambda^2, Z_z(x) = C_{1z}\mathrm{J}_z(x) + C_{2z}\mathrm{Y}_z(x)$$

式中: $\mathrm{J}_z(x)$ 和 $\mathrm{Y}_z(x)$ 分别为第一类和第二类贝塞尔函数; $C_{zi}(i=1,2,3,4)$ 为任意常数。

如果齐次边界条件式(2.3.1)得以满足,那么我们不难得到如下色散方程

$$\Delta(z, \lambda, \rho_1, \rho_2) = -32\pi^{-2}\left(z^2 - \frac{1}{4}\right)\varphi_1(z, \rho_1)(z, \rho_2) -$$

$$F_1(\alpha, \rho_1, \rho_2)G_1(\lambda, \rho_1, \rho_2) + \left(z^2 - \frac{1}{4}\right) \times$$

$$[F_2(\alpha, \rho_1, \rho_2)G_2(\lambda, \rho_1, \rho_2) + F_2(\alpha, \rho_2, \rho_1)G_2(\lambda, \rho_2, \rho_1)] -$$

$$\left(z^2 - \frac{1}{4}\right)^2 F_3(\alpha, \rho_1, \rho_2)G_3(\lambda, \rho_1, \rho_2) \tag{2.3.7}$$

其中

$$F_1(\alpha,\rho_1,\rho_2) = \varphi_2(z,\rho_1)\varphi_2(z,\rho_2)L_z^{(0,0)}(\alpha\rho_1,\alpha\rho_2) - \\ 4\alpha\rho_1\varphi_2(z,\rho_2)L_z^{(1,0)}(\alpha\rho_1,\alpha\rho_2) - 4\alpha\rho_2\varphi_2(z,\rho_1)L_z^{(0,1)}(\alpha\rho_1,\alpha\rho_2) + \\ 16\alpha^2\rho_1\rho_2 L_z^{(1,1)}(\alpha\rho_1,\alpha\rho_2)$$

$$G_1(\lambda,\rho_1,\rho_2) = \varphi_3(z,\rho_1)\varphi_3(z,\rho_2)L_z^{(0,0)}(\lambda\rho_1,\lambda\rho_2) - \\ 2\lambda\rho_1\varphi_3(z,\rho_2)L_z^{(1,0)}(\lambda\rho_1,\lambda\rho_2) - 2\lambda\rho_2\varphi_3(z,\rho_1)L_z^{(0,1)}(\lambda\rho_1,\lambda\rho_2) + \\ 4\lambda^2\rho_1\rho_2 L_z^{(1,1)}(\lambda\rho_1,\lambda\rho_2)$$

超越方程式(2.3.7)的根 z_k 为可数集，对应的常数 C_{1z_k}、C_{2z_k}、C_{3z_k} 和 C_{4z_k} 与系统行列式中的任何行或列的余因子是成比例的。如同第 1 章的处理方式，这里也选择第一行的余因子，于是可得

$$C_{1z_k} = -\frac{4}{\pi}\left(z_k^2 - \frac{1}{4}\right)\varphi_1(z_k,\rho_2)[2\alpha\rho_1 Y'_{z_k}(\alpha\rho_1) - 3Y_{z_k}(\alpha\rho_1)] + \\ [4\alpha\rho_2 Y'_{z_k}(\alpha\rho_2) - \varphi_2(z_k,\rho_2)Y_{z_k}(\alpha\rho_2)]G_1(\lambda,\rho_1,\rho_2) - \\ \left(z_k^2 - \frac{1}{4}\right)[2\alpha\rho_2 Y'_{z_k}(\alpha\rho_2) - 3Y_{z_k}(\alpha\rho_2)]G_2(\lambda,\rho_1,\rho_2)$$

$$C_{2z_k} = -\frac{4}{\pi}\left(z_k^2 - \frac{1}{4}\right)\varphi_1(z_k,\rho_2)[2\alpha\rho_1 J'_z(\alpha\rho_1) - J_z(\alpha\rho_1)] + \\ [4\alpha\rho_2 J'_z(\alpha\rho_2) - \varphi_2(z_k,\rho_2)J_{z_k}(\alpha\rho_2)]G_1(\lambda,\rho_1,\rho_2) - \\ \left(z_k^2 - \frac{1}{4}\right)[2\alpha\rho_2 J'_z(\alpha\rho_2) - 3J_z(\alpha\rho_2)]G_2(\lambda,\rho_1,\rho_2) \quad (2.3.8)$$

$$C_{3z_k} = \frac{4}{\pi}\varphi_1(z_k,\rho_1)[2\lambda\rho_1 Y'_{z_k}(\lambda\rho_1) - \varphi_3(z_k,\rho_1)Y_{z_k}(\lambda\rho_1)] + \\ [2\lambda\rho_2 Y'_{z_k}(\lambda\rho_2) - \varphi_3(z_k,\rho_2)Y_{z_k}(\lambda\rho_2)]F_2(\alpha,\rho_2,\rho_1) + \\ \left(z_k^2 - \frac{1}{4}\right)[2\lambda\rho_2 Y'_{z_k}(\lambda\rho_2) - 3Y_{z_k}(\lambda\rho_2)]F_2(\alpha,\rho_2,\rho_1)$$

$$F_2(\alpha,\rho_1,\rho_2) = 3\varphi_2(z,\rho_1)L_z^{(0,0)}(\alpha\rho_1,\alpha\rho_2) - 12\alpha\rho_1 L_z^{(1,0)}(\alpha\rho_1,\alpha\rho_2) \\ -2\alpha\rho_2\varphi_2(z,\rho_2)L_z^{(0,1)}(\alpha\rho_1,\alpha\rho_2) + 8\alpha^2\rho_1\rho_2 L_z^{(1,1)}(\alpha\rho_1,\alpha\rho_2)$$

$$G_2(\lambda,\rho_1,\rho_2) = 3\varphi_3(z,\rho_1)L_z^{(0,0)}(\lambda\rho_1,\lambda\rho_2) - 6\lambda\rho_1 L_z^{(1,0)}(\lambda\rho_1,\lambda\rho_2) \\ -2\lambda\rho_2\varphi_3(z,\rho_1)L_z^{(0,1)}(\lambda\rho_1,\lambda\rho_2) + 4\lambda^2\rho_1\rho_2 L_z^{(1,1)}(\lambda\rho_1,\lambda\rho_2)$$

$$F_3(\alpha,\rho_1,\rho_2) = 9L_z^{(0,0)}(\alpha\rho_1,\alpha\rho_2) - 6\alpha\rho_1 L_z^{(1,0)}(\alpha\rho_1,\alpha\rho_2) -$$

$$6\lambda\rho_2 L_z^{(0,1)}(\alpha\rho_1,\alpha\rho_2) + 4\alpha^2\rho_1\rho_2 L_z^{(1,1)}(\alpha\rho_1,\alpha\rho_2)$$

$$G_3(\lambda) = F_3(\lambda)$$

$$L_z^{(s,l)}(\psi\rho_1,\psi\rho_2) = J_z^{(s)}(\psi\rho_1)Y_z^{(l)}(\psi\rho_2) - J_z^{(j)}(\psi\rho_1)Y_z^{(s)}(\psi\rho_1)$$

$$\varphi_1(z,\rho) = 2z^2 - 9/2 - \lambda^2\rho^2, \quad \varphi_2(z,\rho) = 2z^2 + 3/2 - \lambda^2\rho^2,$$

$$\varphi_3(z,\rho) = 2z^2 - 3/2 - \lambda^2\rho^2$$

$$C_{4z_k} = \frac{4}{\pi}\varphi_1(z_k,\rho_1)[2\lambda\rho_1 J'_{z_k}(\lambda\rho_1) - \varphi_3(z_k,\rho_1)J_{z_k}(\lambda\rho_1)] +$$

$$[2\lambda\rho_2 J'_{z_k}(\lambda\rho_2) - \varphi_3(z_k,\rho_2)J_{z_k}(\lambda\rho_2)]F_2(\alpha_5,\rho_1,\rho_2) +$$

$$\left(z_k^2 - \frac{1}{4}\right)[2\lambda\rho_2 J'_{z_k}(\lambda\rho_2) - 3J_{z_k}(\lambda\rho)]F_3(\alpha,\rho_1,\rho_2)$$

将式(2.3.8)代入式(2.3.6),并利用广义胡克定律,由此可得

$$U_r = \frac{1}{\sqrt{\rho}}\sum_{k=1}^{\infty}C_k U_{rk}(\rho)m_k(\theta)e^{i\omega t}$$

$$U_\theta = \frac{1}{\sqrt{\rho}}\sum_{k=1}^{\infty}C_k U_{\theta k}(\rho)\frac{dm_k}{d\theta}e^{i\omega t}$$

$$\sigma_\theta = \frac{G}{\rho^2\sqrt{\rho}}\sum_{k=1}^{\infty}C_k\left[Q_{\theta k}^{(1)}(\rho)\cot\theta\frac{dm_k}{d\theta} + Q_{\theta k}^{(2)}m_k(\theta)\right]e^{i\omega t}$$

$$\sigma_\varphi = \frac{G}{\rho^2\sqrt{\rho}}\sum_{k=1}^{\infty}C_k\left[Q_{\varphi k}^{(1)}(\rho)m_k(\theta) + Q_{\varphi k}^{(2)}\frac{dm_k}{d\theta}\right]e^{i\omega t} \quad (2.3.9)$$

$$\sigma_r = \frac{G}{\rho^2\sqrt{\rho}}\sum_{k=1}^{\infty}Q_{rk}(\rho)C_k m_k(\theta)e^{i\omega t}$$

$$\tau_{r\theta} = \frac{G}{\rho^2\sqrt{\rho}}\sum_{k=1}^{\infty}C_k T_k(\rho)\frac{dm_k}{d\theta}(\theta)e^{i\omega t}$$

其中

$$U_{rk}(\rho) = \alpha Z'_{z_k}(\alpha\rho) - \frac{1}{2\rho}Z_{z_k}(\alpha\rho) - \frac{1}{\rho}\left(z_k^2 - \frac{1}{4}\right)Z_{z_k}(\lambda\rho)$$

$$U_{\theta k}(\rho) = \frac{1}{\rho}Z_{z_k}(\alpha\rho) - \lambda Z'_{z_k}(\lambda\rho) - \frac{1}{2\rho}Z_{z_k}(\lambda\rho)$$

$$Q_{\theta k}^{(1)} = 2Z_{z_k}(\alpha\rho) - 2\lambda\rho Z'_{z_k}(\lambda\rho) - Z_{z_k}(\lambda\rho)$$

$$Q_{\theta k}^{(2)} = 2\alpha\rho Z'_{z_k}(\alpha\rho) - \left(1 + \frac{v}{1-v}\lambda^2\rho^2\right)Z_{z_k}(\alpha\rho) - 2\left(Z_k^2 - \frac{1}{4}\right)Z_{z_k}(\lambda\rho)$$

$$Q_{\varphi k}^{(1)} = 2\alpha\rho Z'_{z_k}(\alpha\rho) - \left(1 + \frac{v}{1-v}\lambda^2\rho^2\right)Z_{z_k}(\alpha\rho) - 2\left(Z_k^2 - \frac{1}{4}\right)Z_{z_k}(\lambda\rho)$$

$$Q_{\varphi k}^{(2)} = 2Z_{z_k}(\alpha\rho) - 2\lambda\rho Z'_{z_k}(\lambda\rho) - Z_{z_k}(\lambda\rho)$$

$$Q_{rk}(\rho) = \varphi_2(Z_k, \rho) Z_{z_k}(\alpha\rho) - 4\alpha\rho Z'_{z_k}(\alpha\rho) +$$

$$\left(Z_k^2 - \frac{1}{4}\right)\left[3Z_{z_k}(\lambda\rho) - 2\lambda\rho Z'_{z_k}(\lambda\rho)\right]$$

$$T_k(\rho) = -3Z_{z_k}(\alpha\rho) + 2\alpha\rho Z'_{z_k}(\alpha\rho) - \varphi_3(Z_k, \rho) Z_{z_k}(\lambda\rho) + 2\lambda\rho Z_{z_k}(\lambda\rho)$$

式中：C_k 为任意常数。

2.4 色散方程的渐近分析

式(2.3.7)的左端是参数 z 的整数函数，它的零点是可数集，极限为无穷大。为了有效地考察它的根的情况，这里我们对球体的几何参数作出一些假定，即

$$\rho_1 = 1 - \varepsilon, \rho_2 = 1 + \varepsilon, 2\varepsilon = \frac{R_2 - R_1}{R_0} = \frac{2h}{R_0} \quad (2.4.1)$$

式中：ε 为一个小参数。将式(2.4.1)代入式(2.3.7)中可得

$$D(z, \lambda_0, \varepsilon) = \Delta(z, \lambda, \rho_1, \rho_2) = 0 \quad (2.4.2)$$

$\lambda_0^2 = 1$ 和 $Z = \pm\frac{1}{2}(\mu = 0)$ 是特殊情况，因此可以分别进行考察。

对于 $D(z, \lambda_0, \varepsilon)$ 来说，在有限 λ_0 值时它具有三组零点，即

(1) 第一组包含了两个零点，$z_k = O(1)(k=1,2)$；
(2) 第二组包含了四个零点，它们的阶次是 $O(\varepsilon^{-1/2})$；
(3) 第三组零点是可数集，阶次是 $O(\varepsilon^{-1})$。

下面对这一结果简要地加以证明。与前面类似，我们将 $D(z, \lambda_0, \varepsilon)$ 以小参数 ε 的形式展开成级数，从而可得

$$D(z, \lambda_0, \varepsilon) = \frac{64}{3\pi^2}\left(\frac{1+v}{1-v}\right)^2 \lambda_0^4 \varepsilon^2 \Big\{12(1-v^2)(\lambda_0^2 - 1)z^2 +$$

$$27(1-v^2) + 9(1-v^2)(4v+1)\lambda_0^2 - 12(1-v^2)\lambda_0^4 +$$

$$\Big\{-4z^6 + [3 + 16v^2 + 2(1+v)(3-2v)\lambda_0^2]z^4 +$$

$$\left\{ \begin{bmatrix} 24v^2 - \dfrac{195}{4} + 4(1+v)(16-13v-12v^2)\lambda_0^2 - \\ 4(1+v)^2(4v^2-16v+11)\lambda_0^4 \end{bmatrix} Z^2 + \dfrac{2241}{16} - \right.$$

$$135v^2 + 30(1-v^2)\lambda_0^2 \left[3\left(2v+\dfrac{1}{2}\right) - 2(1-v^2)\lambda_0^2 \right] \Big\} \varepsilon^2 +$$

$$\left. \dfrac{1}{15}(-32z^8 + \cdots)\varepsilon^4 + \cdots \right\} = 0 \tag{2.4.3}$$

这里可以寻求如下展开形式的 z_k

$$z_k = z_{k0} + \varepsilon z_{k1} + \varepsilon^2 z_{k2} + \cdots \quad (k=1,2) \tag{2.4.4}$$

将式(2.4.4)代入式(2.4.3)可得

$$z_{k0}^2 = [4(\lambda_0^2-1)]^{-1}[4(1-v^2)\lambda_0^4 - 3(4v+1)\lambda_0^2 - 9]$$

$$z_{k1} = 0$$

$$z_{k2} = [24(1-v^2)(\lambda_0^2-1)]^{-1} z_{k0}^{-1} \Big\{ 4Z_{k0}^6 - [3+16v^2+2(1+v)(3-2v)\lambda_0^2] z_{k0}^4 +$$

$$\left[\dfrac{195}{4} - 24v^2 + 4(1+v)(12v^2+13v-16)\lambda_0^2 + 4(1+v)^2(4v^2-16v+11)\lambda_0^4 \right] z_{k0}^2 +$$

$$135v^2 - \dfrac{2241}{16} + 30(1-v^2)\lambda_0^2 \left[2(1-v^2)\lambda_0^2 - 3\left(2v+\dfrac{1}{2}\right) \right] \Big\} \tag{2.4.5}$$

式(2.4.5)表明,在 $\lambda_0^2 < 1$ 和 $\lambda_0^2 > 3[8(1-v^2)]^{-1}[4v+1+\sqrt{17+8v}]$ 情况下,我们将得到两个实零点,而当 $1 < \lambda_0^2 < 3[8(1-v^2)]^{-1}[4v+1+\sqrt{17+8v}]$ 时,将存在两个纯虚零点。实零点对应透射解。

我们很容易证明,函数 $D(z,\lambda,\varepsilon)$ 的所有其他零点在 $\varepsilon \to 0$ 时都将无界增长,根据其行为特点,可以将它们区分为如下两组:

(1) 当 $\varepsilon \to 0$ 时,$\varepsilon z_k \to 0$;

(2) 当 $\varepsilon \to 0$ 时,$\varepsilon z_k \to$ 常数。

首先针对第一组来确定 z_k,寻求如下展开形式的根 $z_k(k=3,4,5,6)$:

$$z_k = \dfrac{z_{k0}}{\sqrt{\varepsilon}} + z_{k1}\sqrt{\varepsilon} + \cdots \quad (k=3,4,5,6) \tag{2.4.6}$$

将式(2.4.6)代入式(2.4.3)中,可以得到

$$z_{k0}^4 - 3(1-v^2)(\lambda_0^2-1) = 0$$

$$z_{k1} = [40(\lambda_0^2-1)z_{k0}]^{-1} \begin{bmatrix} (16v^2+5v-11)\lambda_0^4 \\ + (18v^2+25v+32)\lambda_0^2 - 24v^2 - 1 \end{bmatrix} \tag{2.4.7}$$

从式(2.4.7)可以发现,当 $\lambda_0^2 < 1$ 时我们有四个复零点,它们对应边界效应类型的解,而当 $\lambda_0^2 > 1$ 时则存在两个实根和两个纯虚根,其中的实根对应透射解。

为了构造出第三组零点的渐近表达式,我们来寻求如下形式的 $z_n (n = k - 6, k = 7, 8, \cdots)$

$$z_n = \frac{\delta_n}{\varepsilon} + \lambda_0^2 O(\varepsilon) \quad (n = 1, 2, \cdots) \tag{2.4.8}$$

将式(2.4.8)代入方程(2.3.7),并利用函数 $J_z(x)$ 和 $Y_z(x)$ 在大宗量条件下的近似,我们就可以导得关于 δ_n 的方程如下

$$\text{sh}^2(2\delta_n) - 4\delta_n^2 = 0 \tag{2.4.9}$$

应当注意的是,式(2.4.9)与静态壳理论中确定圣维南边界效应的方程[3]是一致的,由于它的零点是可数集,因此,式(2.3.7)的零点也将是可数集(对于当 $\varepsilon \to 0$ 时, $\varepsilon z_k \to 0$ 这种情况)。

此外,还应指出的是,当 $\lambda_0 \to 0$ 时由式(2.4.4)、式(2.4.6)和式(2.4.8)所确定的零点都可转换成参考文献[4]所给出的结果。

下面再来考虑前述的两种特殊情形,即:(1) $z^2 - \frac{1}{4} = 0$ 和(2) $\lambda_0^2 = 1$。

情况(1)对应中空球体的厚度共振,关于这一问题我们将在后面再来分析。在情况(2)中,式(2.4.3)的形式将变为

$$D_0(z, \varepsilon) = \frac{64}{3\pi^2} \left(\frac{1+v}{1-v} \right)^2 \varepsilon^2 \left\{ 12(1-v^2)(1+v)(v+2) + \right.$$

$$\left[-4z^6 + (14v^2 + 2v + 9)z^4 - \left(16v^4 + 16v^3 + 8v^2 + 12v + \frac{115}{4} \right) z^2 + \frac{2001}{16} + 180v + 60v^2 - 180v^3 - 60v^4 \right] \varepsilon^2 +$$

$$\left. \frac{1}{15}(-32z^8 + \cdots)\varepsilon^4 + \cdots \right\} = 0 \tag{2.4.10}$$

于是我们可以得到如下根集合

$$z_q = \frac{1}{\sqrt[3]{\varepsilon}} z_{q0}^* + \sqrt[3]{\varepsilon} z_{q1}^* + \cdots \quad (q = 1, 2, 3, 4, 5, 6) \tag{2.4.11}$$

将式(2.4.11)代入式(2.4.10)可得

$$\begin{aligned} & z_{q0}^{*6} - 3(1-v^2)(1+v)(v+2) = 0 \\ & z_{q1}^* = (24 z_{q0}^*)^{-1}(12v^2 + 2v + 9) \end{aligned} \tag{2.4.12}$$

对于由式(2.4.8)所定义的零点,它们在这种情况下也是正确的,因此,在 $\lambda_0^2 = 1$ 这种情况下我们就有了六个零点(其中两个是纯虚零点),当 $\varepsilon \to 0$ 时,它们以 $\varepsilon^{-1/3}$ 阶增长。此外,还有一个零点可数集,由式(2.4.9)定义。

类似于圆柱体情况,我们来建立式(2.4.11)所给出的零点与式(2.4.4)、式(2.4.6)所定义的零点之间的联系。通过分析式(2.4.3)的根在 $\lambda_0^2 = 1$ 附近的行为,我们可以导得如下结果

1. $\beta = 2\gamma \left(0 < \gamma < \dfrac{1}{3} \right), \lambda_0^2 - 1 = C_0 \varepsilon^\alpha (\alpha > 0)$

$$z_k = z_{k0} \varepsilon^{-\frac{\beta}{2}} + z_{k1} \varepsilon^{\frac{\beta}{2}} + \cdots \quad \left(0 < \beta \leqslant \dfrac{1}{2} \right)$$

$$z_k = z_{k0} \varepsilon^{-\frac{\beta}{2}} + z_{k1} \varepsilon^{2 - \frac{7\beta}{2}} + \cdots \quad \left(\dfrac{1}{2} < \beta < \dfrac{2}{3} \right)$$

$$z_{k0}^2 + \dfrac{(1+v)(2+v)}{C_0} = 0$$

$$z_{k1} = -\dfrac{8v^2 + 12v - 5}{8 z_{k0}} \quad \left(0 < \beta < \dfrac{1}{2} \right)$$

$$z_{k1} = [24(1-v^2) C_0 z_{k0}]^{-1} [4 z_{k0}^6 - 3(1-v^2)(8v^2 + 12v - 5) C_0] \quad \left(\beta = \dfrac{1}{2} \right)$$

$$z_{k1} = z_{k0}^5 [6(1-v)^2 C_0]^{-1} \quad \left(\dfrac{1}{2} < \beta < \dfrac{2}{3} \right)$$

(2.4.13)

$$z_k = z_{k0} \varepsilon^{-\frac{1}{3}} + z_{k1} \varepsilon^{\frac{1}{3}} + \cdots \quad \left(\beta = \dfrac{2}{3} \right)$$

$$z_{k0}^6 - 3(1-v^2) C_0 z_{k0}^2 - 3(1-v^2)(1+v)(2+v) = 0$$

$$z_{k1} = [z_{k0}^4 - (1-v^2) C_0] (24 z_{k0})^{-1} \begin{bmatrix} (12v^2 + 2v + 9) z_{k0}^4 + \\ 3(1-v^2)(8v^2 + 12v - 5) C_0 \end{bmatrix}$$

(2.4.14)

2. $\beta = 2 - 4\gamma \left(\dfrac{1}{2} < \beta < \dfrac{2}{3} \right)$

$$z_k = z_{k0} \varepsilon^{\frac{\beta}{4} - \frac{1}{2}} + z_{k1} \varepsilon^{\frac{1}{2} - \frac{5\beta}{4}} + \cdots$$

$$z_{k0}^4 - 3(1-v^2) C_0 = 0, \quad z_{k1} = -\dfrac{(1+v)(2+v)}{2 z_{k0} C_0}$$

(2.4.15)

3. $\beta > 2\gamma \left(\gamma = \dfrac{1}{3}\right)$

$$z_{k0}^6 - 3(1-v^2)(1+v)(2+v) = 0$$
$$z_{k1} = \dfrac{(1-v^2)C_0}{2z_{k0}^3} \tag{2.4.16}$$

在这里,第1章中针对圆柱体所给出的相关评述对于球体而言也仍然是适用的。

到目前为止,我们已经分析了色散方程零点 z 的渐近特性,针对的是频率参数 λ 在 $\varepsilon \to 0$ 时为有限值这一前提假设。下面再来考察当 $\varepsilon \to 0$ 时 λ 无限增长这一情况。我们可以发现,当 $\varepsilon \to 0$ 时,$\lambda \to \infty$,式(2.4.2)给出的函数的所有零点都将无界增长,这里存在如下几种极限情形,即:(1)当 $\varepsilon \to 0$ 时,$\lambda\varepsilon \to 0$;(2)当 $\varepsilon \to 0$ 时,$\lambda\varepsilon = $ 常数;(3)当 $\varepsilon \to 0$ 时,$\lambda\varepsilon \to \infty$。

首先来考察当 $\varepsilon \to 0$ 时,$\lambda\varepsilon \to 0$ 这一情形中的 z_k。为此,我们再次利用展开式(2.4.3),假定 z_k 和 λ 的主导渐近项形式如下

$$z_k = \chi_{k0}\varepsilon^{-\gamma},\ \lambda_0 = \Lambda\varepsilon^{-\beta},\ \chi_{k0} = O(1),\ \Lambda = O(1)\ (0 < \gamma < 1, 0 < \beta < 1) \tag{2.4.17}$$

很容易即可证明 $\beta \leq \gamma$,这里分别来考虑 $\gamma = \beta$ 和 $\beta < \gamma$ 两种情况。对于 $\gamma = \beta$ 这种情况,可以寻求如下形式的 z_k

$$\begin{aligned} z_k &= z_{k0}\varepsilon^{-\gamma} + z_{k2}\varepsilon^{\gamma} + \cdots \quad \left(0 < \gamma < \dfrac{1}{2}\right) \\ z_k &= z_{k0}\varepsilon^{-\gamma} + z_{k2}\varepsilon^{2-3\gamma} + \cdots \quad \left(\dfrac{1}{2} \leq \gamma < 1\right) \end{aligned} \tag{2.4.18}$$

将式(2.4.18)代入式(2.4.3)可以得到

$$z_{k0}^2 = (1-v^2)\Lambda^2,\ z_{k2} = \dfrac{1-12v-4v^2}{8z_{k0}} \quad \left(0 < \gamma < \dfrac{1}{2}\right)$$
$$z_{k2} = \dfrac{1-12v-4v^2}{8z_{k0}} + \dfrac{(1+v)^2(8v^2-31v+21)\Lambda^4}{12z_{k0}} \quad \left(\gamma = \dfrac{1}{2}\right) \tag{2.4.19}$$
$$z_{k2} = \dfrac{(1+v)^2(8v^2-31v+21)\Lambda^4}{12z_{k0}} \quad \left(\dfrac{1}{2} < \gamma < 1\right)$$

对于 $\beta < \gamma$ 这种情况,将式(2.4.17)代入式(2.4.3)之后,仅保留 χ_{k0} 的主导项,我们不难导出如下极限方程:

$$D = \frac{64}{3\pi^2}\left(\frac{1+v}{1-v}\right)^2 \lambda_0^4 \varepsilon^2 \left\{ \begin{array}{l} [12(1-v^2)\Lambda^2\chi_{k0}^2 + O(\varepsilon^{2\gamma-2\beta})]\varepsilon^{-2\gamma-2\beta} \\ + \{-4\chi_{k0}^6 + O[\max(\varepsilon^{2\gamma-2\beta}, \varepsilon^{2-2\gamma})]\}\varepsilon^{2-6\gamma} \end{array} \right\} = 0$$

(2.4.20)

这就意味着 $\beta = 2\gamma - 1$, 根据条件 $\beta > 0$ 进而有 $\gamma > \frac{1}{2}$, 于是 $\frac{1}{2} < \gamma < 1$。根据式(2.4.20)我们可以导得

$$\chi_{k0}^4 - 3(1-v^2)\Lambda^2 = 0 \tag{2.4.21}$$

将 λ_0 表示为 $\lambda_0 = \Lambda \varepsilon^{1-2\gamma}$ 形式, 并寻求如下形式的 z_k

$$\begin{aligned} z_k &= \varepsilon^{-\gamma}[z_{k0} + \varepsilon^{-2+4\gamma} z_{k1} + \cdots] \quad \left(\frac{1}{2} < \gamma < \frac{2}{3}\right) \\ z_k &= \varepsilon^{-\gamma}[z_{k0} + \varepsilon^{2-2\gamma} z_{k1} + \cdots] \quad \left(\frac{2}{3} \le \gamma < 1\right) \end{aligned} \tag{2.4.22}$$

$$z_{k0} = \chi_{k0}, \quad z_{k1} = -\frac{z_{k0}}{4\Lambda^2} \quad \left(\frac{1}{2} < \gamma < \frac{2}{3}\right)$$

$$z_{k1} = \frac{1}{40 z_{k0}}(1+v)(16v-11)\Lambda^2 - \frac{z_{k0}}{4\Lambda^2} \quad \left(\gamma = \frac{2}{3}\right) \tag{2.4.23}$$

$$z_{k1} = \frac{1}{40 z_{k0}}(1+v)(16v-11)\Lambda^2 \quad \left(\frac{2}{3} < \gamma < 1\right)$$

显然, 在这种情况下我们将具有四个以 $\varepsilon^{-\gamma}$ 阶增长的零点, 其中两个是实零点, 另外两个为纯虚零点。实零点对应所谓的不规则退化(irregular degeneration)。需要指出的是, 跟圆柱体情况不同的是, 此处无法获得球体的超低频振动。

此外, 在 $\lambda_0 = \Lambda \varepsilon^{-\gamma}$ 和 $\lambda_0 = \Lambda \varepsilon^{1-2\gamma}$ 情况中, 方程(2.4.9)都是成立的。

为了构造出第二组零点(当 $\varepsilon \to 0$ 时, $z \sim \lambda, \lambda\varepsilon \to$ 常数, $z\varepsilon \to$ 常数)的渐近表达式, 可以将 λ 写成 $\lambda = \frac{s}{\varepsilon}$, 然后寻求如下形式的 z_n

$$z_n = \frac{\delta_n}{\varepsilon} + O(\varepsilon) \tag{2.4.24}$$

将式(2.4.24)代入式(2.3.7), 并利用函数 $J_z(x)$ 和 $Y_z(x)$ 在大宗量条件下的渐近展开, 我们不难导得如下方程

$$\begin{aligned} &[(\delta_n^2 + \beta_n^2)^2 \operatorname{sh}\alpha_n \operatorname{ch}\beta_n - 4\alpha_n\beta_n\delta_n^2 \operatorname{sh}\alpha_n \operatorname{ch}\beta_n] \\ &[(\delta_n^2 + \beta_n^2)^2 \operatorname{ch}\alpha_n \operatorname{sh}\beta_n - 4\alpha_n\beta_n\delta_n^2 \operatorname{sh}\alpha_n \operatorname{ch}\beta_n] = 0 \end{aligned} \tag{2.4.25}$$

其中

$$\alpha_n^2 = \delta_n^2 - \frac{1-2v}{2(1-v)}s^2, \beta_n^2 = \delta_n^2 - s^2$$

对于给定的 λ，式(2.4.25)可以给出一个 z_n 的可数集。必须注意的是，这个方程跟弹性层的瑞利－兰姆色散方程[5]是一致的，并且已经得到了相当深入的研究。

最后，对于情况(3)，如同第 1 章中所进行的处理，我们将 $\mu_k\varepsilon$ 记为 χ_k，将 $\lambda\varepsilon$ 记为 Y，然后在渐近式首项中再次利用贝塞尔函数的渐近展开性质，式(2.3.7)就可以写成如下形式

$$[(x_k^2+y^2)^2\mathrm{sh}\alpha_k\mathrm{ch}\beta_k - 4\alpha_k\beta_k x_k^2\mathrm{ch}\alpha_k\mathrm{sh}\beta_k] \cdot$$
$$[(x_k^2+y^2)^2\mathrm{ch}\alpha_k\mathrm{sh}\beta_k - 4\alpha_k\beta_k x_k^2\mathrm{sh}\alpha_k\mathrm{ch}\beta_k] = 0 \quad (2.4.26)$$

其中

$$\alpha_k^2 = x_k^2 - \frac{1-2v}{2(1-v)}y^2, \beta_k^2 = x_k^2 - y^2$$

显然，对于 $\gamma>1$ 的情况，式(2.4.25)也是成立的。

2.5 球壳齐次解的渐近分析

这里我们针对球壳进行齐次解的渐近分析，这些齐次解对应色散方程的不同根组。首先针对 $\lambda = O(1)$ 这一情况来构建齐次解，如同前文中曾经指出的，这种情况下色散方程将具有三组根，且表现出不同的渐近行为。因此，我们将位移矢量和应力张量划分为三个部分，每个部分均由渐近展开式（关于 ε）的类型来决定。根据式(2.3.9)，假定 $\rho = 1+\varepsilon\eta(-1\leqslant\eta\leqslant 1)$，并相对 ε 进行展开，那么可以得到如下主导渐近项形式（此处仅针对幅值，且略去了求和符号）：

$$U_r^{(1)} = R_0 C_k [4z_{k0}^2 + 12v - 13 - 2(1-v^2)\lambda_0^2 + O(\varepsilon)]m_k(\theta)$$

$$U_\theta^{(1)} = R_0 C_k [4(3v-1) + O(\varepsilon)]\frac{\mathrm{d}m_k}{\mathrm{d}\theta}$$

$$\sigma_\theta^{(1)} = 2GC_k\begin{Bmatrix}4(1-3v)\cot\theta\dfrac{\mathrm{d}m_k}{\mathrm{d}\theta} + [8z_{k0}^2 - 12(1+v) - 2(1+v)^2\lambda_0^2]\\ m_k(\theta) + O(\varepsilon)\end{Bmatrix} \quad (k=1,2)$$

$$\sigma_\varphi^{(1)} = 2GC_k\begin{Bmatrix}4(3v-1)\cot\theta\dfrac{\mathrm{d}m_k}{\mathrm{d}\theta} + [4(3v+1)z_{k0}^2 - (15v+13) - 2(1+v)^2\lambda_0^2]\\ m_k(\theta) + O(\varepsilon)\end{Bmatrix}$$

$$\sigma_r = O(\varepsilon^2), \tau_{r\theta} = O(\varepsilon^3)$$

(2.5.1)

于是,在这种情况下第一组零点也就对应了某些透射解。

$$U_r^{(2)} = -R_0 C_k [z_{k0}^2 + O(\varepsilon)] m_k(\theta)$$

$$U_\theta^{(2)} = \varepsilon R_0 C_k [z_{k0}^2 \eta + O(\varepsilon)] \frac{\mathrm{d}m_k}{\mathrm{d}\theta}$$

$$\sigma_\theta^{(2)} = -2GC_k [3(1+v)(\lambda_0^2-1)\eta m_k(\theta) + O(\varepsilon)] \quad (2.5.2)$$

$$\sigma_\varphi^{(2)} = -2GC_k [3v(1+v)(\lambda_0^2-1)\eta m_k(\theta) + O(\varepsilon)]$$

$$\sigma_r^{(2)} = O(\varepsilon), \tau_{r\theta} = O(\varepsilon)$$

$$(k=3,4,5,6)$$

正如前面曾经提及的,在 $\lambda_0^2 < 1$ 情况下我们得到了四个阻尼解,它们类似于静态壳问题中的简单边界效应,而在 $\lambda_0^2 > 1$ 情况下我们获得了两个阻尼解和两个透射解。与第三组零点对应的解具有边界层特征,它们局域在壳的侧表面上。在锥形截面 $\theta = \theta_j (j=1,2)$ 附近,这些解将表现出指数衰减行为,在首项近似上渐近式跟静态壳问题中的类似解是一致的。对于这些解来说,我们可以导得如下渐近表达式

$$U_r^{(3)} = R_0 \delta_k C_k \varepsilon \left[\left(\mathrm{ch}\delta_k + \frac{2-2v}{\delta_k}\mathrm{sh}\delta_k \right) \mathrm{sh}(\delta_k\eta) - \eta\mathrm{sh}\delta_k\mathrm{ch}(\delta_k\eta) + O(\varepsilon) \right] m_k(\theta)$$

$$U_\theta^{(3)} = R_0 C_k \varepsilon^2 \left[\left(\mathrm{ch}\delta_k + \frac{2v-1}{\delta_k} \right) \mathrm{ch}(\delta_k\eta) - \eta\mathrm{sh}\delta_k\mathrm{sh}(\delta_k\eta) + O(\varepsilon) \right] \frac{\mathrm{d}m_k}{\mathrm{d}\theta}$$

$$\sigma_\theta^{(3)} = 2GC_k [2v\mathrm{sh}\delta_k\mathrm{ch}(\delta_k\eta) m_k(\eta) + O(\varepsilon)]$$

$$\sigma_\varphi^{(3)} = 2GC_k [2v\mathrm{sh}\delta_k\mathrm{ch}(\delta_k\eta) m_k(\theta) + O(\varepsilon)]$$

$$\sigma_r^{(3)} = 2GC_k\delta_k [(\delta_k\mathrm{ch}\delta_k + \mathrm{sh}\delta_k)\mathrm{ch}(\delta_k\eta) - \eta\delta_k\mathrm{sh}(\delta_k\eta) + O(\varepsilon)] m_k(\theta)$$

$$\tau_{r\theta}^{(3)} = 2GC_k\delta_k\varepsilon [\mathrm{ch}\delta_k\mathrm{sh}(\delta_k\eta) - \eta\mathrm{sh}\delta_k\mathrm{ch}(\delta_k\eta) + O(\varepsilon)] \frac{\mathrm{d}m_k}{\mathrm{d}\theta}$$

$$\mathrm{sh}\delta_k + 2\delta_k = 0 \quad (k=7,9,11,\cdots)$$

$$(2.5.3)$$

$$U_r^{(3)} = R_0 C_k \varepsilon\delta \left[\left(\mathrm{sh}\delta_k + \frac{2-2v}{\delta_k}\mathrm{ch}\delta_k \right) \mathrm{ch}(\delta_k\eta) - \eta\delta_k\mathrm{ch}\delta_k\mathrm{sh}(\delta_k\eta) + O(\varepsilon) \right] m_k(\theta)$$

$$U_\theta^{(3)} = R_0 C_k \varepsilon^2 \left[\left(\mathrm{sh}\delta_k + \frac{2v-1}{\delta_k}\mathrm{ch}\delta_k \right) \mathrm{sh}(\delta_k\eta) - \eta\mathrm{ch}\delta_k\mathrm{ch}(\delta_k\eta) + O(\varepsilon) \right] \frac{\mathrm{d}m_k}{\mathrm{d}\theta}$$

$$\sigma_\theta^{(3)} = 2G\delta_k C_k [2v\mathrm{ch}\delta_k\mathrm{sh}(\delta_k\eta) + O(\varepsilon)] m_k(\theta)$$

$$\sigma_\varphi^{(3)} = 2G\delta_k C_k [2v\mathrm{ch}\delta_k \mathrm{sh}(\delta_k\eta) m_k(\theta) + O(\varepsilon)]$$

$$\sigma_r^{(3)} = 2GC_k\delta_k [(\delta_k\mathrm{sh}\delta_k + \mathrm{ch}\delta_k)\mathrm{sh}(\delta_k\eta) - \eta\delta_k\mathrm{ch}\delta_k\mathrm{ch}(\delta_k\eta) + O(\varepsilon)] m_k(\theta)$$

$$\tau_{r\theta}^{(3)} = 2GC_k\delta_k\varepsilon [\mathrm{sh}\delta_k\mathrm{ch}(\delta_k\eta) - \eta\mathrm{ch}\delta_k\mathrm{sh}(\delta_k\eta) + O(\varepsilon)] \frac{\mathrm{d}m_k}{\mathrm{d}\theta}$$

$$\mathrm{sh}2\delta_k - 2\delta_k = 0 \quad (k=8,10,12,\cdots)$$

(2.5.4)

现在我们针对球壳的微波振动情况给出位移和应力的表达式，这里分别考虑如下两种情况：(1) 当 $\varepsilon\to 0$ 时，$\lambda\varepsilon\to 0$；(2) 当 $\varepsilon\to 0$ 时，$\lambda\varepsilon\to$ 常数。

在情况(1)中，我们有

$$U_r = -R_0 C_k \left[\left(\frac{1}{4} - 3v - v^2\right)\varepsilon^{2\gamma} + O(\varepsilon^{2-2\gamma})\right] m_k(\theta)$$

$$U_\theta = R_0 C_k \varepsilon [v(1-v)\Lambda^2 + O(\varepsilon^{2\gamma})] \frac{\mathrm{d}m_k}{\mathrm{d}\theta}$$

$$\sigma_\theta = -2GC_k\varepsilon^{1-2\gamma} [v^2(1-v)^2\Lambda^4 m_k(\theta)\eta + O(\varepsilon^{2\gamma})]$$

$$\sigma_\varphi = 2GC_k\varepsilon^{1-2\gamma} \left\{\begin{array}{c}[v(1+v)(1-v^2)\Lambda^4\eta + v(1+v)^2\Lambda^4]\times \\ m_k(\theta) + O(\varepsilon^{2\gamma})\end{array}\right\} \quad \left(0 < \gamma < \frac{1}{2}\right)$$

$$U_r = O(\varepsilon^{2-2\gamma}), U_\theta = O(\varepsilon), \sigma_\theta = O(\varepsilon^{1-2\gamma}), \sigma_\varphi = O(\varepsilon^{1-2\gamma}) \quad \left(\frac{1}{2} \le \gamma < 1, k=1,2\right)$$

$$\sigma_r = O(\varepsilon^{2-3\gamma}), \tau_{r\theta} = O(\varepsilon^{3-4\gamma}), \lambda_0 = \Lambda\varepsilon^{-\gamma}, z = z_{k0}\varepsilon^{-\gamma}$$

(2.5.5)

$$U_r = -R_0 C_k [z_{k0}^2 + O(\varepsilon^{4\gamma-2})] m_k(\theta)$$

$$U_\theta = R_0 C_k \varepsilon [z_{k0}^2 \eta + O(\varepsilon^{4\gamma-2})] \frac{\mathrm{d}m_k}{\mathrm{d}\theta} \quad \left(\frac{1}{2} < \gamma < \frac{2}{3}\right)$$

$$\sigma_\theta = -2GC_k\varepsilon^{1-2\gamma} [3(1+v)\eta m_k(\theta) + O(\varepsilon^{4\gamma-2})]$$

$$\sigma_\varphi = 2GC_k\varepsilon^{1-2\gamma} [3v(1+v)\eta m_k(\theta) + O(\varepsilon^{4\gamma-2})]$$

$$U_r = -R_0 C_k [z_{k0}^2 + O(\varepsilon^{2-2\gamma})] m_k(\theta)$$

$$U_\theta = R_0 C_k \varepsilon [z_{k0}^2 \eta + O(\varepsilon^{2-2\gamma})] \frac{\mathrm{d}m_k}{\mathrm{d}\theta}$$

$$\sigma_\theta = -2GC_k\varepsilon^{1-2\gamma} [3(1+v)\eta m_k(\theta) + O(\varepsilon^{2-2\gamma})]$$

$$\sigma_\varphi = 2GC_k\varepsilon^{1-2\gamma} [3v(1+v)\eta m_k(\theta) + O(\varepsilon^{2-2\gamma})]$$

$$\sigma_r = O(\varepsilon^{4-4\gamma}), \tau_{\gamma\theta} = O(\varepsilon^{3-4\gamma}) \quad \left(\frac{1}{2} < \gamma < 1\right) \tag{2.5.6}$$

$$\lambda = O(\varepsilon^{1-2\gamma}), z = O(\varepsilon^{-\gamma}) \quad (k=3,4,5,6)$$

下面再来考虑情况(2)，在位移和应力表达式的首项近似中利用贝塞尔函数的渐近展开，我们可以得到两类解，第一类解对应如下函数的零点

$$(\delta_n^2 + \beta_n^2)^2 \mathrm{sh}\alpha_n \mathrm{ch}\beta_n - 4\alpha_n\beta_n\delta_n^2 \mathrm{ch}\alpha_n \mathrm{sh}\beta_n$$

而第二类解则对应如下函数的零点

$$(\delta_n^2 + \beta_n^2)^2 \mathrm{ch}\alpha_n \mathrm{sh}\beta_n - 4\alpha_n\beta_n\delta_n^2 \mathrm{sh}\alpha_n \mathrm{ch}\beta_n$$

跟圆柱体情况相似，它们的构造是完全相同的，可以表示为如下表达式

$$U_r = R_0\alpha_n C_n \varepsilon[(\delta_n^2+\beta_n^2)^2 \mathrm{ch}\beta_n \mathrm{ch}(\alpha_n\eta) - 2\delta_n^2 \mathrm{ch}\alpha_n \mathrm{ch}(\beta_n\eta) + O(\varepsilon)]m_n(\theta)$$

$$U_\theta = R_0\alpha_n C_n \varepsilon^2[(\delta_n^2+\beta_n^2)^2 \mathrm{ch}\beta_n \mathrm{sh}(\alpha_n\eta) - 2\alpha_n\beta_n \mathrm{ch}\alpha_n \mathrm{sh}(\beta_n\eta) + O(\varepsilon)]\frac{\mathrm{d}m_n}{\mathrm{d}\theta}$$

$$\sigma_\theta = G\frac{v}{1-v}\lambda_0^2 C_n[(\delta_n^2+\beta_n^2)\mathrm{ch}\beta_n \mathrm{sh}(\alpha_n\eta)m_n(\theta) + O(\varepsilon)]$$

$$\sigma_\varphi = G\frac{v}{1-v}\lambda_0^2 C_n[(\delta_n^2+\beta_n^2)\mathrm{ch}\beta_n \mathrm{sh}(\alpha_n\eta)m_n(\theta) + O(\varepsilon)]$$

$$\sigma_r = GC_n[(\delta_n^2+\beta_n^2)^2 \mathrm{ch}\beta_n \mathrm{sh}(\alpha_n\eta) - 4\alpha_n\beta_n\delta_n^2 \mathrm{ch}\alpha_n \mathrm{sh}(\beta_n\eta) + O(\varepsilon)]m_n(\theta)$$

$$\tau_{r\theta} = GC_n\alpha_n \varepsilon(\delta_n^2+\beta_n^2)[\mathrm{ch}\beta_n \mathrm{ch}(\alpha_n\eta) - \mathrm{ch}\alpha_n \mathrm{sh}(\beta_n\eta) + O(\varepsilon)]\frac{\mathrm{d}m_n}{\mathrm{d}\theta} (n=1,3,5,\cdots)$$

$$\tag{2.5.7}$$

式中：C_n 为任意常数。

当 $n=2,4,6,\cdots$ 时，对应的表达式可以根据式(2.5.7)修改得到，即将其中的 $\mathrm{ch}x$ 替换为 $\mathrm{sh}x$，$\mathrm{sh}x$ 替换为 $\mathrm{ch}x$。

最后，我们针对 $\lambda_0^2 = 1$ 情况中的位移和应力，给出其渐近展开式的首项，即

$$U_r = -R_0 B_k[z_{k0}^2 + O(\varepsilon^{2/3})]m_k(\theta)$$

$$U_\theta = R_0 B_k \varepsilon[z_{k0}^2\eta + O(\varepsilon^{2/3})]\frac{\mathrm{d}m_k}{\mathrm{d}\theta}$$

$$\sigma_\theta = 2GB_k\varepsilon^{-2/3}\left[\frac{z_{k0}^4}{1-v}\eta m_k(\theta) + O(\varepsilon^{2/3})\right] \tag{2.5.8}$$

$$\sigma_\varphi = 2GB_k\varepsilon^{-2/3}\left[\frac{vz_{k0}^4}{1-v}\eta m_k(\theta) + O(\varepsilon^{2/3})\right]$$

$$\sigma_r = O(\varepsilon), \tau_{r\theta} = O(\varepsilon)$$

式中:B_k 为任意常数。

在这一情况中,由式(2.5.3)和式(2.5.4)所定义的解也是成立的。

这里我们需要注意的是,式(2.3.4)的解一般是可以通过勒让德函数的形式来表达的,不过如同参考文献[3]所指出的,利用近似方法要更为方便一些。这里我们分别考察两种情况,即:(1)壳结构不包含两个极点(0 和 π);(2)壳结构至少包含一个极点。

在第(1)种情况下,利用渐近方法可以很方便地进行近似积分,这一点已经在参考文献[3]中做过相当透彻的阐述。在第(2)种情况下,积分的渐近处理方法是难以得到近似解的(针对任意的壳相对厚度),这是因为渐近近似在顶点 $\theta = 0$ 附近将失去其准确性。这一情况下我们只能选择式(2.3.4)的解集中那些在 $\theta = 0$ 处仍然有界的解。参考文献[6]中已经利用近似方法构造和计算了这些解,这里我们不再做进一步的分析。

下面我们来阐明齐次解是满足所谓的广义正交性条件的。根据式(2.3.3),齐次解具有如下形式

$$\begin{aligned}
U_r &= U_k(r) m_k(\theta) \mathrm{e}^{i\omega t} \\
U_\theta &= W_k(r) \frac{\mathrm{d}m_k}{\mathrm{d}\theta} \mathrm{e}^{i\omega t} \\
\sigma_\theta &= 2G\left[\sigma_{1k}(r) m_k(\theta) - \sigma_{2k}(r) \cot\theta \frac{\mathrm{d}m_k}{\mathrm{d}\theta}\right] \mathrm{e}^{i\omega t} \\
\tau_{r\theta} &= G T_k(r) \frac{\mathrm{d}m_k}{\mathrm{d}\theta} \mathrm{e}^{i\omega t}
\end{aligned} \quad (2.5.9)$$

其中

$$\sigma_{1k} = \frac{1}{1-2v}\left[vU_k' + \frac{1-v}{r}U_k - \frac{1-v}{r}\left(z_k^2 - \frac{1}{4}\right)W_k\right]$$

$$\sigma_{2k} = \frac{1}{r}W_k, \quad T_k = \frac{1}{r}U_k + W_k' - \frac{1}{r}W_k$$

不妨设 U_θ^i、U_r^i、σ_θ^i 和 $\tau_{r\theta}^i$ ($i=1,2$)为第一种状态和第二种状态下的位移和应力,那么根据 Batty 定理可知,对于任意的 θ 如下等式都是成立的,即

$$\int_{R_1}^{R_2} (U_\theta^1 \sigma_\theta^2 + U_r^1 \tau_{r\theta}^2) r\sin\theta \mathrm{d}r = \int_{R_1}^{R_2} (U_\theta^2 \sigma_\theta^1 + U_r^2 \tau_{r\theta}^1) r\sin\theta \mathrm{d}r \quad (2.5.10)$$

将式(2.5.9)代入式(2.5.10)可得:

$$\cos\theta \frac{\mathrm{d}m_k}{\mathrm{d}\theta} \frac{\mathrm{d}m_n}{\mathrm{d}\theta} \int_{R_1}^{R_2} (\sigma_{2k}W_n - \sigma_{2n}W_k) r\mathrm{d}r +$$

$$\sin\theta m_n \frac{\mathrm{d}m_k}{\mathrm{d}\theta} \int_{R_1}^{R_2} (\sigma_{1n}W_k - U_n T_k) r\mathrm{d}r + \quad (2.5.11)$$

$$\sin\theta m_k \frac{\mathrm{d}m_n}{\mathrm{d}\theta} \int_{R_1}^{R_2} (U_k T_n - \sigma_{1k}W_n) r\mathrm{d}r = 0$$

由于方程(2.5.11)对于任意的 θ 都是成立的,因此我们也就可以导出如下关系

$$\int_{R_1}^{R_2} (\sigma_{2k}W_n - \sigma_{2n}W_k) r\mathrm{d}r = 0 \quad (2.5.12)$$

$$\int_{R_1}^{R_2} (\sigma_{1n}W_k - U_n T_k) r\mathrm{d}r = 0 \quad (2.5.13)$$

$$\int_{R_1}^{R_2} (U_k T_n - W_n \sigma_{1k}) r\mathrm{d}r = 0 \quad (2.5.14)$$

关系式(2.5.12)是完全满足的,而式(2.5.13)和式(2.5.14)则是等价的,于是我们就得到了如下等式关系

$$\int_{R_1}^{R_2} (U_k T_n - W_n \sigma_{1k}) r\mathrm{d}r = 0 \quad (k \neq n) \quad (2.5.15)$$

根据式(2.5.15),我们就能够导出函数 $U_n(r)$ 和 $W_n(r)$ 的正交性如下

$$\int_{R_1}^{R_2} \left\{ \begin{array}{l} \left(\frac{1}{r}U_n + W'_n - \frac{1}{r}W_n\right)U_k - \frac{2}{1-2v}W_n \times \\ \left[vU'_k + \frac{1-v}{r}U_k - \frac{1-v}{r}\left(z_k^2 - \frac{1}{4}\right)W_k\right] \end{array} \right\} r\mathrm{d}r = 0, k \neq n \quad (2.5.16)$$

然而需要注意的是,尽管式(2.5.16)满足了壳的侧表面上的边界条件,但是跟圆柱体情况中相似,此处的齐次解的广义正交性并不能用于获得这一问题(即,使得球壳侧表面上的边界条件精确满足)的完整解。很明显,在一般情况下,我们只能从这一正交性条件出发,导出一个无限型的线性方程组,而不能得到其他的东西。当然,在特定的壳边界条件下,利用齐次解的这一广义正交性条件,我们是能够将解表示成级数形式的,其系数可以精确地加以确定。进一步,

由于利用条件式(2.5.16)我们总可以精确地满足球层侧表面上某一个边界条件,因而它对于求解无限型方程组来说也是有用的。

下面我们借助广义正交性条件来考察如下问题:设正表面($r=R_s(s=1,2)$)为应力自由状态,而在锥形表面$\theta=\theta_j(j=1,2)$上为混合型边界条件,即:

$$U_\theta(r,\theta,t)=a(r)\mathrm{e}^{\mathrm{i}\omega t},\tau_{r\theta}=\tau(\theta)\mathrm{e}^{\mathrm{i}\omega t},\theta=\theta_1$$
$$U_\theta(r,\theta,t)=0,\tau_{r\theta}=0,\theta=\theta_2 \tag{2.5.17}$$

勒让德方程(2.3.4)的一般解具有如下形式

$$m(\theta)=A_n\mathrm{P}_{z_n-1/2}(\cos\theta)+B_nQ_{z_n-1/2}(\cos\theta)$$

于是,为了满足边界条件式(2.5.17),利用广义正交性条件,我们可以得到如下关于A_n和B_n的代数方程

$$A_n\mathrm{P}^{(1)}_{z_n-1/2}(\cos\theta_1)+B_n\mathrm{Q}^{(1)}_{z_n-1/2}(\cos\theta_1)=H_n$$
$$A_n\mathrm{P}^{(1)}_{z_n-1/2}(\cos\theta_2)+B_n\mathrm{Q}^{(1)}_{z_n-1/2}(\cos\theta_2)=0 \tag{2.5.18}$$

其中

$$H_n=\Delta_n^{-1}\int_{r_1}^{r_2}\left\{\frac{2a(r)}{1-2v}\left[vU_n'+\frac{1-v}{r}U_n-\frac{1-v}{r}\left(z_n^2-\frac{1}{4}\right)W_n\right]-\tau(r)U_n(r)\right\}r\mathrm{d}r$$

$$\Delta_n=\int_{r_1}^{r_2}\left\{\frac{2W_n}{1-2v}\left[vU_n'+\frac{1-v}{r}U_n-\frac{1-v}{r}\left(z^2-\frac{1}{4}\right)W_n\right]-U_n\left(\frac{1}{r}U_n+W_n'-\frac{1}{r}W_n\right)\right\}r\mathrm{d}r$$

常系数A_n和B_n可以根据线性方程组(2.5.18)来得到(对于任意的n),即

$$A_n=H_n\Delta^{-1}\mathrm{Q}^{(1)}_{z_n-1/2}(\cos\theta_2),B_n=H_n\Delta^{-1}\mathrm{P}^{(1)}_{z_n-1/2}(\cos\theta_2)$$
$$\Delta=\mathrm{P}^{(1)}_{z_n-1/2}(\cos\theta_1)\cdot\mathrm{Q}^{(1)}_{z_n-1/2}(\cos\theta_2)-\mathrm{P}^{(1)}_{z_n-1/2}(\cos\theta_2)\cdot\mathrm{Q}^{(1)}_{z_n-1/2}(\cos\theta_1)$$

值得指出的是,静态情况下针对非均匀球形区域,参考文献[2]中已经考虑了这一问题。

从上述内容可以看出,一般来说,利用广义正交性条件我们不能保证球形区域侧表面上的边界条件得到精确满足。因此,为了满足侧表面上的边界要求,借助哈密尔顿变分原理要更为方便一些。根据这一原理,我们有

$$\delta H=\delta\int_{t_0}^t\mathrm{d}t\int_v(T-U)\mathrm{d}v+\int_{t_0}^t\mathrm{d}t\oint_s\int_{r_1}^{r_2}(T_p\delta U_p)\mathrm{d}r\mathrm{d}s=0 \tag{2.5.19}$$

式中:T为动能密度;U为应变能密度。它们可以分别表示成如下形式

$$T = \frac{1}{2} g \frac{\partial U_i}{\partial t} \frac{\partial U_i}{\partial t}$$

$$U = \frac{1}{2} C_{ijkl} \varepsilon_{ij} \varepsilon_{kl} \tag{2.5.20}$$

假定 $\theta = \theta_j$ 处给定了如下边界条件

$$\sigma_\theta = Q_j(r) e^{iwt}, \quad \tau_{r\theta} = \tau_j(r) e^{iwt} \tag{2.5.21}$$

由于齐次解必须满足运动方程(2.1.1)和齐次边界条件(2.3.1),因而,在考虑式(2.5.21)和前述变分原理的基础上,我们可以得到

$$\sum_{j=1}^{2} \int_{r_1}^{r_2} \left[(\sigma_\theta - Q_j) \delta U_\theta + (\tau_{r\theta} - \tau_j) \delta U_r \right]_{\theta=\theta_j} r dr = 0 \tag{2.5.22}$$

通过将式(2.5.9)代入式(2.5.22),并注意到常数 C_k 的变分必须是独立的,由此,就可以确定出这些常数 C_k。实际上根据这一点,我们不难导得如下无限型方程组

$$\sum_{k=1}^{\infty} H_{nk}^j C_k = N_n^j \quad (n = 1, 2, \cdots) \tag{2.5.23}$$

其中

$$H_{nk}^j = \left[\begin{array}{l} 2 m_k(\theta) \dfrac{dm_n}{d\theta} \int_{r_1}^{r_2} \sigma_{1k}(r) W_n(r) r dr \\[2mm] - 2\cot\theta \dfrac{dm_k}{d\theta} \dfrac{dm_n}{d\theta} \int_{r_1}^{r_2} \sigma_{2k}(r) W_n(r) r dr \\[2mm] + m_n(\theta) \dfrac{dm_k}{d\theta} \int_{r_1}^{r_2} T_k(r) U_n(r) r dr \end{array} \right]_{\theta = \theta_j} \tag{2.5.24}$$

$$N_n^j = \left[\frac{dm_n}{d\theta} \int_{r_1}^{r_2} Q_j(r) W_n(r) r dr + m_n(\theta) \int_{r_1}^{r_2} T_j(r) U_n(r) r dr \right]_{\theta = \theta_j}$$

由于壳结构的薄壁参数 $\varepsilon = h/R_0$ 为小量,据此不难构造出式(2.5.23)的渐近解了。为此,我们必须在式(2.5.24)中代入 σ_θ、$\tau_{r\theta}$、U_r 和 U_θ 的渐近表达式(针对色散方程的不同零点集)。事实上我们可以注意到,在 $\lambda = O(1)$、$\lambda = O(\varepsilon^{-j})$ 和 $\lambda = O(\varepsilon^{1-2j})$ $(0 < j < 1)$ 等情况下,式(2.5.23)实际上跟参考文献[3]中得到

的无限方程组是一致的。

在 $\lambda = O(\varepsilon^{-\gamma})$、$Z = O(\varepsilon^{-\gamma})(\gamma \geq 1)$ 情况中，根据弹性动力学理论我们也可以得到一个无限型的代数方程组。总而言之，这里可以发现，与式(1.4.18)相关的所有结果对于此处的式(2.5.23)来说都是成立的。

2.6 球层的动力扭转

这里我们来考虑一个球层的扭转振动问题，其正表面$[r = r_s(s = 1,2)]$为自由状态，而在锥形表面 $\theta = \theta_j(\theta_1 < \theta_2)$（$\theta_j$ 为常数）上存在如下边界条件

$$\tau_{\theta\varphi} = \tau_j(r)\mathrm{e}^{\mathrm{i}\omega t} \quad (在 \theta = \theta_j 上) \tag{2.6.1}$$

此时，我们可以寻求方程(2.1.2)如下形式的解

$$U_\varphi = U(\rho)\frac{\mathrm{d}m}{\mathrm{d}\theta}\mathrm{e}^{\mathrm{i}\omega t} \tag{2.6.2}$$

将式(2.6.2)代入式(2.1.2)，并考虑到式(2.1.4)，通过对 $m(\theta)$ 和 $U(\rho)$ 进行分离变量处理之后，可以得到如下边值问题

$$\frac{\mathrm{d}^2 m}{\mathrm{d}\theta^2} + \cot\theta \frac{\mathrm{d}m}{\mathrm{d}\theta} + \left(z^2 - \frac{1}{4}\right)m(\theta) = 0 \tag{2.6.3}$$

$$\left[2\cot\theta \frac{\mathrm{d}m}{\mathrm{d}\theta} + \left(z^2 - \frac{1}{4}\right)m(\theta)\right]_{\theta = \theta_k} = -\tau_k \tag{2.6.4}$$

$$U'' + \frac{2}{\rho}U' + \left(\lambda^2 - \frac{z^2 - \frac{1}{4}}{\rho^2}\right)U = 0 \tag{2.6.5}$$

$$\left(U' - \frac{1}{\rho}U\right)_{\rho = \rho_s} = 0 \tag{2.6.6}$$

我们来考察谱问题式(2.6.5)和式(2.6.6)。引入变量替换 $U(\rho) = h(\rho)/\rho$，那么边值问题式(2.6.5)和式(2.6.6)就可以表示为如下形式

$$\begin{aligned} &\rho^2 h''(\rho) + \lambda^2\rho^2 h(\rho) = \gamma h(\rho) \\ &\left[h'(\rho) - \frac{2}{\rho}h(\rho)\right]_{\rho = \rho_s} = 0 \end{aligned} \tag{2.6.7}$$

再引入算子 L：

$$\mathrm{L}h = \begin{cases} \rho^2 h'' + \lambda^2\rho^2 h \\ \left(h' - \frac{2}{\rho}h\right)_{\rho = \rho_s} = 0 \end{cases}$$

75

那么我们也就能够把这个边值问题重新改写为算子的形式,即

$$Lh = \gamma h, \gamma = z^2 - \frac{1}{4}$$

下面来证明算子 L 的本征函数族可以构成 $L_2(\rho_1, \rho_2)$ 空间的基底。我们很容易看出这个算子在 $L_2\left[\rho_1, \rho_2 : \frac{1}{\rho^2}\right]$ 空间中是自伴算子,现在来构造算子 L 的格林函数 $G(\rho, x)$。

微分方程 $h''(\rho) + \lambda^2 h(\rho) = 0$ 的通解具有如下形式

$$h(\rho) = C_1 \cos(\lambda \rho) + C_2 \sin(\lambda \rho) \tag{2.6.8}$$

为了满足表面上的边界条件要求,我们需要引入两个附加函数,第一个函数的定义为

$$h_1(\rho) = \left[\lambda \cos(\lambda \rho_1) - \frac{2\sin(\lambda \rho_1)}{\rho_1}\right] \cos(\lambda \rho) + \left[\lambda \sin(\lambda \rho_1) + \frac{2\cos(\lambda \rho_1)}{\rho_1}\right] \sin(\lambda \rho)$$

该函数满足第一个边界条件。第二个函数满足第二个边界条件,其形式为

$$h_2(\rho) = \left[\lambda \cos(\lambda \rho_2) - \frac{2\sin(\lambda \rho_2)}{\rho_2}\right] \cos(\lambda \rho) + \left[\lambda \sin(\lambda \rho_2) - \frac{2\cos(\lambda \rho_2)}{\rho_2}\right] \sin(\lambda \rho)$$

因此,格林函数 $G(\rho, x)$(C_λ 不为零)的形式可以表示为

$$G(\rho, x) = C_\lambda \left\{ \begin{array}{l} \left[\lambda \cos(\lambda \rho_1) - \frac{2\sin(\lambda \rho_1)}{\rho_1}\right] \cos(\lambda \rho) + \\ \left[\lambda \sin(\lambda \rho_1) + \frac{2\cos(\lambda \rho_1)}{\rho_1}\right] \sin(\lambda \rho) \\ \left[\lambda \cos(\lambda \rho_2) - \frac{2\sin(\lambda \rho_2)}{\rho_2}\right] \cos(\lambda x) + \\ \left[\lambda \sin(\lambda \rho_2) + \frac{2\cos(\lambda \rho_2)}{\rho_2}\right] \sin(\lambda x) \end{array} \right\} (\rho_1 \leq \rho < x)$$

$$G(\rho, x) = C_\lambda \left\{ \begin{array}{l} \left[\lambda \cos(\lambda \rho_1) - \frac{2\sin(\lambda \rho_1)}{\rho_1}\right] \cos(\lambda x) + \\ \left[\lambda \sin(\lambda \rho_1) - \frac{2\cos(\lambda \rho_1)}{\rho_1}\right] \sin(\lambda x) \\ \left[\lambda \cos(\lambda \rho_2) - \frac{2\sin(\lambda \rho_2)}{\rho_2}\right] \cos(\lambda \rho) + \\ \left[\lambda \sin(\lambda \rho_2) - \frac{2\cos(\lambda \rho_2)}{\rho_2}\right] \sin(\lambda \rho) \end{array} \right\} (x \leq \rho \leq \rho_2)$$

需要注意的是,这个格林函数 $G(\rho,x)$ 是对称的,也即有 $G(\rho,x) = G(x,\rho)$。假定我们选择 λ 使式(2.6.7)的本征值不为零,那么它等价于如下齐次积分方程的本征值问题,即

$$h(\rho) = \gamma \int_{\rho_1}^{\rho_2} G(\rho,x) \frac{1}{x^2} h(x) dx, h \in C[\rho_1,\rho_2] \tag{2.6.9}$$

对于未知函数 $U(\rho) = h(\rho)/\rho$,我们可以将式(2.6.9)转换成如下等效形式

$$U(\rho) = \gamma \int_{\rho_1}^{\rho_2} \frac{1}{x\rho} G(\rho,x) U(x) dx \tag{2.6.10}$$

式(2.6.10)中的核函数 $\frac{1}{\rho x} G(\rho,x) \neq 0$,它是实对称的连续函数,因此,希尔伯特 – 施密特(Hilbert – Schmidt)定理对于这个积分方程是适用的,即与本征值 γ_k 对应的本征函数 $U_k(x)$ 构成了 $L_2(\rho_1,\rho_2)$ 空间中的完备的正交函数族,也就是说可以构成该空间的基底。

现在来考虑边值问题式(2.6.3)和式(2.6.4),式(2.6.3)的通解可以写为

$$m_n(\theta) = C_{1n} P_{z_n-1/2}(\cos\theta) + C_{2n} Q_{z_n-1/2}(\cos\theta) \tag{2.6.11}$$

式中:常数 C_{1n} 和 C_{2n} 可以根据条件(2.6.4)来确定。为此,我们将 $\tau_k(\rho)$ 以式(2.6.5)和式(2.6.6)这个边值问题的本征函数形式展开,即

$$\tau_k(\rho) = \sum_{n=1}^{\infty} a_{nk} U_n(\rho) \tag{2.6.12}$$

其中

$$a_{nk} = \int_{\rho_1}^{\rho_2} \tau_k(\rho) \bar{U}_n(\rho) d\rho \left[\int_{\rho_1}^{\rho_2} U_n(\rho) \bar{U}_n(\rho) d\rho \right]^{-1}$$

令其满足边界条件式(2.6.4),可以导出一组二阶的线性代数方程(关于常系数 C_{1n} 和 C_{2n}),由此解得如下结果

$$C_{1n} = \Delta_n^{-1} \left\{ \begin{array}{l} a_{n2} \left[2\cot\theta_1 Q_{z_n-1/2}^{(1)}(\cos\theta_1) + \left(z_n^2 - \frac{1}{4}\right) Q_{z_n-1/2}(\cos\theta_1) \right] \\ - a_{n1} \left[2\cot\theta_2 Q_{z_n-1/2}^{(1)}(\cos\theta_2) + \left(z_n^2 - \frac{1}{4}\right) Q_{z_n-1/2}(\cos\theta_2) \right] \end{array} \right\}$$

$$C_{2n} = \Delta_n^{-1} \left\{ \begin{array}{l} a_{n1} \left[2\cot\theta_1 P_{z_n-1/2}^{(1)}(\cos\theta_1) + \left(z_n^2 - \frac{1}{4}\right) P_{z_n-1/2}(\cos\theta_1) \right] \\ - a_{n2} \left[2\cot\theta_2 P_{z_n-1/2}^{(1)}(\cos\theta_2) + \left(z_n^2 - \frac{1}{4}\right) P_{z_n-1/2}(\cos\theta_2) \right] \end{array} \right\}$$

$$\Delta_n = \left(z_n^2 - \frac{1}{4}\right)^2 D_{z_{n-1/2}}^{(0,0)}(\theta_1, \theta_2) + 2\left(z_n^2 - \frac{1}{4}\right)\cot\theta_1 D_{z_{n-1/2}}^{(1,0)}(\theta_1, \theta_2) +$$

$$2\left(z_n^2 - \frac{1}{4}\right)\cot\theta_2 D_{z_{n-1/2}}^{(0,1)}(\theta_1, \theta_2) + 4\cot\theta_1\cot\theta_2 D_{z_{n-1/2}}^{(1,1)}(\theta_1, \theta_2)$$

$$D_z^{(s,l)}(\varphi, \psi) = P_z^{(s)}(\cos\varphi) Q_z^{(l)}(\cos\psi) - P_z^{(l)}(\cos\psi) Q_z^{(l)}(\cos\psi) \quad (s, l = 0, 1)$$

(2.6.13)

进一步,我们来考察上述球层振动问题解的渐近行为。式(2.6.5)的通解形式可以写为

$$U = \frac{1}{\sqrt{\rho}}\left[C_{1z}J_z(\lambda\rho) + C_{2z}Y_z(\lambda\rho)\right]$$

通过令其满足齐次边界条件式(2.6.6),可以得到如下色散方程

$$\Delta(z, \lambda, \rho_1, \rho_2) = 9L_z^{(0,0)}(\lambda\rho_1, \lambda\rho_2) - 6\lambda\rho_1 L_z^{(1,0)}(\lambda\rho_1, \lambda\rho_2) -$$
$$6\lambda\rho_2 L_z^{(0,1)}(\lambda\rho_1, \lambda\rho_2) + 4\lambda^2\rho_1\rho_2 L_z^{(1,1)}(\lambda\rho_1, \lambda\rho_2) = 0 \quad (2.6.14)$$

这个方程的零点是可数集,它们对应如下齐次解

$$U_\varphi = R_0 \sum_{k=1}^{\infty} C_k U_k(\rho) \frac{dm}{d\theta} e^{i\omega t}$$

$$\tau_{r\varphi} = G \sum_{k=1}^{\infty} C_k \tau_{rk}(\rho) \frac{dm_k}{d\theta} e^{i\omega t} \quad (2.6.15)$$

$$\tau_{\theta\varphi} = G \sum_{k=1}^{\infty} C_k \tau_{\theta k}(\rho) \left[2\cot\theta \frac{dm_k}{d\theta} + \left(z_k^2 - \frac{1}{4}\right)m_k\right] e^{i\omega t}$$

式中:C_k 为任意常数,且有

$$U_k(\rho) = \frac{1}{\sqrt{\rho}}\left[3L_{z_k}^{(0,0)}(\lambda\rho, \lambda\rho_2) - 2\lambda\rho_2 L_{z_k}^{(0,1)}(\lambda\rho, \lambda\rho_2)\right]$$

$$\tau_{rk}(\rho) = \frac{1}{\rho\sqrt{\rho}}\begin{bmatrix}9L_{z_k}^{(0,0)}(\lambda\rho, \lambda\rho_2) - 6\lambda\rho L_{z_k}^{(1,0)}(\lambda\rho, \lambda\rho_2) - \\ 6\lambda\rho_2 L_{z_k}^{(0,1)}(\lambda\rho, \lambda\rho_2) + 4\lambda^2\rho\rho_2 L_{z_k}^{(1,1)}(\lambda\rho, \lambda\rho_2)\end{bmatrix}$$

$$\tau_{\theta k}(\rho) = \frac{1}{\rho\sqrt{\rho}}\left[3L_{z_k}^{(0,0)}(\lambda\rho, \lambda\rho_2) - 2\lambda\rho_2 L_{z_k}^{(0,1)}(\lambda\rho, \lambda\rho_2)\right]$$

下面我们将注意力转向式(2.6.14)的根,对其进行分析。

对于任何有限的 λ 值(即,当 $\varepsilon\to 0$ 时,$\lambda = O(1)$),由于当 $\varepsilon\to 0$ 时,$z_k = O(1)$ $(k=1,2)$ 这一渐近特性,因此,函数 $D(z, \lambda, \varepsilon) = \Delta(z, \lambda, \rho_1, \rho_2)$ 存在两个零

点。为证明这一结论,我们可以将$D(z,\lambda,\varepsilon)$这个函数展开成ε的级数形式,即

$$D(z,\lambda,\varepsilon) = -4\pi^{-1}\varepsilon \begin{cases} 4z^2 - 9 - 4\lambda^2 + \\ \dfrac{1}{3}\left[8z^4 - (14+16\lambda^2)z^2 + 8\lambda^4 - 6\lambda^2 - 9\right]\varepsilon^2 + \\ \dfrac{1}{15}\left[\begin{array}{l}8z^6 + 2(11-12\lambda^2)z^4 + (24\lambda^4 - 76\lambda^2 - 78)z^2 \\ -27 - 12\lambda^2 + 22\lambda^4 - 8\lambda^6\end{array}\right]\varepsilon^4 \\ +\cdots \end{cases} = 0$$

(2.6.16)

我们来寻求如下展开形式的z_k:

$$z_k = z_{k0} + \varepsilon^2 z_{k2} + \cdots \quad (k=1,2) \tag{2.6.17}$$

将式(2.6.17)代入式(2.6.16)可得

$$z_{k0}^2 = 9/4 + \lambda^2, \quad z_{k2} = \frac{5}{6}\frac{\lambda^2}{z_{k0}} \tag{2.6.18}$$

考虑当$\varepsilon\to 0$时λ无界增长的情况,此处需要分别来分析两种极限情形,即(1)当$\varepsilon\to 0$时,$\lambda\varepsilon\to 0$;(2)当$\varepsilon\to 0$时,$\lambda\varepsilon\to$常数。

首先,针对当$\varepsilon\to 0$时,$\lambda\varepsilon\to 0$这一情形来确定z_k,我们假定z_k和λ的渐近行为的主导项形式如下

$$z_k = z_{k0}\varepsilon^{-\beta}, \lambda = \lambda_0\varepsilon^{-q}, z_{k0} = O(1), \lambda_0 = O(1) \quad (0<\beta<1, 0<q<1)$$

(2.6.19)

将式(2.6.19)代入式(2.6.16),根据所构造的渐近过程需要保持一致性,我们可以发现只有$q=\beta$才是可能的。

令$\lambda = \lambda_0\varepsilon^{-\beta}$,并寻求如下形式的$z_k$

$$z_k = z_{k0}\varepsilon^{-\beta} + z_{k2}\varepsilon^{\beta} + \cdots \quad (0<\beta<1) \tag{2.6.20}$$

将式(2.6.20)代入式(2.6.16)可得

$$z_{k0}^2 = \lambda_0^2, \quad z_{k2} = \frac{9}{8}z_{k0}^{-1} \tag{2.6.21}$$

针对当$\varepsilon\to 0$时,$\lambda\varepsilon\to 0$和$\lambda\varepsilon\to$常数这两种情形,我们来寻求如下形式的$z_n (n=k-4)$

$$z_n = i\left[\frac{\delta_n}{\varepsilon} + O(\varepsilon^{1-\beta})\right], \lambda = \lambda_0\varepsilon^{-\beta} \quad (0\leq\beta<1) \tag{2.6.22}$$

如果将渐近关系式(2.6.22)代入式(2.6.14)中,并利用函数$J_z(x)$和$Y_z(x)$

的渐近展开,我们可以导得如下关于 δ_n 的方程

$$\sin(2\delta_n) = 0 \tag{2.6.23}$$

这个方程跟厚板涡动理论中用于确定圣维南边界效应的方程[7]是完全一致的。为了构造出第二组(当 $\varepsilon \to 0$ 时,$\lambda\varepsilon \to$ 常数($\lambda \sim z$),$z\varepsilon \to$ 常数)零点的渐近式,可以令 $\lambda = \lambda_0 \varepsilon^{-1}$,然后寻求如下形式的 $z_p (p = 1, 2, \cdots, p \neq k)$

$$z_p = \frac{\gamma_p}{\varepsilon} + O(\varepsilon) \tag{2.6.24}$$

如同前面提及的,将式(2.6.24)代入式(2.6.14),并利用函数 $J_z(x)$ 和 $Y_z(x)$ 的渐近展开(针对大宗量)进行处理之后,我们可以导得如下方程

$$\sin(2\sqrt{\lambda_0^2 - \gamma_p^2}) = 0 \tag{2.6.25}$$

对于给定的 λ,上面这个方程将给出 z_p 的可数集。

下面再来建立 U_φ、$\tau_{r\varphi}$ 和 $\tau_{\theta\varphi}$ 的渐近表达式。令 $\rho = 1 + \varepsilon\eta(-1 \leq \eta \leq 1)$,将式(2.6.15)关于小参数 ε 进行展开,我们不难得到各个渐近展开式的主导项如下

$$\begin{aligned} U_\varphi^{(1)} &= R_0 \sum_{k=1}^{2} C_k [2 + (2\eta - 3)\varepsilon + \cdots] \frac{\mathrm{d}m_k}{\mathrm{d}\theta} \mathrm{e}^{\mathrm{i}\omega t} \\ \tau_{\theta\varphi}^{(1)} &= G \sum_{k=1}^{2} C_k (-2 + 3\varepsilon + \cdots) \frac{\mathrm{d}m_k}{\mathrm{d}\theta} \mathrm{e}^{\mathrm{i}\omega t} \\ \tau_{r\varphi}^{(1)} &= O(\varepsilon^2) \end{aligned} \tag{2.6.26}$$

$$\begin{aligned} U_\varphi^{(2)} &= R_0 \sum_{k=3}^{4} C_k [2 + O(\varepsilon)] \frac{\mathrm{d}m_k}{\mathrm{d}\theta} \mathrm{e}^{\mathrm{i}\omega t} \\ \tau_{\theta\varphi}^{(2)} &= G \sum_{k=3}^{4} C_k [-2 + O(\varepsilon)] \frac{\mathrm{d}m_k}{\mathrm{d}\theta} \mathrm{e}^{\mathrm{i}\omega t} \\ \tau_{r\varphi}^{(2)} &= O(\varepsilon) \quad \left(0 < \beta \leq \frac{1}{2}\right) \\ \tau_{r\varphi}^{(2)} &= O(\varepsilon^{2-2\beta}) \quad \left(\frac{1}{2} < \beta < 1\right) \end{aligned} \tag{2.6.27}$$

可以注意到当 $\beta = \frac{3}{4}$ 时,$\tau_{r\varphi}$ 和 $\tau_{\theta\varphi}$ 具有相同的阶次,而当 $\beta > \frac{3}{4}$ 时,$\tau_{r\varphi}$ 是主要的。

正如上面所述的,跟式(2.6.23)的根对应的解(在渐近展开的首项意义上)与厚板理论中圣维南边界效应解是一致的,此处不再对其作进一步讨论。

对于微波振动情况,我们可以得到

$$U_\varphi^{(3)} = R_0\varepsilon\sum_{k=1}^{\infty}B_k\cos[\sqrt{\lambda_0^2-\gamma_k^2}(\eta-1)]\frac{\mathrm{d}m_k}{\mathrm{d}\theta}\mathrm{e}^{\mathrm{i}\omega t}$$

$$\tau_{\theta\varphi}^{(3)} = G\varepsilon\sum_{k=1}^{\infty}B_k\cos[\sqrt{\lambda_0^2-\gamma_k^2}(\eta-1)]\frac{\mathrm{d}m_k}{\mathrm{d}\theta}\mathrm{e}^{\mathrm{i}\omega t} \quad (2.6.28)$$

$$\tau_{r\varphi}^{(3)} = G\sum_{p=1}^{\infty}B_p\sqrt{\lambda_0^2-\gamma_k^2}\sin[\sqrt{\lambda_0^2-\gamma_k^2}(\eta-1)]m_k\mathrm{e}^{\mathrm{i}\omega t}$$

从式(2.6.28)可以看出,微波振动情况下 $\tau_{r\varphi}$ 是一个基本的应力项,而在实用壳理论中却被忽略了。

前面我们已经指出过,$z^2=\frac{1}{4}$ 是一种特殊情况,它对应厚度共振。在这种情况下,式(2.6.5)和式(2.6.6)构成的问题可以写为

$$U''+\frac{2}{\rho}U'+\lambda^2 U = 0$$
$$\left(U'-\frac{1}{\rho}U\right)_{\rho=\rho_s}=0 \quad (2.6.29)$$

方程(2.6.29)的一般解可以表示为如下形式

$$U(\rho) = \frac{1}{\rho}[C_1\cos(\lambda\rho)+C_2\sin(\lambda\rho)]$$

引入边界条件的要求之后,我们可以导得

$$D_0(\lambda,\varepsilon) = \frac{1}{\rho_1\rho_2}[(\lambda^2+4-\lambda^2\varepsilon^2)\sin(2\lambda\varepsilon)-4\lambda\varepsilon\cos(2\lambda\varepsilon)]=0$$

(2.6.30)

根据方程(2.6.30)可以获得厚度共振频率的可数集。

2.7　中空球体的非轴对称弹性动力学问题

这一节中,我们来考察中空球体的非轴对称弹性动力学问题。由于球对称性的存在,一般边值问题可以划分成两个部分,一个部分与轴对称振动边值问题完全相同,另一个部分则反映的是中空球体的涡动(跟中空球体的纯扭转振动边值问题对应)。

考虑球坐标系中的如下球层

$$r_1 \leq r \leq r_2, \theta_1(\varphi) \leq \theta \leq \theta_2(\varphi), 0 \leq \varphi \leq 2\pi \tag{2.7.1}$$

以位移形式描述的运动方程可以写为：

$$G\left\{\Delta U_r - \frac{2}{r^2}\left[U_r + \frac{1}{\sin\theta}\frac{\partial}{\partial\theta}(\sin\theta U_\theta) + \frac{1}{\sin\theta}\frac{\partial U_\varphi}{\partial\varphi}\right]\right\} +$$

$$(\lambda + G)\frac{\partial}{\partial r}\left[\frac{1}{r^2}\frac{\partial}{\partial r}(rU_r) + \frac{1}{r\sin\theta}\frac{\partial}{\partial\theta}(\sin U_\theta) + \frac{1}{r\sin\theta}\frac{\partial U_\varphi}{\partial\varphi}\right] = g\frac{\partial^2 U_r}{\partial t^2}$$

$$G\left\{\Delta U_\theta + \frac{2}{r^2}\left[\frac{\partial U_r}{\partial\theta} - \frac{1}{2\sin^2\theta}U_\theta - \frac{\cos\theta}{\sin\theta}\frac{\partial U_\varphi}{\partial\varphi}\right]\right\} +$$

$$(\lambda + G)\frac{1}{r}\frac{\partial}{\partial\theta}\left[\frac{1}{r^2}\frac{\partial}{\partial r}(r^2 U_r) + \frac{1}{r\sin\theta}\frac{\partial}{\partial\theta}(\sin U_\theta) + \frac{1}{r\sin\theta}\frac{\partial U_\varphi}{\partial\varphi}\right] = g\frac{\partial^2 U_\theta}{\partial t^2}$$

$$G\left\{\Delta U_\varphi + \frac{2}{r^2\sin\theta}\left[\frac{\partial U_r}{\partial\varphi} + \cot\theta\frac{\partial U_\varphi}{\partial\varphi} - \frac{U_\varphi}{2\sin\theta}\right]\right\} +$$

$$(\lambda + G)\frac{1}{r\sin\theta}\frac{\partial}{\partial\varphi}\left[\frac{1}{r^2}\frac{\partial}{\partial r}(r^2 U_r) + \frac{1}{r\sin\theta}\frac{\partial}{\partial\theta}(\sin\theta U_\theta) + \frac{1}{r\sin\theta}\frac{\partial U_\varphi}{\partial\varphi}\right] = g\frac{\partial^2 U_\varphi}{\partial t^2}$$

$$\tag{2.7.2}$$

假定作用在球层表面上的载荷为

$$\sigma_r = q_r^{(k)}(\theta,\varphi)e^{i\omega t}, \tau_{r\theta} = q_{r\theta}^{(k)}(\theta,\varphi)e^{i\omega t}$$
$$\tau_{r\varphi} = q_{r\varphi}^{(k)}(\theta,\varphi)e^{i\omega t}, r = r_k(k = 1,2) \tag{2.7.3}$$

而在剩余边界上要求满足如下边界条件

$$\sigma_\theta = Q_\theta^{(s)}(r,\varphi)e^{i\omega t}, \tau_{r\theta} = Q_{r\theta}^{(s)}(r,\varphi)e^{i\omega t}$$
$$\tau_{\theta\varphi} = Q_{\theta\varphi}^{(s)}(r,\varphi)e^{i\omega t}, \theta = \theta_s(s = 1,2) \tag{2.7.4}$$

利用参考文献[2,8]的结果，我们可以将二维矢量场(U_θ, U_φ)表示为如下形式：

$$U_\theta = \frac{\partial\Phi}{\partial\theta} + \frac{1}{\sin\theta}\frac{\partial F}{\partial\varphi}, U_\varphi = \frac{1}{\sin\theta}\frac{\partial\Phi}{\partial\theta} - \frac{\partial F}{\partial\varphi} \tag{2.7.5}$$

将式(2.7.5)代入式(2.7.2)和边界条件(2.7.3)，可以得到

$$L_1(U_r, \Phi) = 0 \tag{2.7.6}$$

$$\frac{\partial}{\partial\theta}L_2(U_r, \Phi) + \frac{1}{\sin\theta}\frac{\partial}{\partial\varphi}L_3(F) = 0 \tag{2.7.7}$$

$$\frac{1}{\sin\theta}\frac{\partial}{\partial\varphi}L_2(U_r, \Phi) + \frac{\partial}{\partial\theta}L_3(F) = 0 \tag{2.7.8}$$

$$M_1(U_r,\Phi)|_{r=r_k} = q_r^{(k)}(\theta,\varphi)e^{i\omega t} \qquad (2.7.9)$$

$$\left[\frac{\partial}{\partial\theta}M_2(U_r,\Phi) + \frac{1}{\sin\theta}\frac{\partial}{\partial\varphi}M_3(F)\right]_{r=r_k} = q_{r\theta}^{(k)}(\theta,\varphi)e^{i\omega t} \qquad (2.7.10)$$

$$\left[\frac{1}{\sin\theta}\frac{\partial}{\partial\varphi}M_2(U_r,\Phi) - \frac{\partial}{\partial\theta}M_3(\psi)\right]_{r=r_k} = q_{r\varphi}^{(k)}(\theta,\varphi)e^{i\omega t} \qquad (2.7.11)$$

$$L_1(U_r,\Phi) = \frac{2(1-v)}{1-2v}\left(\frac{\partial^2 U_r}{\partial r^2} + \frac{2}{r}\frac{\partial U_r}{\partial r} - \frac{2}{r^2}U_r\right) +$$

$$\frac{1}{r^2}\Delta_0 U_r + \frac{1}{1-2v}\left(\frac{1}{r}\frac{\partial}{\partial r} + \frac{4v-3}{r^2}\right)\Delta_0\Phi - gG^{-1}\frac{\partial^2 U_r}{\partial t^2}$$

$$L_2(U_r,\Phi) = \frac{1}{1-2v}\frac{1}{r}\left(\frac{\partial U_r}{\partial r} + \frac{4-4v}{r}U_r\right) +$$

$$\frac{2(1-v)}{1-2v}\frac{1}{r^2}\Delta_0\Phi + \frac{\partial^2\Phi}{\partial r^2} + \frac{\varepsilon}{r}\frac{\partial\Phi}{\partial r} + gG^{-1}\frac{\partial^2\Phi}{\partial t^2}$$

$$L_3(F) = \frac{\partial^2 F}{\partial r^2} + \frac{2}{r}\frac{\partial F}{\partial r} + \frac{1}{r^2}\Delta_0 F + \frac{2}{r}\frac{\partial\Phi}{\partial r} - gG^{-1}\frac{\partial^2 F}{\partial t^2}$$

$$\Delta_0 = \frac{\partial^2}{\partial\theta^2} + \cot\theta\frac{\partial}{\partial\theta} + \frac{1}{\sin^2\theta}\frac{\partial^2}{\partial\varphi^2}$$

$$M_1(U_r,\Phi) = \frac{2G}{1-2v}\left[(1-v)\frac{\partial U_r}{\partial r} + \frac{v}{2}(2U_r + \Delta_0\Phi)\right]$$

$$M_2(U_r,\Phi) = G\left(\frac{U_r}{r} + \frac{\partial\Phi}{\partial r} - \frac{1}{r}\Phi\right)$$

$$M_3(F) = G\left(\frac{\partial F}{\partial r} - \frac{1}{r}F\right)$$

如果我们假定存在如下关系,那么式(2.7.7)和式(2.7.8)将同时得到满足,即

$$\begin{aligned} L_2(U_r,\Phi) &= -\frac{\partial\chi(r,\theta,\varphi,t)}{\partial\varphi} \\ L_3(F) &= \left(\frac{1}{\sin\theta}\right)^{-1}\frac{\partial\chi(r,\theta,\varphi,t)}{\partial\varphi} \end{aligned} \qquad (2.7.12)$$

其中,$\chi(r,\theta,\varphi,t)$ 满足如下方程

$$\Delta_0\chi(r,\theta,\varphi,t) = 0 \qquad (2.7.13)$$

若我们将 $\left[q_{r\theta}^{(k)}, q_{r\varphi}^{(k)}\right]$ 表示为如下形式

$$q_{r\theta}^{(k)} = \frac{\partial q_2^{(k)}}{\partial \theta} + \frac{1}{\sin\theta}\frac{\partial q_3^{(k)}}{\partial \varphi}$$

$$q_{r\varphi}^{(k)} = \frac{1}{\sin\theta}\frac{\partial q_2^{(k)}}{\partial \varphi} - \frac{\partial q_3^{(k)}}{\partial \theta} \tag{2.7.14}$$

那么原边值问题式(2.7.2)~式(2.7.3)将变成两个部分,即

$$L_1(U_r,\Phi)=0, L_2(U_r,\Phi) = -\frac{\partial \chi}{\partial \varphi} \tag{2.7.15}$$

$$[M_1(U_r,\Phi)]_{r=r_k} = q_r^{(k)}$$

$$[M_2(U_r,\Phi)]_{r=r_k} = q_2^{(k)} - \frac{\partial e^{(k)}}{\partial \varphi} \tag{2.7.16}$$

$$L_3(F) = \sin\theta\frac{\partial \chi}{\partial \theta} \tag{2.7.17}$$

$$[M_3(F)]_{r=r_k} = q_3^{(k)} + \sin\theta\frac{\partial e^{(k)}}{\partial \theta} \tag{2.7.18}$$

其中,$e^{(k)}(\theta,\varphi)$为满足如下方程的任意函数

$$\Delta_0 e^{(k)}(\theta,\varphi) = 0$$

式(2.7.5)的合理性已经在参考文献[2]中做过透彻的讨论,因此,这里不再对此做进一步的介绍。此外还应指出的是,不失一般性,我们总可以假定$\chi=0, e^{(k)}=0$。

对于球层来说,为了构造式(2.7.15)~式(2.7.18)的齐次解,我们可以令$q_r^{(k)} = q_2^{(k)} = q_3^{(k)} = 0$,于是可以得到如下方程

$$L_1(U_r,\Phi)=0, L_2(U_r,\Phi)=0$$

$$[M_1(U_r,\Phi)]_{r=r_k}=0$$

$$[M_2(U_r,\Phi)]_{r=r_k}=0 \tag{2.7.19}$$

$$L_3(F)=0, [M_3(F)]_{r=r_k}=0 \tag{2.7.20}$$

式(2.7.19)和式(2.7.20)的解可以设定为如下形式

$$U_r = a(r)T(\theta,\varphi)e^{i\omega t}$$

$$\Phi = b(r)T(\theta,\varphi)e^{i\omega t}$$

$$F = \psi(r)\frac{\partial T}{\partial \varphi}e^{i\omega t} \tag{2.7.21}$$

其中,$T(\theta,\varphi)$应满足如下条件

$$\Delta_0 T + \left(z^2 - \frac{1}{4}\right)T = 0 \qquad (2.7.22)$$

将式(2.7.21)代入式(2.7.19)和式(2.7.20),并考虑式(2.7.22),分离变量处理之后不难得到

$$\left(a' + \frac{2}{r}a\right)' + \frac{1-2v}{2(1-v)}\left(\lambda^2 - \frac{z^2 - \frac{1}{4}}{r^2}\right)a \qquad (2.7.23)$$
$$+ \frac{1}{2(1-v)}\frac{1}{r}\left(z^2 - \frac{1}{4}\right)\left(b' + \frac{4v-3}{r}b\right) = 0$$

$$\frac{1}{1-2v}\left(\frac{1}{r}a' + \frac{4-4v}{r^2}a\right) + b'' + \frac{2}{r}b' + \left[\lambda^2 - \frac{2(1-v)}{1-2v}\frac{z^2 - \frac{1}{4}}{r^2}\right]b = 0$$

$$\left[(1-v)a' + \frac{2v}{r}a - \frac{v}{2}\left(z^2 - \frac{1}{4}\right)b\right]_{r=r_k} = 0 \qquad (2.7.24)$$

$$\left[\frac{a}{r} + b' - \frac{1}{r}b\right]_{r=r_k} = 0$$

$$\psi'' + \frac{2}{r}\psi' + \left(\lambda^2 - \frac{z^2 - \frac{1}{4}}{r^2}\right)\psi = 0 \qquad (2.7.25)$$

$$\left[\psi' - \frac{1}{r}\psi\right]_{r=r_k} = 0 \qquad (2.7.26)$$

式(2.7.23)和式(2.7.24)这一问题描述的是壳的有势运动,跟轴对称振动边值问题是完全一致的,而式(2.7.25)和式(2.7.26)这一问题则描述了壳的涡运动,跟纯扭转振动边值问题是对应的。

必须注意的是,根据弹性动力学问题求解的一般做法(即,借助于贝塞尔函数和勒让德函数),我们也能够得到对于壳振动的上述划分方式,不过该做法要烦琐得多,同时也不能给出式(2.7.23)~式(2.7.24)这一问题与轴对称振动,以及式(2.7.25)~式(2.7.26)这一问题与扭转振动之间的直接联系。实际上,根据式(2.7.5)可以直接对应力应变状态进行分解,下面将以上标"1"指代跟有势运动问题对应的位移和应力,而以上标"2"表示跟涡运动对应的位移和应力,即

$$\begin{cases} U_r^{(1)} = \frac{C_1}{\sqrt{r}}\left[\alpha Z_z'(\alpha r) - \frac{1}{2r}Z_z(\alpha r) - \frac{1}{r}\left(z^2 - \frac{1}{4}\right)Z_z(\lambda r)\right]T(\theta,\varphi)\mathrm{e}^{\mathrm{i}\omega t} \\ U_\theta^{(1)} = \frac{C_1}{\sqrt{r}}\left[\frac{1}{r}Z_z(\alpha r) - \lambda Z_z'(\lambda r) - \frac{1}{2r}Z_z(\lambda r)\right]\frac{\partial T}{\partial \theta}\mathrm{e}^{\mathrm{i}\omega t} \qquad (2.7.27) \\ U_\varphi^{(1)} = \frac{C_1}{\sqrt{r}}\frac{1}{\sin\theta}\left[\frac{1}{r}Z_z(\alpha r) - \lambda Z_z'(\lambda r) - \frac{1}{2r}Z_z(\lambda r)\right]\frac{\partial T}{\partial \varphi}\mathrm{e}^{\mathrm{i}\omega t} \end{cases}$$

$$\begin{cases}\sigma_\theta^{(1)} = \dfrac{GC_1}{r^2\sqrt{r}}\left\{\begin{array}{l}\left[2\alpha Z_z'(\alpha r) - \left(1+\dfrac{v}{1-v}\lambda^2 r^2\right)Z_z(\alpha r) - 2\left(z^2-\dfrac{1}{4}\right)Z_z(\lambda r)\right]T(\theta,\varphi) \\ + [2Z_z(\alpha r) - 2\lambda r Z_z'(\lambda r) - Z_z(\lambda r)]\dfrac{\partial^2 T}{\partial\theta^2}\end{array}\right\}e^{i\omega t} \\[2ex]
\sigma_\varphi^{(1)} = \dfrac{GC_1}{r^2\sqrt{r}}\left\{\begin{array}{l}\left[2\alpha r Z_z'(\alpha r) - \left(1+\dfrac{v}{1-v}\lambda^2 r^2\right)Z_z(\alpha r) - 2\left(z^2-\dfrac{1}{4}\right)Z_z(\lambda r)\right]T(\theta,\varphi) \\ + [2Z_z(\alpha r) - 2\lambda r Z_z'(\lambda r) - Z_z(\lambda r)]\left(\dfrac{\partial T}{\partial\theta}+\dfrac{1}{\sin^2\theta}\dfrac{\partial^2 T}{\partial\varphi^2}\right)\end{array}\right\}e^{i\omega t} \\[2ex]
\sigma_r^{(1)} = \dfrac{GC_1}{r^2\sqrt{r}}\left\{\varphi_2(r,z)Z_z(\alpha r) - 4\alpha r Z_z'(\alpha r) + \left(z^2-\dfrac{1}{4}\right)[3Z_z(\lambda r)-2\lambda r Z_z'(\lambda r)]\right\}Te^{i\omega t}\end{cases}$$

$$(2.7.28)$$

$$\begin{cases}\tau_{r\varphi}^{(1)} = \dfrac{GC_1}{r^2\sqrt{r}}[2\alpha r Z_z'(\alpha r) - 3Z_z(\alpha r) + 2\lambda r Z_z'(\lambda r) - \varphi_3(z,r)Z_z(\lambda r)]\dfrac{1}{\sin\theta}\dfrac{\partial T}{\partial\varphi}e^{i\omega t} \\[1.5ex]
\tau_{r\theta}^{(1)} = \dfrac{GC_1}{r^2\sqrt{r}}[2\alpha r Z_z'(\alpha r) - 3Z_z(\alpha r) + 2\lambda r Z_z'(\lambda r) - \varphi_3(z,r)Z_z(\lambda r)]\dfrac{\partial T}{\partial\theta}e^{i\omega t} \\[1.5ex]
\tau_{\theta\varphi}^{(1)} = \dfrac{GC_1}{r^2\sqrt{r}}[-2Z_z(\alpha r) + 2\lambda r Z_z'(\lambda r) + Z_z(\lambda r)]\dfrac{\cot\theta}{\sin\theta}\dfrac{\partial T}{\partial\varphi}e^{i\omega t}\end{cases}$$

$$(2.7.29)$$

$$\begin{cases}U_r^{(2)} = 0,\ \sigma_r^{(2)} = 0 \\[1ex]
\sigma_\theta^{(2)} = \dfrac{GC_2}{r\sqrt{r}}Z_z(\lambda r)\dfrac{\partial}{\partial\theta}\left(\dfrac{1}{\sin\theta}\dfrac{\partial T}{\partial\varphi}\right)e^{i\omega t} \\[1.5ex]
\sigma_\varphi^{(2)} = \dfrac{GC_2}{r\sqrt{r}}Z_z(\lambda r)\dfrac{1}{\sin\theta}\dfrac{\partial}{\partial\varphi}\left(\cot\theta T - \dfrac{\partial T}{\partial\varphi}\right)e^{i\omega t} \\[1.5ex]
\tau_{r\varphi}^{(2)} = \dfrac{GC_2}{2r\sqrt{r}}[3Z_z(\lambda r) - 2\lambda r Z_z'(\lambda r)]\dfrac{\partial T}{\partial\theta}e^{i\omega t} \\[1.5ex]
\tau_{r\theta}^{(2)} = \dfrac{GC_2}{2r\sqrt{r}}[3Z_z(\lambda r) - 2\lambda r Z_z'(\lambda r)]\dfrac{1}{\sin\theta}\dfrac{\partial T}{\partial\varphi}e^{i\omega t} \\[1.5ex]
\tau_{\theta\varphi}^{(2)} = \dfrac{GC_2}{r\sqrt{r}}Z_z(\lambda r)\left[2\cot\theta\dfrac{\partial T}{\partial\theta} + \left(z^2-\dfrac{1}{4}\right)T\right]e^{i\omega t} \\[1.5ex]
U_\theta^{(2)} = \dfrac{C_2}{\sqrt{r}}Z_z(\lambda r)\dfrac{1}{\sin\theta}\dfrac{\partial^2 T}{\partial\varphi^2}e^{i\omega t} \\[1.5ex]
U_\varphi^{(2)} = -\dfrac{C_2}{\sqrt{r}}Z_z(\lambda r)\dfrac{\partial^2 T}{\partial\varphi\partial\theta}e^{i\omega t}\end{cases}$$

$$(2.7.30)$$

上面各式中的符号跟前几节中是相同的。

由此不难发现,球层的完整的弹性动力学问题是可以划分成两个部分的,不过,这两个子问题的解需要通过侧表面上的边界条件关联起来。因此,当满足侧表面上的边界条件时,仍然会存在一些困难,主要跟齐次解的非正交性有关。正如前面曾经指出的,有势运动问题的解是具有广义正交性的,涡运动问题的解是正交的,然而不同组的解却并不具备这些性质。这也是为什么在利用齐次解来满足侧表面上的边界条件时我们要指出这一问题。对于 $\theta_j =$ 常数情况,跟轴对称情况中的处理方式类似,边值问题也可以简化为无限代数方程组的求解问题。

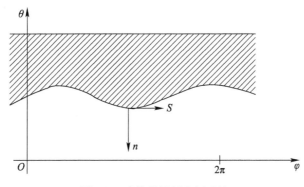

图 2.2 球体的局部坐标系统

我们来考虑 $\theta_j = \theta_j(\varphi)$ 的情况,为了简便起见,此处针对的是带有一个边界 $\theta = \theta_1(\varphi)(\theta_1 \leq \theta \leq \pi)$ 的球层。在 $\varphi O \theta$ 面内我们引入与侧面等高层相关的局部无量纲坐标[3],即 s、n 和 r,参见图 2.2。将边界定义为如下参数化形式,即

$$\varphi = \varphi_1(s), \theta = \theta_1(s)$$

于是 $\varphi O \theta$ 面内点的坐标就可以借助 n 和 s 来表达,即

$$\varphi(s,n) = \varphi_1(s) + nl(s), l(s) = \frac{d\theta_1}{ds}$$

$$\theta(s,n) = \theta_1(s) + nm(s), m(s) = -\frac{d\varphi_1}{ds}$$

式中:$l(s)$ 和 $m(s)$ 为边界法线的方向余弦。

我们需要将位移和应力表示成这些局部坐标 n 和 s 的形式,也就是确定 σ_n、σ_s、τ_{ns}、U_n 和 U_s 等的表达式。为此,可以利用众所周知的弹性理论公式将位移矢量和应力张量的所有分量表示为新坐标的形式,即

$$\begin{cases} \sigma_n = \sigma_{\theta\theta}m^2 + \sigma_{\varphi\varphi}l^2 + 2\tau_{\theta\varphi}ml \\ \sigma_s = \sigma_{\theta\theta}l^2 + \sigma_{\varphi\varphi}m^2 - 2\tau_{\theta\varphi}ml \\ \sigma_r = \sigma_r \\ \tau_{ns} = (\sigma_{\varphi\varphi} - \sigma_{\theta\theta})ml + \tau_{\theta\varphi}(m^2 - l^2) \\ \tau_{nr} = \tau_{r\theta}m + \tau_{\varphi l} \\ \tau_{sr} = m\tau_{r\varphi} - l\tau_{r\theta} \\ U_n = U_\theta l + U_\varphi m, U_s = -U_\theta m + U_\varphi l \end{cases} \quad (2.7.31)$$

这两个坐标系中的导函数可以通过如下关系来建立联系,即

$$\frac{\mathrm{d}l}{\mathrm{d}s} = -\frac{m(s)}{R(s)}, \frac{\mathrm{d}m}{\mathrm{d}s} = \frac{l(s)}{R(s)}$$

式中:$R(s)$ 为 $\varphi O \theta$ 面内曲线 $\theta = \theta_1(\varphi)$ 的无量纲曲率半径,且有

$$\frac{\partial \theta}{\partial s} = -m\left(1 + \frac{n}{R}\right) = -mH$$

$$\frac{\partial \varphi}{\partial s} = l\left(1 + \frac{n}{R}\right) = lH, H = 1 + \frac{n}{R}$$

利用所导出的这些关系,我们不难得到

$$\begin{cases} \dfrac{\partial}{\partial \theta} = \dfrac{l}{H}\dfrac{\partial}{\partial s} + m\dfrac{\partial}{\partial n}, \dfrac{\partial}{\partial \varphi} = -\dfrac{m}{H}\dfrac{\partial}{\partial s} + l\dfrac{\partial}{\partial n} \\[2mm] \dfrac{\partial^2}{\partial \theta^2} = \dfrac{l^2}{H^2}\dfrac{\partial^2}{\partial s^2} + \dfrac{2lm}{H}\dfrac{\partial^2}{\partial s \partial n} + m^2\dfrac{\partial^2}{\partial n^2} + \\[2mm] \quad \left[\dfrac{1}{\sin^2\theta}ml^2\left(2m' - \dfrac{m}{H}H'\right) + \dfrac{l}{H}\left(l^2 + \dfrac{\cot\theta}{\sin\theta}m^2\right)\right]\dfrac{\partial}{\partial s} \\[2mm] \quad + \left[\dfrac{lm}{H}\left(mm' - \dfrac{1}{\sin^2\theta}ll'\right) + ml^2\left(1 - \dfrac{\cot\theta}{\sin\theta}\right)\right]\dfrac{\partial}{\partial n} \\[2mm] \dfrac{\partial^2}{\partial \varphi^2} = \dfrac{m^2}{H^2}\dfrac{\partial^2}{\partial s^2} - \dfrac{2lm}{H}\dfrac{\partial^2}{\partial s \partial n} + l^2\dfrac{\partial^2}{\partial n^2} + \dfrac{m}{H}\left(2m' - \dfrac{m}{H}H'\right)\dfrac{\partial}{\partial s} - \dfrac{m}{mH}l'\dfrac{\partial}{\partial n} \end{cases} \quad (2.7.32)$$

现在将应力和位移的表达式(2.7.27)~式(2.7.30)代入式(2.7.31),并考虑式(2.7.32),我们可以导得局部坐标系中涡动解和有势解的应力和位移,即

$$\sigma_s^{(1)} = \frac{GC_1}{r^2\sqrt{r}}$$

$$\left\{ \begin{array}{l} \left[2\alpha r Z_z'(\alpha r) - \left(1+\frac{v}{1-v}\lambda^2 r^2\right)Z_z(\alpha r) - 2\left(z^2-\frac{1}{4}\right)Z_z(\lambda r)\right]T(s,n) + \left[2Z_z(\alpha r)\right. \\ \left. -2\lambda Z_z'(\lambda r) - Z_z(\lambda r)\right] \left\{ \begin{array}{l} \left(1+\frac{m^4}{\sin^2\theta}\right)\frac{1}{H^2}\frac{\partial^2 T}{\partial s^2} + \frac{2lm}{H}\left(l^2-\frac{m^2}{\sin^2\theta}\right)\frac{\partial^2 T}{\partial s\partial n} \\ +\left(1+\frac{1}{\sin^2\theta}\right)l^2m^2\frac{\partial^2 T}{\partial n^2} + \left[\begin{array}{l} \frac{l^3}{H^2}\left(2l'-\frac{l}{H}H'\right) \\ +\frac{1}{\sin^2\theta}\frac{m^3}{H^2}\left(2m'-\frac{m}{H}H'\right) \\ +\frac{lm^2}{H}\left(1-\frac{\cot\theta}{\sin\theta}\right) \end{array} \right]\frac{\partial T}{\partial s} \\ +\left[\frac{1}{H}\left(l^3m'-\frac{m^3l'}{\sin^2\theta}\right)+m\left(m^2+\frac{\cot\theta}{\sin\theta}l^2\right)\right]\frac{\partial T}{\partial n} \end{array} \right\} \end{array} \right\} e^{i\omega t}$$

$$\tau_{ns}^{(1)} = \frac{GC_1}{r^2\sqrt{r}}\left\{ \begin{array}{l} \left[2Z_z(\alpha r) - 2\lambda r Z_z'(\lambda r) - Z_z(\lambda r)\right] \\ \left\{ \begin{array}{l} \frac{lm}{H^2}\left(\frac{m^2}{\sin^2\theta}-l^2\right)\frac{\partial^2 T}{\partial s^2} - \frac{2m^2l^2}{H}\left(1+\frac{1}{\sin^2\theta}\right)\frac{\partial^2 T}{\partial s\partial n} + lm\left(\frac{l^2}{\sin^2\theta}-m^2\right)\frac{\partial^2 T}{\partial n^2} + \\ \left[\frac{1}{\sin^2\theta}\frac{ml}{H^2}\left(2m'-\frac{m}{H}H'\right) - \frac{ml}{H}\left(2l'-\frac{l}{H}H'\right) + \frac{l^2}{H} + \frac{\cot\theta}{\sin\theta}\frac{m^2-l^2}{H}\right]m\frac{\partial T}{\partial s} + \\ \left[m^2 - \frac{m}{H}\left(lm'+\frac{ml'}{\sin^2\theta}\right)+\frac{\cot\theta}{\sin\theta}(l^2-m^2)\right]l\frac{\partial T}{\partial n} \end{array} \right\} \end{array} \right\} e^{i\omega t}$$

$$\sigma_n^{(1)} = \frac{GC_1}{r^2\sqrt{r}}\left\{ \begin{array}{l} \left[\begin{array}{l} 2\alpha r Z_z'(\alpha r) - \left(1+\frac{v}{1-v}\lambda^2 r^2\right)Z_z(\alpha r) \\ -2\left(z^2-\frac{1}{4}\right)Z_z(\lambda r) \end{array}\right]T(s,n) + \\ \left[2Z_z(\alpha r) - 2\lambda Z_z'(\lambda r) - Z_z(\lambda r)\right]\left\{ \begin{array}{l} \left(1+\frac{1}{\sin^2\theta}\right)\frac{m^2l^2}{H^2}\frac{\partial^2 T}{\partial s^2} + \\ \frac{2lm}{H}\left(m^2-\frac{l^2}{\sin^2\theta}\right)\frac{\partial^2 T}{\partial s\partial n} \\ +\left(m^4+\frac{l^4}{\sin^2\theta}\right)\frac{\partial^2 T}{\partial n^2} + \\ \left[\frac{lm^2}{H^2}\left(2l'-\frac{l}{H}H'\right) + \\ \frac{l}{H^2}\left(2l'-\frac{l}{H}H'\right)\frac{\partial T}{\partial s} - \\ \frac{l}{H}m'\frac{\partial T}{\partial n} \end{array}\right] \end{array} \right\} e^{i\omega t}$$

$$\tau_{sr}^{(1)} = -\frac{GC_1}{r^2\sqrt{r}}\left\{\begin{array}{l}[2\alpha r Z_z'(\alpha r) - 3Z_z(\alpha r) + 2\lambda r Z_z'(\lambda r) - \varphi_3(z,r)Z_z(\lambda r)] \\ \times \left[\left(\frac{1}{H}l^2 + \frac{m^2}{\sin\theta}\right)\frac{\partial T}{\partial s} + \left(1 - \frac{1}{\sin\theta}\right)ml\frac{\partial T}{\partial n}\right]\end{array}\right\}e^{i\omega t}$$

$$\tau_{nr}^{(1)} = \frac{GC_1}{r^2\sqrt{r}}\left\{\begin{array}{l}[2\alpha r Z_z'(\alpha r) - 3Z_z(\alpha r) + 2\lambda r Z_z'(\lambda r) - \varphi_3(z,r)Z_z(\lambda r)] \\ \times \left(\frac{lm}{H}\frac{\partial T}{\partial s} + m^2\frac{\partial T}{\partial n}\right) - [2Z_z(\alpha r) - 2\lambda r Z_z'(\lambda r) - Z_z(\lambda r)] \\ \times \frac{\cot\theta}{\sin\theta}\left(-\frac{ml}{H}\frac{\partial T}{\partial s} + l^2\frac{\partial T}{\partial n}\right)\end{array}\right\}e^{i\omega t}$$

$$U_n^{(1)} = \frac{C_1}{\sqrt{r}}\left[\frac{1}{r}Z_z(\alpha r) - \lambda Z_z'(\lambda r) - \frac{1}{2r}Z_z(\lambda r)\right] \times$$

$$\left[\left(\frac{l^2}{H} - \frac{m^2}{\sin\theta}\right)\frac{\partial T}{\partial s} + \left(1 + \frac{1}{\sin\theta}\right)ml\frac{\partial T}{\partial n}\right]e^{i\omega t}$$

$$U_s^{(1)} = \frac{C_1}{\sqrt{r}}\left[\frac{1}{r}Z_z(\alpha r) - \lambda Z_z'(\lambda r) - \frac{1}{2r}Z_z(\lambda r)\right] \times$$

$$\left[-\left(1 + \frac{1}{\sin\theta}\right)ml\frac{\partial T}{\partial s} + \left(m^2 + \frac{l^2}{\sin\theta}\right)\frac{\partial T}{\partial n}\right]e^{i\omega t}$$

$$\sigma_n^{(2)} = \frac{GC_1}{r\sqrt{r}}Z_z(\lambda r)$$

$$\left\{\begin{array}{l}\frac{ml(m^2-l^2)}{\sin\theta}\left(\frac{\partial^2 T}{\partial n^2} - \frac{1}{H^2}\frac{\partial^2 T}{\partial s^2}\right) \\ -\frac{1}{H\sin\theta}\frac{\partial^2 T}{\partial s \partial n} + \left[\begin{array}{l}\frac{ml^2}{H^2\sin\theta}\left(2l' - \frac{l}{H}H'\right) - \frac{lm^2}{H^2\sin\theta} \times \\ \left(2m' - \frac{m}{H}H'\right) - \frac{1}{RH^2\sin\theta} + \frac{\cot\theta}{\sin\theta}\frac{m(m^2-l^2)}{H} \\ +2\cot\theta\frac{ml^2}{H}\end{array}\right]\frac{\partial T}{\partial s} \\ +\left[\frac{1}{\sin\theta}\frac{ml}{H}(lm' - ml') - \frac{\cot\theta}{\sin\theta}l(m^2-l^2) + 2\cot\theta lm^2\right]\frac{\partial T}{\partial n} + \left(z^2 - \frac{1}{4}\right)mlT(s,n)\end{array}\right\}e^{i\omega t}$$

$$\tau_{ns}^{(2)} = \frac{2GC_2}{r\sqrt{r}} Z_z(\lambda r) \left\{ \begin{array}{l} -\frac{2lm^3}{H^2\sin\theta}\frac{\partial^2 T}{\partial s^2} + \frac{4m^2l^2}{H\sin\theta}\frac{\partial^2 T}{\partial s\partial n} \\ -\frac{2ml^3}{\sin\theta}\frac{\partial^2 T}{\partial n^2} + \left[\begin{array}{l} -\frac{2lm^2}{H^2\sin\theta}\left(2m' - \frac{m}{H}H'\right) \\ -\frac{2\cot\theta}{\sin\theta}\frac{lm^2}{H} + \frac{l}{H}(m^2 - l^2)\cot\theta \end{array} \right]\frac{\partial T}{\partial s} \\ + \left[-\frac{2lm^2l'}{H\sin\theta} + 2ml^2\frac{\cot\theta}{\sin\theta} + m(m^2 - l^2)\cot\theta \right]\frac{\partial T}{\partial n} + \\ \frac{1}{2}\left(z^2 - \frac{1}{4}\right)(m^2 - l^2)T(s,t) \end{array} \right\} e^{i\omega t}$$

$$\tau_{nr}^{(2)} = \frac{GC_2}{r\sqrt{r}} \left\{ \begin{array}{l} \left[\frac{3}{2}Z_z(\lambda r) - \lambda r Z_z'(\lambda r)\right]\left(\frac{lm}{H}\frac{\partial T}{\partial s} + m^2\frac{\partial T}{\partial n}\right) + Z_z(\lambda r) \times \\ \left[2\cot\theta\left(-\frac{lm}{H}\frac{\partial T}{\partial s}\right) + \left(z^2 - \frac{1}{4}\right)lT(s,n)\right] \end{array} \right\} e^{i\omega t}$$

$$\tau_{sr}^{(2)} = -\frac{GC_2}{2r\sqrt{r}}\left[3Z_z(\lambda r) - 2\lambda r Z_z'(\lambda r)\right]\left[\left(1 + \frac{1}{\sin\theta}\right)\frac{lm}{H}\frac{\partial T}{\partial s} + \left(m^2 - \frac{l^2}{\sin\theta}\right)\frac{\partial T}{\partial n}\right] e^{i\omega t}$$

$$U_n^{(2)} = \frac{C_2}{\sqrt{r}} Z_z(\lambda r) \left\{ \begin{array}{l} \frac{1}{\sin\theta}\frac{lm^2}{H^2}\frac{\partial^2 T}{\partial s^2} - \frac{2ml^2}{H\sin\theta}\frac{\partial^2 T}{\partial s\partial n} + \frac{l^3}{\sin\theta}\frac{\partial^2 T}{\partial n^2} \\ + \left[\frac{ml}{H\sin\theta}\left(2m' - \frac{m}{H}H'\right) - \frac{lm}{H}\right]\frac{\partial T}{\partial s} - \\ \left(\frac{ml}{H\sin\theta}l' + m^2\right)\frac{\partial T}{\partial n} \end{array} \right\} e^{i\omega t}$$

$$(2.7.33)$$

$$U_s^{(2)} = -\frac{C_2}{\sqrt{r}} Z_z(\lambda r) \left\{ \begin{array}{l} \frac{1}{\sin\theta}\frac{m^3}{H^3}\frac{\partial^2 T}{\partial s^2} - \frac{2lm^2}{H\sin\theta}\frac{\partial^2 T}{\partial s\partial n} + \frac{ml^2}{\sin\theta}\frac{\partial^2 T}{\partial n^2} \\ + \left[\frac{m^2}{H\sin\theta}\left(2m' - \frac{m}{H}H'\right) - \frac{l^2}{H}\right]\frac{\partial T}{\partial s} + \\ \left(lm - \frac{lm}{H}l'\right)\frac{\partial T}{\partial n} \end{array} \right\} e^{i\omega t}$$

$$\sigma_n = \sigma_n^{(1)} + \sigma_n^{(2)}, \sigma_s = \sigma_s^{(1)} + \sigma_s^{(2)}$$

$$\tau_{ns} = \tau_{ns}^{(1)} + \tau_{ns}^{(2)}, \tau_{nr} = \tau_{nr}^{(1)} + \tau_{nr}^{(2)}$$

$$\sigma_r = \sigma_r^{(1)}, U_r = U_r^{(1)},$$

$$U_n = U_n^{(1)} + U_n^{(2)}, U_s = U_s^{(1)} + U_s^{(2)}$$

众所周知,式(2.7.22)的解可以以函数 $T(\theta,\varphi)\cos(n\varphi)K_{z-1/2}^n(\theta)$ 的形式来给出,其中 $K_z^n(\theta) = A_z P_z^n(\cos\theta) + B_z Q_z^n(\cos\theta)$,$A_z$ 和 B_z 为任意常数,P_z^n 和 Q_z^n 为 n 阶勒让德函数。

不过,有时如果采用近似求解方法会更为方便一些,在 $\theta = \theta_j(\varphi)$ 情况中建议将该方程表示为变量 n 和 s 的形式,利用式(2.7.32)我们将得到

$$I_1(s,n)\frac{\partial^2 T}{\partial n^2} - 2\cot\theta \frac{ml}{H}\frac{\partial^2 T}{\partial s \partial n} + I_2(s,n)\frac{\partial^2 T}{\partial s^2} + \\ [I_3(s,n) + m\cot\theta]\frac{\partial T}{\partial n} + I_4(s,n)\frac{\partial T}{\partial s} + \left(z^2 - \frac{1}{4}\right)T(s,n) = 0 \quad (2.7.34)$$

其中

$$I_1(s,n) = m^2 + \frac{l^2}{\sin^2\theta}, I_2(s,n) = \frac{1}{H^2}\left(l^2 + \frac{m^2}{\sin^2\theta}\right), I_3(s,n) = \frac{1}{H}\left(lm' - \frac{ml'}{\sin^2\theta}\right),$$

$$I_4(s,n) = \frac{1}{H}\left[l\cot\theta + \frac{m}{H\sin^2\theta}\left(2m' - \frac{m}{H}H'\right) + \frac{l}{H}\left(2l' - \frac{l}{H}H'\right)\right]$$

在参考文献[2]中,已经采用渐近方法对式(2.7.34)进行过研究。

如果我们利用函数 $T(s,n)$ 的渐近特性以及 2.5 节~2.6 节的结果,那么就可以很容易地导得应力和位移的简单的渐近表达式,不过此处不做讨论。

现在我们可以通过变分原理来将该边值问题进行简化,进而求解 $\theta = \theta_j(\varphi)$ 情况下的无限型线性代数方程组。假定在球层侧表面上($\theta = \theta_1(\varphi)$)的每个点处指定了如下应力

$$\sigma_n^0(s,r)\mathrm{e}^{\mathrm{i}\omega t}, \tau_{ns}^0(s,r)\mathrm{e}^{\mathrm{i}\omega t}, \tau_{nr}^0(s,r)\mathrm{e}^{\mathrm{i}\omega t}$$

当然,这些也可以表示成 $Q_\theta \mathrm{e}^{\mathrm{i}\omega t}$、$Q_{r\theta}\mathrm{e}^{\mathrm{i}\omega t}$ 和 $Q_{\theta\varphi}\mathrm{e}^{\mathrm{i}\omega t}$。

为满足侧表面上的这些边界条件,类似于轴对称情况,我们也采用哈密尔顿变分原理来处理。考虑到位移式(2.7.27)和式(2.7.29)以及对应的应变式(2.7.28)和式(2.7.30)都是运动方程的精确解,因而根据变分原理可得

$$\iint_{\partial s r_1}^{0 r_2} [(\sigma_n^* - \sigma_n^0)\delta U_n^* + (\tau_{ns}^* - \tau_{ns}^0)\delta U_s^* + (\tau_{nr}^* - \tau_{nr}^0)\delta U_r^*] r dr ds = 0 \quad (2.7.35)$$

式中:∂s 为边界轮廓,$\sigma_n^*,\cdots,U_n^*$ 为对应参量的幅值。根据这个方程,我们就不难导出一组无限型的代数方程了。

参考文献

1. Goldenveizer, A.L.: An approximate theory of bending shells by means of asymptotic integration of equations of elasticity theory. J. Appl. Math. Mech. **27**(4), 593–608 (1963)
2. Boyev, N.V.: Asymptotic analysis of three-dimensional stress-strain state of a radially inhomogeneous spherical shell: Diss. of candi. of math-phys sci, 177 p. Rostov-on-Don (1981)
3. Wilensky, T.V., Vorovich, I.I.: Asymptotic behavior of the solution of the problem of elasticity theory for a spherical shell of small thickness. J. Appl. Math. Mech. **30**(2), 278–295 (1966)
4. Vasilenko, A.T.: To the assessment of some assumptions of the theory of shells. Reports of Ukrainian Academy of Sciences, № 4, pp. 306–309 (1978)
5. Hrinchenko, V.T., Myaleshka, V.V.: Harmonic vibrations and waves in elastic bodies, 283 p. Naukova Dumka, Kiev. (1981)
6. Lurie, A.I.: Statics of thin elastic shells, p. 252. Gostekhizdat, Moscow (1947)
7. Aksentyan, O.C., Vorovich, I.I.: Stress state a of plate with small thinness. PMM **27**(6), 1057–1074 (1963)
8. Puro, A.E.: Separation of equations of the theory of elasticity in the radial inhomogeneity. J. Appl. Math. Mech. **38**(6), 1139–1144 (1974)

第3章 各向同性中空圆柱体和中空封闭球体的自由振动

本章摘要：本章将针对中空圆柱体和中空封闭球体的轴对称自由振动问题，通过构造渐近过程来确定其固有频率。正如人们所熟知的，即便是在相对简单的情况下频率方程的分析也是相当困难的，而确定特定频率范围内的所有固有频率又是一项比较基本的工作。利用我们所给出的方法，可以建立合适的算法，从而能够获得给定频率区间内的所有固有频率，这无疑具有理论和实际两个方面的意义。此外，本章还将把基于 Kirchhoff – Love 理论与 Timoshenko 理论得到的结果跟三维弹性理论得到的结果进行对比和讨论。

在有限固体结构的受迫振动和其他准静态运动的研究中，了解其固有频率以及与之对应的振动形态是非常重要的一个方面。关于壳类结构的固有频率问题，人们已经研究了很长时间，一般可以归结为数学物理的经典问题。参考文献[1]从经典的二维线性壳理论方程出发分析了壳的自由振动频谱，指出了相关的数学问题往往是比较复杂的，即便是在经典壳理论中也是如此。主要的困难体现在相关方程组带有变系数(在一定频率范围内)，这些方程在积分域内存在所谓的分支点。在这些点的邻域内，常用的渐近展开手段是无效的。为此，参考文献[1]中针对积分域存在分支点的情况，提出了一种求解壳的自由振动问题的渐近方法。尽管这里我们不可能列举出跟壳的自由振动有关的所有研究工作，不过这一问题的早期研究情况可以去参阅 Oniashvili[2] 的文章，而近期的一些研究结果则可参阅 Gontkevich[3]、Birger 和 Panovko[4] 等人的文献。这里我们只限于讨论参考文献[5]中给出的 Goldenveyzer 渐近方法，该方法已经在三维弹性理论中得到了应用，主要用来分析弹性层的振动问题。此外，在二维理论框架中以及板的固有振动分析中(基于弹性理论方程)[6]，Bolotin 渐近方法也得到了广泛的应用。参考文献[7]中还采用了 Vorovich 的渐近方法成功地分析了板的弹性动力问题，而且建立了板固有频率的关系。参考文献[8]利用本征函数方法考察了端板振动的频谱特征和固有模态情况，同时也针对弹性动力学理论中的边值问题求解方法对相关文献进行了全面的回顾。参考文献[9]进一步考察了剪切变形条件下的板的固有振动问题。

尽管已经有了大量的研究工作,然而通过三维弹性理论来分析壳振动频率这一重要问题以及将各种实用理论得到的分析结果加以对比,仍然还在不断的发展中。本章将专门对此进行考察,我们将利用前两章所阐述的受迫振动求解方法来确定壳结构的自由振动频率(在一定精度范围内),其基本思路在于,一般情况下只需令前面导出的无限方程组的行列式为零即可建立确定固有频率所需的方程。这里的分析主要包括如下步骤:首先确定一个较宽的频率范围,其中应包含所欲考察的固有频率,随后通过对这一频率范围进行分段处理,就可以以较高的精度来寻找固有频率和对应的波形特征。不过,正如,参考文献[8]中所指出的,当靠近固有频率时,对于给定阶次的有限方程组来说边界条件的精度将会变差一些。这将给频率区间的划分带来一定的限制,从某种意义上来说,这也就限制了固有频率值的精密度(对于给定的有限方程组的阶次而言)。从另一个角度来说,确定包含固有频率的频率范围本身也是一项比较困难的任务。

这里我们将指出,实际上并不一定需要借助无限方程组来确定这些固有频率。在所有的实际问题中,我们也可以通过构造一个渐近过程来得到固有频率。这一章将给出这样的渐近过程,用于确定各向同性的中空圆柱体和封闭中空球体的轴对称自由振动频率。我们将针对侧表面处于自由状态而端部处于简支状态的圆柱体以及侧表面为自由状态的封闭中空球体,详尽地阐明这一渐近过程。

应当指出的是,这些问题的研究是具有一般性的,因为对于其他边界条件下的情况,借助这一渐近过程来分析不存在根本的困难。

3.1 各向同性中空圆柱体的自由振动

这里考虑一个各向同性中空圆柱体的轴对称自由振动问题,其边界条件为

$$\sigma_r = 0, \tau_{rz} = 0, \tau_{r\varphi} = 0 \quad (当 r = R_n, n = 1,2 时) \tag{3.1.1}$$

$$U_r = 0, \sigma_z = 0, \tau_{z\varphi} = 0 \quad (当 z = \pm l 时) \tag{3.1.2}$$

我们寻求如下形式的解

$$U_r = U(\rho)\sin(\rho\xi)\mathrm{e}^{\mathrm{i}\omega t}, U_z = W(\rho)\cos(\rho\xi)\mathrm{e}^{\mathrm{i}\omega t}$$

$$U_\varphi = \upsilon(\rho)\cos(\rho\xi)\mathrm{e}^{\mathrm{i}\omega t}, p = \frac{\pi}{l}k \tag{3.1.3}$$

根据拉梅微分方程组、边界条件式(3.1.2)以及第1章给出的相关结果,我们不难导出关于$U(\rho)$、$W(\rho)$和$\upsilon(\rho)$的如下方程组

$$U(\rho) = -\alpha J_1(\alpha\rho)C_1 - \alpha Y_1(\alpha\rho)C_2 + pJ_1(\gamma\rho)C_3 + pY_1(\gamma\rho)C_4$$
$$W(\rho) = pJ_0(\alpha\rho)C_1 + pY_0(\alpha\rho)C_2 + \gamma J_0(\gamma\rho)C_3 + \gamma Y_0(\gamma\rho)C_4$$
$$v(\rho) = b_1 J_1(\gamma\rho) + b_2 Y_1(\gamma\rho) \tag{3.1.4}$$
$$\alpha^2 = \frac{1}{2}\frac{1-2v}{1-v}\lambda^2 - p^2, \gamma^2 = \lambda^2 - p^2$$

将边界条件式(3.1.1)考虑进来之后,进一步可以得到一组线性代数方程,它们是关于 $C_i(i=1,2,3,4)$ 和 $b_k(k=1,2)$ 这些常系数的。为获得非平凡解,我们可以建立关于 λ^2 的频率方程组如下:

$$\begin{aligned}\Delta_1(\lambda^2,\rho,\rho_1,\rho_2) = &-8\pi^{-2}\rho_1^{-1}\rho_2^{-1}p^2\delta^4 - \frac{1}{4}\rho_1^{-1}\rho_2^{-1}\lambda^4\alpha^2 L_{11}(\alpha)L_{11}(\gamma) + \\ & \frac{1}{2}\rho_1^{-1}\lambda^2\alpha^2 p^2\gamma L_{10}(\gamma)L_{11}(\alpha) + \frac{1}{2}\rho_2^{-1}\lambda^2\alpha^2 p^2\gamma L_{01}(\gamma)L_{11}(\alpha) + \\ & \frac{1}{2}\rho_1^{-1}\lambda^2\alpha\delta^4 L_{10}(\alpha)L_{11}(\gamma) + \frac{1}{2}\rho_2^{-1}\lambda^2\alpha\delta^4 L_{01}(\alpha)L_{11}(\gamma) - \\ & \alpha^2\gamma^2 p^4 L_{00}(\gamma)L_{11}(\alpha) - \delta^8 L_{00}(\alpha)L_{11}(\gamma) - \\ & \alpha\gamma p^4\delta^4[L_{01}(\alpha)L_{11}(\gamma) + L_{01}(\gamma)L_{10}(\alpha)] = 0\end{aligned} \tag{3.1.5}$$

$$\Delta_2(\lambda^2,\rho,\rho_1,\rho_2) = \gamma^2 L_{00}(\gamma) - \rho_1^{-1}\gamma L_{10}(\gamma) - \rho_2^{-1}\gamma L_{01}(\gamma) + \rho_1^{-1}\rho_2^{-1}L_{11}(\gamma)$$
$$\delta^2 = \frac{1}{2}\lambda^2 - p^2$$
$$\tag{3.1.6}$$

式(3.1.5)和式(3.1.6)的左端是关于参数 λ^2 的超越函数,其零点是可数集,且极限为无穷大,下面将针对其渐近行为进行分析。

3.2 圆柱体振动形态和频率方程的分析

这里来分析频率方程式(3.1.5)和式(3.1.6)的零点。为此,类似于第 1 章的处理,我们针对该圆柱体的几何参数做出如下假设

$$\rho_1 = 1-\varepsilon, \rho_2 = 1+\varepsilon, 2\varepsilon = \frac{2h}{R_0} \tag{3.2.1}$$

式中:ε 为一个小参数。将式(3.2.1)代入式(3.1.5)和式(3.1.6),可得

$$D_1(\lambda^2,p,\varepsilon) = \Delta_1(\lambda^2,p,\rho_1,\rho_2) = 0 \tag{3.2.2}$$

$$D_2(\lambda^2,p,\varepsilon)=\Delta_2(\lambda^2,p,\rho_1,\rho_2)=0 \qquad (3.2.3)$$

下面先来分析第一个方程的零点,且对于 $p=0$ 的情况单独进行分析,而第二个方程稍后再作讨论。

关于函数 $D_1(\lambda^2,p,\varepsilon)$ 的零点,我们先给出如下结论:对于任何有限的 p(当 $\varepsilon\to 0$ 时,$p=O(\varepsilon^\beta),\beta\geq 0$),这个函数存在有限个零点,并具有如下渐近特性

$$\Lambda_k=O(\varepsilon^q),\left(q\geq 0,\Lambda^2=\frac{m_0\omega^2 R_0^2}{E}\right)$$

此处针对这一结论简要进行证明。为此,我们可以将函数 $D_1(\lambda^2,p,\varepsilon)$ 展开成小参数 ε 的级数形式,即

$$D_1(\lambda^2,p,\varepsilon)=16(1+v)^2(1-v)^{-2}\Lambda^4\varepsilon^2$$

$$\left\{\begin{array}{l}-(1-v^2)^2\Lambda^4+(1-v^2)p^2\Lambda^2+(1-v^2)\Lambda^2-(1-v^2)p^2\\+\dfrac{1}{3}\left\{\begin{array}{l}-p^6+[2(1+v)(3-2v)\Lambda^2-4(1-v^2)]p^4-\\ \left[\begin{array}{l}(1+v)^2(4v^2-16v+11)\Lambda^4+\\ 2(1+v)(2v^2+9v-9)\Lambda^2+9(1-v^2)\end{array}\right]p^2+\\ 2(1-v^2)(1+v)^2(3-4v)\Lambda^6-2(1+v)^2(6v^2-14v+7)\Lambda^4\\ +9(1-v^2)\Lambda^2\end{array}\right\}\varepsilon^2\\ +\dfrac{1}{45}(-8p^8+\cdots)\varepsilon^4+\cdots\end{array}\right\}=0$$

$$(3.2.4)$$

假定 Λ_k 和 p 的渐近主导项具有如下形式

$$\Lambda_k=\Lambda_{k0}\varepsilon^q,p=p_0\varepsilon^\beta,\Lambda_{k0}=O(1),p_0=O(1),q\geq 0,\beta\geq 0 \qquad (3.2.5)$$

将式(3.2.5)代入式(3.2.4),为保证所构造的渐近过程的一致性,不难发现必须满足 $q=0$ 或 $q=\beta$。

应当指出的是,在这里和后面的讨论中,有时我们会将参数 q 和 β 的变化区间划分成多个子区间来处理,其原因在于,在不同区间上函数 $D_1(\lambda^2,p,\varepsilon)$ 的零点具有不同的渐近表达。图3.1中示出了这两个参数的变化范围。

在第一种情形中,即 $q=0,p=p_0\varepsilon^\beta(\beta>0)$,我们寻求如下形式的 $\Lambda_k(k=1)$

$$\begin{array}{l}\Lambda_k=\Lambda_{k0}+\Lambda_{k2}\varepsilon^{2\beta}+\cdots(0<\beta<1)\\ \Lambda_k=\Lambda_{k0}+\Lambda_{k2}\varepsilon^2+\cdots(\beta\geq 1)\end{array} \qquad (3.2.6)$$

将式(3.2.6)代入式(3.2.4)可以得到

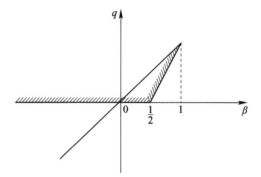

图 3.1 圆柱体的频率参数变化域

$$\Lambda_{k0} = \frac{1}{\sqrt{1-v^2}}, \Lambda_{k2} = \frac{v^2 p_0^2}{2\sqrt{1-v^2}} \quad (0 < \beta < 1)$$

$$\Lambda_{k2} = \frac{1}{2\sqrt{1-v^2}} \left[v^2 p_0^2 + \frac{3v+1}{3(1-v)} \right] \quad (\beta = 1) \tag{3.2.7}$$

$$\Lambda_{k2} = \frac{3v+1}{6(1-v)\sqrt{1-v^2}} \quad (\beta > 1)$$

在第二种情形中($q = \beta$),我们寻求如下形式的 $\Lambda_k(k=2)$

$$\Lambda_k = \Lambda_{k0} \varepsilon^\beta + \Lambda_{k2} \varepsilon^{3\beta} + \cdots \tag{3.2.8}$$

于是根据式(3.2.4)可得

$$\Lambda_{k0} = p_0, \Lambda_{k2} = -\frac{v^2 p_0^3}{2} \tag{3.2.9}$$

这些频率对应所谓的超低频振动。

在第三种情形中来考虑 $q = \beta = 0$ 的情况,我们不难确定如下形式的 Λ_k

$$\Lambda_k = \Lambda_{k0} + \varepsilon^2 \Lambda_{k2} + \cdots \quad (k=1,2)$$

$$\Lambda_{k0}^2 = \frac{1}{2}(1-v^2)^{-1} \left[p^2 + 1 - (-1)^k \sqrt{(p^2-1)^2 + 4v^2 p^2} \right] \tag{3.2.10}$$

$$\Lambda_{k2} = \frac{1}{6} \Lambda_{k0}^{-1} (1-v^2)^{-1} [p^2 + 1 - 2(1-v^2)\Lambda_{k0}^2]^{-1} \times$$

$$\left\{ \begin{array}{l} p^6 + [4(1-v^2) - 2(1+v)(3-2v)\Lambda_{k0}^2] p^4 + \\ \left[\begin{array}{l} (1+v)^2(4v^2-16v+11)\Lambda_{k0}^4 + \\ 2(1+v)(2v^2+9v-9)\Lambda_{k0}^2 + 9(1-v^2) \end{array} \right] p^2 - \\ 2(1+v)^2(1-v^2)(3-4v)\Lambda_{k0}^6 + 2(1+v)^2 \times \\ (6v^2-14v+7)\Lambda_{k0}^4 - 9(1-v^2)\Lambda_{k0}^2 \end{array} \right\} \tag{3.2.11}$$

可以看出,对于给定的有限 p 值,将存在着两个固有频率。

我们考虑当 $\varepsilon \to 0$ 时 p 增大到无穷的情况。此处,仅讨论两种极限情形,即:(1)当 $\varepsilon \to 0$ 时,$p\varepsilon \to 0$;(2)当 $\varepsilon \to 0$ 时,$p\varepsilon \to$ 常数。

先分析情况(1),当 $\varepsilon \to 0$ 时,$p\varepsilon \to 0$ 这一情形中的 $\Lambda_k(k=1,2)$。我们再次利用展开式(3.2.4),假定 Λ_k 和 p 的展开式中主导项具有如下形式:

$$\Lambda_k = \Lambda_{k0}\varepsilon^{-q}, p = p_0\varepsilon^{-\beta}, \Lambda_{k0} = O(1), p_0 = O(1)\ (0 \leq q < 1, 0 < \beta < 1) \tag{3.2.12}$$

很容易可以证明 $q \leq \beta$,此处分别考虑 $q = 0$ 和 $q = \beta, q \neq 0$ 这两种情况。

第一种情况下,根据展开式(3.2.4)可得 $0 < \beta < \frac{1}{2}$,对于 $\beta = \frac{1}{2}$ 将单独分析。我们寻求如下的 $\Lambda_k(k=1)$

$$\Lambda_k = \Lambda_{k0} + \Lambda_{k2}\varepsilon^{2\beta} + \cdots \quad \left(0 < \beta \leq \frac{1}{3}\right) \tag{3.2.13}$$

$$\Lambda_k = \Lambda_{k0} + \Lambda_{k2}\varepsilon^{2-4\beta} + \cdots \quad \left(\frac{1}{3} < \beta < \frac{1}{2}\right) \tag{3.2.14}$$

将式(3.2.13)和式(3.2.14)代入式(3.2.4)可得

$$\Lambda_{k0} = 1, \Lambda_{k2} = -\frac{v^2}{2p_0^2} \quad \left(0 < \beta < \frac{1}{3}\right)$$

$$\Lambda_{k2} = \frac{p_0^4}{6(1-v^2)} - \frac{v^2}{2p_0^2} \quad \left(\beta = \frac{1}{3}\right) \tag{3.2.15}$$

$$\Lambda_{k2} = \frac{p_0^4}{6(1-v^2)} \quad \left(\frac{1}{3} < \beta < \frac{1}{2}\right) \tag{3.2.16}$$

在 $q = 0, \beta = \frac{1}{2}$ 情况下,我们有

$$\Lambda_k = \Lambda_{k0} + \varepsilon\Lambda_{k1} + \cdots (k=2)$$

$$\Lambda_{k0} = \sqrt{1 + 3^{-1}(1-v^2)^{-1}p_0^4} \tag{3.2.17}$$

$$\Lambda_{k1} = \frac{\Lambda_{k0}}{10}\left[\frac{12-17v^2}{p_0^2} - \frac{12(1-v^2)}{\Lambda_{k0}^2 p_0^2} + \frac{7v-17}{3(1-v)}p_0^2\right]$$

类似地,在情况 $q = \beta$ 中,根据式(3.2.4)我们将得到如下解

$$\Lambda_k = \Lambda_{k0}\varepsilon^{-\beta} + \Lambda_{k1}\varepsilon^{\beta} + \cdots \left(0 < \beta \leq \frac{1}{2}, k = 1\right)$$

$$\Lambda_k = \Lambda_{k0}\varepsilon^{-\beta} + \Lambda_{k1}\varepsilon^{2-3\beta} + \cdots \left(\frac{1}{2} < \beta < 1\right)$$

$$\Lambda_{k0} = \frac{p_0}{\sqrt{1-v^2}}, \Lambda_{k1} = \frac{v^2}{2\sqrt{1-v^2}}\frac{1}{p_0}\left(0 < \beta < \frac{1}{2}\right) \quad (3.2.18)$$

$$\Lambda_{k1} = \frac{v^2}{2\sqrt{1-v^2}}\left[\frac{1}{p_0} - \frac{p_0^3}{3(1-v)^2}\right]\left(\beta = \frac{1}{2}\right)$$

$$\Lambda_{k1} = -\frac{v^2 p_0^3}{6(1-v)^2\sqrt{1-v^2}}\left(\frac{1}{2} < \beta < 1\right)$$

当 $q \neq 0$、$q < \beta$ 时,将式(3.2.12)代入式(3.2.4),仅保留主导项,那么可以得到如下极限方程(关于 λ_k)

$$D_1(\lambda^2, p, \varepsilon) = 16\left(\frac{1+v}{1-v}\right)^2 \varepsilon^{\alpha_1} \Lambda_{k0}^4 \left\{\begin{array}{l}[(1-v^2)\Lambda_{k0}^2 p_0^2 + O(\varepsilon^{\alpha_2})]\varepsilon^{\alpha_3} \\ + \frac{1}{3}\{-p_0^6 + O[\max(\varepsilon^{\alpha_4}, \varepsilon^{\alpha_5})]\}\varepsilon^{\alpha_6}\end{array}\right\} = 0$$

$\alpha_1 = 2 - 4q, \alpha_2 = 2(\beta - q), \alpha_3 = -2(q + \beta), \alpha_4 = 4 - 2\beta, \alpha_5 = 2 - 2q - 2\beta,$
$\alpha_6 = 2 - 6\beta$ (3.2.19)

于是,我们得到 $q = 2\beta - 1$,而根据 $q > 0$ 这一条件又可得 $\beta > \frac{1}{2}$,所以我们有 $\frac{1}{2} < \beta < 1$。现在来寻求如下形式的 Λ_k

$$\Lambda_k = \Lambda_{k0}\varepsilon^{1-2\beta} + \Lambda_{k2}\varepsilon^{2\beta-1} + \cdots \left(\frac{1}{2} < \beta < \frac{2}{3}\right)$$
$$\Lambda_k = \Lambda_{k0}\varepsilon^{1-2\beta} + \Lambda_{k2}\varepsilon^{3-4\beta} + \cdots \left(\frac{2}{3} \leq \beta < 1\right) \quad (3.2.20)$$

将式(3.2.20)代入式(3.2.4)可得

$$\Lambda_{k0} = \frac{p_0^2}{\sqrt{3(1-v^2)}}, \Lambda_{k2} = \frac{\sqrt{3(1-v^2)}}{2p_0^2}\left(\frac{1}{2} < \beta < \frac{2}{3}\right)$$

$$\Lambda_{k2} = \frac{\sqrt{3(1-v^2)}}{2p_0^2} + \frac{(7v-17)p_0^4}{30(1-v)\sqrt{3(1-v^2)}}\left(\beta = \frac{2}{3}\right) \quad (3.2.21)$$

$$\Lambda_{k2} = \frac{(7v-17)p_0^4}{30(1-v)\sqrt{3(1-v^2)}}\left(\frac{2}{3} < \beta < 1\right)$$

下面再来考察情况(2),即当 $\varepsilon\to 0$ 时,$p\varepsilon\to$常数(即,当 $\varepsilon\to 0$ 时,$\lambda\varepsilon\to$常数)。这里我们引入如下形式的 $\lambda_n(n=k-2,k=3,4,\cdots)$

$$\lambda_n = \frac{\delta_n}{\varepsilon} + O(\varepsilon), p = p_0 \varepsilon^{-1} \quad (n=1,2,\cdots) \quad (3.2.22)$$

将式(3.2.22)代入式(3.1.5),并利用函数 $J_v(x)$ 和 $Y_v(x)$ 在大宗量条件下的渐近展开,我们不难导得如下关于 δ 的方程

$$[(\delta_n^2 - 2p_0^2)^2 \sin\alpha_n \cos\gamma_n + 4\alpha_n\gamma_n p_0^2 \cos\alpha_n \sin\gamma_n] \times$$
$$[(\delta_n^2 - 2p_0^2)^2 \cos\alpha_n \sin\gamma_n + 4\alpha_n\gamma_n p_0^2 \sin\alpha_n \cos\gamma_n] = 0 \quad (3.2.23)$$
$$\alpha_n^2 = \frac{1-2v}{2(1-v)}\delta_n^2 - p_0^2, \gamma_n^2 = \delta_n^2 - p_0^2$$

在给定的 p_0 处,上面这个超越方程将给出 λ_n 的可数集。值得注意的是,这个方程实际上跟弹性层问题中的瑞利-兰姆频率方程[8]是相同的。

从理论上来说,还存在着另一种特殊情形,即

$$p = p_0 \varepsilon^{-1}, \lambda = O(1) \quad (p \gg \lambda) \quad (\text{当 } \varepsilon \to 0 \text{ 时}) \quad (3.2.24)$$

在这种情形下有

$$\alpha = i\alpha^*, \gamma = i\gamma^*, J_v(\alpha x) = J_v(i\alpha^* x), Y_v(\alpha x) = Y_v(i\alpha^* x),$$
$$J_v(\gamma x) = J_v(i\gamma^* x), Y_v(\gamma x) = Y_v(i\gamma^* x), \gamma^* = \sqrt{p^2 - \lambda^2} \quad (3.2.25)$$
$$\alpha^* = \sqrt{p^2 - \frac{1}{2}(1-2v)\lambda^2/(1-v)}$$

将式(3.2.24)和式(3.2.25)代入式(3.1.5)中,并引入函数 $J_v(x)$ 和 $Y_v(x)$ 在大宗量条件下的渐近展开,我们就可以得到 $D_1(\lambda^2, p, \varepsilon)$ 渐近展开首项的表达式如下

$$D_1(\lambda^2, p, \varepsilon) = \text{sh}^2 p_0 - 4p_0^2 + O(\varepsilon) \quad (3.2.26)$$

实数的 p 不可能是方程 $\text{sh}^2 2p_0 - 4p_0^2 = 0$ 的解,因为该方程只有复零点。因此,这种情况下 $D_1(\lambda^2, p, \varepsilon) \ne 0$,不存在自由振动,壳只能发生受迫振动。

如同前面指出的,$p=0$ 是一种特殊情况,此时的边值问题可拆分为两个部分:

$$U_r = a_0(\rho)e^{i\omega t}, U_z \equiv 0 \quad (\tau_{rz} \equiv 0) \quad (3.2.27)$$
$$U_r \equiv 0, U_z = b_0(\rho)e^{i\omega t} \quad (\sigma_r = \sigma_\phi = \sigma_z \equiv 0) \quad (3.2.28)$$

将式(3.2.27)和式(3.2.28)代入拉梅方程和边界条件式(3.1.1),我们可

以得到

$$a_0'' + \frac{1}{\rho}a_0' + \left(\alpha_0^2 - \frac{1}{\rho^2}\right)a_0 = 0$$

$$\alpha_0^2 = \frac{1-2v}{2(1-v)}\lambda^2 \tag{3.2.29}$$

$$(1-v)a_0' + \frac{v}{\rho}a_0 = 0 \quad (在 \rho = \rho_s 处, s = 1,2) \tag{3.2.30}$$

$$b_0'' + \frac{1}{\rho}b_0' + \lambda^2 b_0 = 0 \tag{3.2.31}$$

$$b_0' = 0 \quad (在 \rho = \rho_s 处) \tag{3.2.32}$$

方程(3.2.29)和式(3.2.31)的通解具有如下形式

$$\begin{aligned}a_0 &= C_1 J_1(\alpha_0 \rho) + C_2 Y_1(\alpha_0 \rho) \\ b_0 &= D_1 J_0(\lambda \rho) + D_2 Y_0(\lambda \rho)\end{aligned} \tag{3.2.33}$$

在考虑了边界条件式(3.2.30)和式(3.2.32)后,我们可以导出相应问题的频率方程如下

$$\begin{aligned}D_1^0(\alpha_0, \varepsilon) &= \alpha_0^2 L_{11}(\alpha_0)\rho_1^{-1}\rho_2^{-1} - \rho_1^{-1}\alpha_0\lambda^2 L_{10}(\alpha_0) \\ &\quad - \rho_2^{-1}\alpha_0\lambda^2 L_{01}(\alpha_0) + 4^{-1}\lambda^4 L_{00}(\alpha_0) = 0\end{aligned} \tag{3.2.34}$$

$$D_2^0(\lambda, \varepsilon) = L_{11}(\lambda) = 0 \tag{3.2.35}$$

从式(3.2.35)可以发现,在 $\varepsilon \to 0$ 这一极限下,它具有一个有界零点 $\lambda = 0$,与此对应的解 $b_0 = 1$ 描述的是壳的刚体运动。当 $\varepsilon \to 0$ 时,式(3.2.34)也具有一个有界零点,其渐近特性如下

$$\Lambda_k = \Lambda_{k0} + \varepsilon^2 \Lambda_{k2} + \cdots \tag{3.2.36}$$

根据式(3.2.34)我们不难导得

$$\Lambda_{k0} = \frac{1}{\sqrt{1-v^2}}, \quad \Lambda_{k2} = \frac{3v+1}{6(1-v)\sqrt{1-v^2}} \tag{3.2.37}$$

我们来寻求如下展开形式的 $\lambda_n^{(i)}$

$$\lambda_n^{(i)} = \frac{S_n^{(i)}}{\varepsilon} + O(\varepsilon) \tag{3.2.38}$$

式中:$i=1$ 对应式(3.2.34);$i=2$ 对应式(3.2.35)。将式(3.2.38)代入方程(3.2.34)和式(3.2.35)中可得

$$S_n^{(i)} = \sqrt{\frac{2(1-v)}{1-2v}}\frac{n\pi}{2} \tag{3.2.39}$$

按照参考文献[8]所给出的术语定义,这些频率可称为锁定(locking)频率。对于式(3.2.36)和式(3.2.39)中的第一式所确定的频率,对应的解描述的是径向振动,而由式(3.2.39)中的第二式确定的频率,它对应的解描述的是纯纵向振动。

我们可以注意到,色散方程(3.2.2)还有另一组零点,其渐近特性如下

$$\lambda = s\varepsilon^{-1}, p = p_0\varepsilon^{-\beta} \quad (0 < \beta < 1) \tag{3.2.40}$$

很容易看出在这种情况下,我们将得到由式(3.2.36)和式(3.2.38)给出的频率(在渐近展开的首项上)。需要注意的是,在 $\lambda\varepsilon \to \infty$, $p\varepsilon \to \infty$(当 $\varepsilon \to 0$ 时)这一情况下,式(3.2.39)仍然是成立的。

下面我们转到式(3.2.3)的根的分析上。利用1.6节的结果,可以将函数 $D_2(\lambda, p, \varepsilon)$ 表示成如下形式

$$D_2(\lambda, p, \varepsilon) = \gamma^2 D_2^0(\lambda, p, \varepsilon) \tag{3.2.41}$$

很容易证明,在 $\lambda = O(1)$ 和 $\lambda\varepsilon \to 0$(在 $\varepsilon \to 0$ 极限下)这种情况下,$D_2^0(\lambda, p, \varepsilon) \neq 0$。这意味着函数 γ^2 是函数 $D_2(\lambda, p, \varepsilon)$ 的双重零点,即

$$\gamma^2 = \lambda^2 - p^2 = 0, \lambda^2 = p^2 \tag{3.2.42}$$

函数 $D_2(\lambda, p, \varepsilon)$ 剩下的零点在 $\varepsilon \to 0$ 条件下将无界增长,根据其行为特点,可以将它们划分为两组,即(1)当 $\varepsilon \to 0$ 时,$\varepsilon\lambda_k \to$ 常数;(2)当 $\varepsilon \to 0$ 时,$\varepsilon\lambda_k \to \infty$。

为通过采用贝塞尔函数的渐近展开(大宗量条件下)来构造这组零点,需要将式(3.2.3)写成渐近展开主导项的形式,即

$$D_2(\lambda, p, \varepsilon) = \sin(2\gamma\varepsilon) + O(\varepsilon) \tag{3.2.43}$$

进一步,令 $p = p_0\varepsilon^{-\beta}(\beta \geq 1)$,我们寻找如下形式的 λ_k

$$\lambda_k = \lambda_{k0}\varepsilon^{-\beta} + O(\varepsilon^\beta)$$

于是根据式(3.2.43)可得

$$\lambda_{k0}^2 = \frac{k^2\pi^2}{4} + p_0^2 \quad (\beta = 1, k = 1, 2, \cdots) \tag{3.2.44}$$

$$\lambda_{k0}^2 = \frac{k^2\pi^2}{4}\varepsilon^{2\beta-2} + p_0^2 \quad [\beta > 1, k = O(\varepsilon^{2-2\beta})] \tag{3.2.45}$$

如同前面指出的,$p = 0$ 这一情况对应圆柱体厚度的变化。在这一情况中,根据式(3.2.44)和式(3.2.45)我们可以分别得到

$$\lambda_{k0}^2 = \frac{k^2\pi^2}{4} \quad (k = 1, 2, \cdots)$$

$$\lambda_{k0}^2 = \frac{k^2\pi^2}{4}\varepsilon^{2\beta-2}, k = O(\varepsilon^{2-2\beta}) \tag{3.2.46}$$

为了便于对比,这里进一步给出 Kirchhoff – Love 和 Timoshenko 理论给出的频率方程的分析。在 Kirchhoff – Love 理论中,频率方程形式如下

$$(1-v^2)^2 \Lambda^4 - (1-v^2)\Lambda^2 p^2 - (1-v^2)\Lambda^2 +$$
$$(1-v^2)p^2 + \frac{1}{3}[p^6 - (1-v^2)\Lambda^2 p^4]\varepsilon^2 = 0 \tag{3.2.47}$$

$$\lambda^2 - p^2 + \frac{3}{4}p^2\varepsilon^2 = 0 \tag{3.2.48}$$

根据式(3.2.48)可以得到如下零点集

1.
$$\Lambda_k = \Lambda_{k0} + \Lambda_{k2}\varepsilon^{2\beta} + \cdots (\beta > 0, k = 1)$$
$$\Lambda_{k0} = \frac{1}{\sqrt{1-v^2}}, \Lambda_{k2} = \frac{v^2 p_0^2}{2\sqrt{1-v^2}} \tag{3.2.49}$$

2.
$$\Lambda_k = \Lambda_{k0}\varepsilon^\beta + \Lambda_{k2}\varepsilon^{3\beta} + \cdots (k=2)$$
$$\Lambda_{k0} = p_0, \Lambda_{k2} = \frac{v^2 p_0^3}{2} \tag{3.2.50}$$

3.
$$\Lambda_k = \Lambda_{k0} + \Lambda_{k2}\varepsilon^2 + \cdots (k=1,2)$$
$$\Lambda_{k0}^2 = \frac{(1-v)^{-1}}{2}[p^2 + 1 - (-1)^k \sqrt{(p^2-1)+4v^2 p^2}]$$
$$\Lambda_{k2} = \frac{1}{6(1-v^2)\Lambda_{k0}}[p^2 + 1 - 2(1-v^2)\Lambda_{k0}^2]^{-1}[p^6 - (1-v^2)\Lambda_{k0}^2 p^4]$$

$$\tag{3.2.51}$$

4.
$$\Lambda_k = \Lambda_{k0} + \Lambda_{k2}\varepsilon^{2\beta} + \cdots \left(0 < \beta \leq \frac{1}{3}\right)$$
$$\Lambda_k = \Lambda_{k0} + \Lambda_{k2}\varepsilon^{2-4\beta} + \cdots \left(\frac{1}{3} < \beta < \frac{1}{2}\right)$$
$$\Lambda_{k0} = 1, \Lambda_{k2} = -\frac{v^2}{2P_0^2}\left(0 < \beta < \frac{1}{3}\right) \tag{3.2.52}$$
$$\Lambda_{k2} = \frac{p_0^4}{6(1-v^2)} - \frac{v^2}{2P_0^2}\left(\beta = \frac{1}{3}\right)$$
$$\Lambda_{k2} = \frac{p_0^4}{6(1-v^2)}\left(\frac{1}{3} < \beta < \frac{1}{2}\right)$$

5.
$$\Lambda_k = \Lambda_{k0} + \varepsilon \Lambda_{k1} + \cdots \quad (k=2)$$
$$\Lambda_{k0} = \sqrt{1 + \frac{1}{3}(1-v^2)^{-1} p_0^4}$$
$$\Lambda_{k2} = -\frac{v^2}{2\Lambda_{k0}} \left[\frac{1}{p_0^2} + \frac{p_0^2}{3(1-v^2)} \right]$$
(3.2.53)

6.
$$\Lambda_k = \Lambda_{k0} \varepsilon^{-\beta} + \Lambda_{k1} \varepsilon^{\beta} + \cdots \quad (0 < \beta < 1)$$
$$\Lambda_{k0} = \frac{p_0}{\sqrt{1-v^2}}, \Lambda_{k2} = \frac{v^2}{2\sqrt{1-v^2}} \frac{1}{p_0}$$
(3.2.54)

7.
$$\Lambda_k = \Lambda_{k0} \varepsilon^{1-2\beta} + \Lambda_{k2} \varepsilon^{2\beta-1} + \cdots \quad \left(\frac{1}{2} < \beta < \frac{2}{3} \right)$$
$$\Lambda_k = \Lambda_{k0} \varepsilon^{1-2\beta} + \Lambda_{k1} \varepsilon^{3-4\beta} + \cdots \quad \left(\frac{2}{3} \leq \beta < 1 \right)$$
$$\Lambda_{k0} = \frac{p_0^2}{\sqrt{3(1-v^2)}}, \Lambda_{k2} = \frac{\sqrt{3(1-v^2)}}{2 p_0^2} \quad \left(\frac{1}{2} < \beta \leq \frac{2}{3} \right)$$
$$\Lambda_{k2} = 0 \quad \left(\frac{2}{3} < \beta < 1 \right)$$
(3.2.55)

类似地,根据式(3.2.48),我们可以得到

$$\lambda_k = \lambda_{k0} + \lambda_{k2} \varepsilon^2 + \cdots$$
$$\lambda_{k0}^2 = p^2, \lambda_{k2} = -\frac{2}{3} \frac{p^2}{\lambda_{k0}}$$
(3.2.56)

在 Timoshenko 理论中,频率方程的形式如下

$$K_1^2 [(1-v^2)^2 \Lambda^4 - (1-v^2)(p^2+1)\Lambda^2 + (1-v^2)p^2] +$$
$$\frac{1}{3} \left\{ \begin{array}{l} K_1^2 p^6 + (1-v^2)(1-\Lambda^2 - 2K_1^2 \Lambda^2) p^4 \\ + [(1-v^2)^2 K_1^2 \Lambda^4 + 2(1-v^2)^2 \Lambda^4 + (1-v^2)(v^2-2)\Lambda^2] p^2 \\ + (1-v^2)^2 \Lambda^4 [1-(1-v^2)\Lambda^2] \end{array} \right\} \varepsilon^2 = 0$$
(3.2.57)

$$\gamma^2 - p^2 = 0 \quad (3.2.58)$$

式(3.2.58)描述的是圆柱壳的扭转振动(基于 Timoshenko 理论),它跟

式(3.2.42)是完全一致的。

根据式(3.2.57)我们不难得到如下零点集

1.

$$\Lambda_k = \Lambda_{k0} + \Lambda_{k2}\varepsilon^{2\beta} + \cdots \quad (k=1, q=0, p=p_0\varepsilon^\beta)$$

$$\Lambda_{k0} = \frac{1}{\sqrt{1-v^2}}, \Lambda_{k2} = \frac{v^2}{2}\frac{p_0^2}{\sqrt{1-v^2}} \quad (\beta > 0) \tag{3.2.59}$$

将式(3.2.49)和式(3.2.59)跟精确展开式(3.2.6)对比可见,在 $0 < \beta < 1$ 情况下,Kirchhoff – Love 理论与 Timoshenko 理论都正确地给出了频率方程根的展开式内的这两项。

对于 $\beta \geqslant 1$ 的情况,实用壳理论不仅没能正确给出第二项,而且还使得展开式中的第二项出现了扭曲。

2.

$$\Lambda_k = \Lambda_{k0}\varepsilon^\beta + \Lambda_{k2}\varepsilon^{3\beta} + \cdots \quad (k=2, p=p_0\varepsilon^\beta)$$

$$\Lambda_{k0} = p_0, \Lambda_{k2} = -\frac{v^2}{2}p_0^3 \tag{3.2.60}$$

在这一情况下,Kirchhoff – Love 理论和 Timoshenko 理论正确地给出了频率方程根的展开式内的这两项。

3.

$$\Lambda_k = \Lambda_{k0} + \Lambda_{k2}\varepsilon^2 + \cdots \quad (k=1,2, p=O(1))$$

$$\Lambda_{k0}^2 = \frac{1}{2}(1-v^2)^{-1}[p^2 + 1 - (-1)^k \sqrt{(p^2-1) + 4v^2p^2}]$$

$$\Lambda_{k2} = \frac{1}{6}(1-v^2)^{-1}\Lambda_{k0}^{-1}K_1^{-2}[p^2 + 1 - 2(1-v^2)\Lambda_{k0}^2]^{-1} \times \tag{3.2.61}$$

$$\begin{cases} K_1^2 p^6 + (1-v^2)(1-\Lambda_{k0}^2 - 2K_1^2\Lambda_{k0}^2)p^4 + \\ [(1-v^2)^2 K_1^2 \Lambda_{k0}^4 + 2(1-v^2)^2 \Lambda_{k0}^4 + (1-v^2)(v^2-2)\Lambda_{k0}^2]p^2 \\ (1-v^2)^2 \Lambda_{k0}^4[1-(1-v^2)\Lambda_{k0}^2] \end{cases}$$

将式(3.2.51)和式(3.2.61)跟精确展开式(3.2.10)对比可见,实用壳理论仅在一阶近似上才是准确的。

4.
$$\Lambda_k = \Lambda_{k0} + \Lambda_{k2}\varepsilon^{2\beta} + \cdots \quad \left(0 < \beta \leqslant \frac{1}{3}, k = 1\right)$$

$$\Lambda_k = \Lambda_{k0} + \Lambda_{k2}\varepsilon^{2-4\beta} + \cdots \quad \left(\frac{1}{3} < \beta < \frac{1}{2}, p = p_0\varepsilon^\beta\right)$$

$$\Lambda_{k0} = 1, \Lambda_{k2} = -\frac{v^2}{2p_0^2} \quad \left(0 < \beta < \frac{1}{3}\right) \qquad (3.2.62)$$

$$\Lambda_{k2} = -\frac{v^2}{2p_0^2} + \frac{p_0^4}{6(1-v^2)} \quad \left(\beta = \frac{1}{3}\right)$$

$$\Lambda_{k2} = \frac{p_0^4}{6(1-v^2)} \quad \left(\frac{1}{3} < \beta < \frac{1}{2}\right)$$

显然，在这一情况下实用壳理论正确给出了展开式中的这两项。

$$\Lambda_k = \Lambda_{k0} + \varepsilon\Lambda_{k1} + \cdots \quad \left(q = 0, \beta = \frac{1}{2}, k = 2\right)$$

$$\Lambda_{k0} = \sqrt{1 + \frac{1}{3}(1-v^2)^{-1}P_0^4} \qquad (3.2.63)$$

$$\Lambda_{k2} = -\frac{1}{2}(1-v^2)^{-1}\Lambda_{k0}^{-1}\left[\frac{v^2(1-v^2)}{p_0^2} + \frac{p_0^2}{3} + \frac{p_0^6}{9}\left(1 + \frac{1}{K_1^2}\right)\right]$$

将式(3.2.53)和式(3.2.63)跟精确展开式(3.2.17)对比可知，它们的第一项都是相同的，不过后续的项则表现出了显著的差异。

5.
$$\Lambda_k = \Lambda_{k0}\varepsilon^{-\beta} + \Lambda_{k1}\varepsilon^\beta + \cdots \quad (0 < \beta < 1, k = 1)$$

$$\Lambda_{k0} = \frac{p_0}{\sqrt{1-v^2}}, \Lambda_{k2} = \frac{v^2}{2\sqrt{1-v^2}}\frac{1}{p_0} \qquad (3.2.64)$$

可以看出，在 $0 < \beta < \frac{1}{2}$ 这一区间内实用壳理论能够正确给出展开式内的这两项，而在 $\frac{1}{2} \leqslant \beta < 1$ 区间内实用壳理论甚至错误地给出了第二项的阶次。

$$\Lambda_k = \Lambda_{k0}\varepsilon^{1-2\beta} + \Lambda_{k1}\varepsilon^{2\beta-1} + \cdots \quad \left(\frac{1}{2} < \beta < \frac{2}{3}, k = 2\right)$$

$$\Lambda_k = \Lambda_{k0}\varepsilon^{1-2\beta} + \Lambda_{k1}\varepsilon^{3-4\beta} + \cdots \quad \left(\frac{2}{3} \leqslant \beta < 1\right)$$

$$\Lambda_{k2} = \frac{p_0^2}{\sqrt{3(1-v^2)}}, \Lambda_{k2} = \frac{\sqrt{3(1-v^2)}}{2p_0^2} \quad \left(\frac{1}{2} < \beta < \frac{2}{3}\right)$$

$$\Lambda_{k2} = \frac{\sqrt{3(1-v^2)}}{2p_0^2} - \frac{p_0^4}{2\cdot 3\sqrt{3(1-v^2)}}\left(1+\frac{1}{K_1^2}\right)\left(\beta = \frac{2}{3}\right) \quad (3.2.65)$$

$$\Lambda_{k2} = -\frac{p_0^4}{2\times 3\sqrt{3(1-v^2)}}\left(1+\frac{1}{K_1^2}\right) \quad \left(\frac{2}{3} < \beta < 1\right)$$

若在这些式子中令 $K^2 = \frac{5}{6-v}$，那么我们就可以得到由三维弹性理论所给出的展开式(其中的两项)。

可以看出，跟 Kirchhoff-Love 理论不同的是，在 $\frac{2}{3} \leq \beta < 1$ 区间内 Timoshenko 理论是能够正确给出频率方程零点展开式中第二项的阶次的。

在扭转振动情况下，将式(3.2.56)和展开式(3.2.42)对比可知，仅在渐近展开的第一项上具有可比性。另外，由式(3.2.23)、式(3.2.38)、式(3.2.44)~式(3.2.46)所给出的这些自由振动频率在实用壳理论中是没有的。

因此，这里我们得到了两个固有频率(它们在渐近展开首项上跟实用壳理论所给出的固有频率是一致的)和一个频率的可数集(它们在实用壳理论中是不存在的)。这一结论对于扭转振动频率而言是正确的。

在前面的讨论中，我们主要考察了频率方程的根，得到了中空圆柱体轴对称自由振动的频率。下面我们将给出与不同频率对应的自由振动形态的渐近表达(以渐近展开的主导项形式)。可以通过将式(3.1.4)以小参数 ε 的形式进行展开来获得这些振动，这里我们仅给出与位移幅值相关的表达式。首先介绍的是与壳的超低频振动对应的自由振动，根据式(3.2.6)和式(3.2.8)可以分别得到

$$U = C_k\left\{-1 + \begin{bmatrix} O(\varepsilon^{2\beta}), 2\beta < 1 \\ O(\varepsilon), 2\beta \geq 1 \end{bmatrix}\right\}\sin(p_0\varepsilon^\beta\xi) \quad (3.2.66)$$
$$W = C_k\varepsilon^{2\beta}[-vp_0^2 + O(\varepsilon)]\cos(p_0\varepsilon^\beta\xi) \quad (k=1)$$

$$\begin{aligned}U &= C_k[v^2p_0^2 + O(\varepsilon)]\sin(p_0\varepsilon^\beta\xi)\\ W &= C_k[-vp_0^2 + O(\varepsilon)]\cos(p_0\varepsilon^\beta\xi) \quad (k=2)\end{aligned} \quad (3.2.67)$$

对于 $\lambda_k = \lambda_{k0} + \varepsilon^2\lambda_{k2} + \cdots$ 这一情况，我们有

$$\begin{aligned}U &= C_k[p^2 - 1 + (-1)^k\sqrt{(p^2-1)+4vp^2} + O(\varepsilon)]\sin(p\xi)\\ W &= C_k[-2vp^2 + O(\varepsilon)]\cos(p\xi) \quad (k=1,2)\end{aligned} \quad (3.2.68)$$

当 $p = p_0\varepsilon^{-\beta}, q = 0, 0 < \beta < \dfrac{1}{2}$ 时,则有

$$\begin{aligned}U &= C_k[p_0^2 + O(\varepsilon^{2\beta})]\sin(p_0\varepsilon^{-\beta}\xi) \\ W &= C_k[-vp_0^2 + O(\varepsilon^{1-2\beta})]\cos(p_0\varepsilon^{-\beta}\xi) \quad (k=1)\end{aligned} \tag{3.2.69}$$

类似地,当 $q = 0, \beta = \dfrac{1}{2}$ 时,我们有

$$\begin{aligned}U &= C_k[p_0^2 + O(\varepsilon)]\sin\left(\dfrac{p_0}{\sqrt{\varepsilon}}\xi\right) \\ W &= C_k[-vp_0^2 + p_0^4\eta + O(\varepsilon)]\cos\left(\dfrac{p_0}{\sqrt{\varepsilon}}\xi\right) \quad (k=2)\end{aligned} \tag{3.2.70}$$

对于由式(3.2.18)给出的频率,与之对应的自由振动形态具有如下形式

$$\begin{aligned}U &= C_k[-v^2 + O(\varepsilon^{1-2\beta})]\sin(p_0\varepsilon^{-\beta}\xi) \\ W &= C_k[-vp_0^2\varepsilon^{-2\beta} + O(\varepsilon^{1-4\beta})]\cos(p_0\varepsilon^{-\beta}\xi) \quad \left(0<\beta<\dfrac{1}{2}\right)\end{aligned} \tag{3.2.71}$$

$$\begin{aligned}U &= C_k\left[-v^2(1+2p_0^2) - \dfrac{v(1-2v)}{1-v}p_0^2\eta + O(\varepsilon)\right]\sin\left(\dfrac{p_0}{\sqrt{\varepsilon}}\xi\right) \\ W &= C_k\left[-vp_0^2\left(1 + \dfrac{1}{1-v}p_0^2\right)\varepsilon^{-1} + O(\varepsilon)\right]\cos\left(\dfrac{p_0}{\sqrt{\varepsilon}}\xi\right)\end{aligned} \tag{3.2.72}$$

$$\begin{aligned}U &= C_k\left[-v^2\left(1 + \dfrac{p_0^4}{3-3v^2}\right)\varepsilon + O(\varepsilon^{1+2\beta})\right]\sin(p_0\varepsilon^{-\beta}\xi) \\ W &= C_k\left[-\dfrac{v}{1-v}p_0^4 + O(\varepsilon^{1+2\beta})\right]\cos(p_0\varepsilon^{-\beta}\xi)\end{aligned} \tag{3.2.73}$$

当 $p = p_0\varepsilon^{-\beta}, \lambda_k = \lambda_{k0}\varepsilon^{1-2\beta}, \dfrac{1}{2} < \beta < 1$ 时,我们有

$$\begin{aligned}U &= C_k[p_0^2 + O(\varepsilon)]\sin(p_0\varepsilon^{-\beta}\xi) \\ W &= C_k[p_0^4\eta + O(\varepsilon^{2-2\beta})]\varepsilon^{1-2\beta}\cos(p_0\varepsilon^{-\beta}\xi)\end{aligned} \tag{3.2.74}$$

与基于瑞利-兰姆方程得到的频率对应的振动形态为

$$U = -\alpha_{k0}C_k\left[\begin{array}{l}(\delta_n^2 - 2p_0^2)\sin\gamma_{k0}\sin(\alpha_{k0}\eta) \\ + 2p_0^2\sin\alpha_{k0}\sin(\gamma_{k0}\eta) + O(\varepsilon)\end{array}\right]\sin\left(\frac{p_0}{\varepsilon}\xi\right)$$

$$W = p_0\left[\begin{array}{l}(\delta_k^2 - 2p_0^2)\sin\gamma_{k0}\cos(\alpha_{k0}\eta) \\ -2\alpha_{k0}\gamma_{k0}\sin\alpha_{k0}\cos(\gamma_{k0}\eta) + O(\varepsilon)\end{array}\right]\cos\left(\frac{p_0}{\varepsilon}\xi\right)$$

(3.2.75)

对于 $k=2,4,6,\cdots$ 的情况,可以通过将式(3.2.75)中的 $\cos x$ 和 $\sin x$ 分别替换成 $\sin x$ 和 $\cos x$ 来得到表达式。

按照参考文献[1]中所给出的振动分类,在图3.1中,虚线代表的是壳的准横向振动,而实线则代表的是壳的准切向振动,其中从(1/2,0)到(1,1)的直线对应于不稳定的准横向振动。在 (β,q) 平面的剩余部分中,不存在跟二维壳理论对应的解。

3.3 中空球体的轴对称自由振动

参考文献[10]曾经对中空球体中的弹性波传播问题,从三维弹性理论角度进行过研究,不过它在分析频率方程时只考虑了一些退化情况,因而未能给出频谱上完整的信息。在第2章中我们已经采用齐次解方法考察了球层的受迫振动问题,并根据激励频率分析了一种可能的波动形态。

在这一节中,将针对中空球体的轴对称自由振动,给出一种用于确定其频率的渐近分析过程,所关心的是一个带有自由表面的封闭球体,这里将详尽地阐述这一渐近过程。此外,我们还将把基于 Kirchhoff – Love 理论得到的结果跟基于三维弹性理论得到的结果加以对比。

1. 对于封闭中空球体,可以将其运动方程表示为如下所示的矢量形式

$$\frac{1}{1-2v}\text{graddiv}\bar{U} + \Delta\bar{U} = g\bm{G}^{-1}\frac{\partial^2\bar{U}}{\partial t^2} \quad (3.3.1)$$

如果假定边界面是应力自由的,即

$$\sigma_r = 0, \tau_{r\theta} = 0 \quad (在 r = R_s, s = 1,2) \quad (3.3.2)$$

那么式(3.3.1)的解可以借助第2章中的相关结果表示成如下形式

$$[U_r, U_\theta] = \left[U(\rho)\mathrm{P}_n(\cos\theta), W(\rho)\frac{\mathrm{d}\mathrm{P}_n(\cos\theta)}{\mathrm{d}\theta}\right]\mathrm{e}^{\mathrm{i}\omega t} \quad (3.3.3)$$

式中:$\mathrm{P}_n(\cos\theta)$ 为第一类勒让德函数,n 为整数,且有

$$U(\rho) = \frac{1}{\sqrt{\rho}} \left[\alpha Z'_z(\alpha\rho) - \frac{1}{2\rho} Z_z(\lambda\rho) - \frac{1}{\rho}\left(z^2 - \frac{1}{4}\right) Z_z(\lambda\rho) \right]$$

$$W(\rho) = \frac{1}{\sqrt{\rho}} \left[\frac{1}{\rho} Z_z(\alpha\rho) - \lambda Z'_z(\lambda\rho) - \frac{1}{2\rho} Z_z(\lambda\rho) \right] \quad (3.3.4)$$

$$z^2 = n(n+1) + 1/4,$$

$$Z_z(x) = C_1 J_z(x) + C_2 Y_z(x)$$

利用式(3.3.2)给出的齐次边界条件,我们不难导得关于频率 λ 的方程如下

$$\Delta(z,\lambda,\rho_1,\rho_2) = 32\pi^{-2}\left(z^2 - \frac{1}{4}\right)\varphi_1(z,\rho_1)\varphi_1(z,\rho_2) -$$

$$F_1(\alpha,z,\rho_1,\rho_2)G_1(\lambda,z,\rho_1,\rho_2) + \left(z^2 - \frac{1}{4}\right) \times$$

$$[F_2(\alpha,z,\rho_1,\rho_2)G_2(\lambda,z,\rho_1,\rho_2) + F_2(\alpha,z,\rho_2,\rho_1)G_2(\lambda,z,\rho_2,\rho_1)] -$$

$$\left(z^2 - \frac{1}{4}\right)F_3(\alpha,z,\rho_1,\rho_2)G_3(\lambda,z,\rho_1,\rho_2) = 0 \quad (3.3.5)$$

可以看出,式(3.3.5)实际上跟前面的式(2.3.7)是相同的,唯一的区别仅在于此处的参数 z 是纯实数。

2. 式(3.3.5)的零点可以通过数值方法来确定,不过对于薄壳情况来说,渐近方法要更为有效一些,并且还可以帮助我们获得具有任意指定精度的频率值。因此,这里对该频率方程进行渐近分析,跟前面类似,引入如下关系式

$$\rho_1 = 1 - \varepsilon, \rho_2 = 1 + \varepsilon \quad (3.3.6)$$

将式(3.3.6)代入到式(3.3.5)可得

$$D(z,\lambda,\varepsilon) = \Delta(z,\lambda,\rho_1,\rho_2) = 0 \quad (3.3.7)$$

$z^2 = \frac{1}{4}$ 是一种特殊情况,我们将对此单独进行考虑。

对于任何有限的 z($\varepsilon \to 0$ 时 $z = O(1)$),函数 $D(z,\lambda,\varepsilon)$ 存在着两个零点,其渐近特性表现为:$\Lambda_k = O(1)$ ($k = 1, 2$) $\left(\Lambda^2 = \frac{9R_0^2\omega^2}{E}\right)$。为了证明这一结论,我们可以利用式(2.4.3)所给出的以小参数 ε 形式展开的 $D(z,\lambda,\varepsilon)$,由此可得

$$D(z,\lambda,\varepsilon) = \frac{64}{3\pi^2}\left(\frac{1+v}{1-v}\right)^2\varepsilon^2\left\{-12(1-v^2)^2\Lambda^4 + 12(1-v^2)\Lambda^2 z^2 + \right.$$

$$9(1-v^2)(4v+1)\Lambda^2 - 12(1-v^2)^2 z^2 + 27(1-v^2) +$$

$$\left\{ -4z^6 + [3 + 16v^2 + 2(1+v)(3-2v)\Lambda^2]z^4 + \right.$$

$$\left[\begin{array}{c} 24v^2 - \dfrac{195}{4} + 4(1+v)(16-13v-12v^2)\Lambda^2 - \\ 4(1+v)^{-2}(4v^2 + 16v + 11)\Lambda^4 \end{array} \right] z^2 + \dfrac{2241}{16} -$$

$$\left. 135v^2 + 30(1-v^2)\Lambda^2 \left[3\left(2v + \dfrac{1}{2}\right) - 2(1-v^2)\Lambda^2 \right] \right\} \varepsilon^2 +$$

$$\dfrac{1}{15}(-32z^8 + \cdots)\varepsilon^4 + \cdots \right\} = 0 \tag{3.3.8}$$

寻求如下展开形式的根 Λ_k

$$\Lambda_k = \Lambda_{k0} + \varepsilon^2 \Lambda_{k2} + \cdots \tag{3.3.9}$$

将式(3.3.9)代入到式(3.3.8)可以得到

$$\Lambda_{k0}^2 = \dfrac{1}{8}(1-v^2)^{-1} \left[\begin{array}{c} 4z^2 + 12v + 3 + (-1)^k \times \\ \sqrt{16z^4 + (64v^2 + 96v - 40)z^2 + 153 + 72v} \end{array} \right]$$

$$\Lambda_{k2} = \dfrac{1}{6}(1-v^2)^{-1} \Lambda_{k0}^{-1} [8(1-v^2)\Lambda_{k0}^2 - 4z^2 - 12v - 3]^{-1} \times$$

$$\left\{ \begin{array}{l} -4z^6 + [3 + 16v^2 + 2(1+v)(3-2v)\Lambda_{k0}^2]z^4 + \\ \left[24v^2 - \dfrac{195}{4} + 4(1+v)(16-13v-12v^2)\Lambda_{k0}^2 - 4(1+v)^{-2} \right. \\ \left. (4v^2 - 16v + 11)\Lambda_{k0}^4 \right] z^2 + \dfrac{2241}{16} - 135v^2 + 30(1-v^2)\Lambda_{k0}^2 \\ \left[3\left(2v + \dfrac{1}{2}\right) - 2(1-v^2)\Lambda_{k0}^2 \right] \end{array} \right\} \tag{3.3.10}$$

由此也就证明了,在给定有限的 z 值条件下,将存在着两个自然频率。

下面再来考察当 $\varepsilon \to 0$ 时 z 无界增长的情况。此处,我们分别分析如下极限情形:

(1) 当 $\varepsilon \to 0$ 时,$z\varepsilon \to 0$;(2) 当 $\varepsilon \to 0$ 时,$z\varepsilon \to$ 常数。

先来确定当 $\varepsilon \to 0$ 时 $z\varepsilon \to 0$ 这一情况下的 Λ_k,假定 Λ_k 和 z 的渐近展开主导项具有如下形式

$$\begin{array}{l} \Lambda_k = \Lambda_{k0}\varepsilon^{-q}, z = z_0\varepsilon^{-\beta}, \Lambda_{k0} = O(1) \\ z_0 = O(1) \quad (0 \le q < 1, 0 < \beta < 1) \end{array} \tag{3.3.11}$$

将式(3.3.11)代入式(3.3.8),根据渐近过程的一致性要求,我们不难发现唯一可能的情形是 $q=0$、$q \leq \beta$。

需要注意的是,参数 q 和 β 的变化区间有时可以拆分成一些子区间,这主要是因为随它们所处区间的不同,函数 $D(z,\lambda,\varepsilon)$ 的零点存在着不同形式的渐近表示。如图 3.2 所示为这两个参数的变化范围。我们分别来考虑 $q=0$ 和 $q=\beta$ 这两种情况。

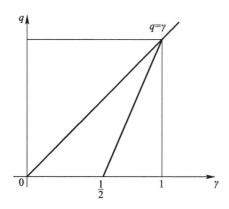

图 3.2 球体的频率参数变化域

在第一种情况中,根据展开式(3.3.8)可以导得 $0<\beta<\frac{1}{2}$,$\beta=\frac{1}{2}$ 这一情形将单独来处理。我们寻求如下形式的 $\Lambda_k(k=1)$

$$\Lambda_k = \Lambda_{k0} + \Lambda_{k2}\varepsilon^{2\beta} + \cdots \quad \left(0<\beta \leq \frac{1}{3}\right)$$
$$\Lambda_k = \Lambda_{k0} + \Lambda_{k2}\varepsilon^{2-4\beta} + \cdots \quad \left(\frac{1}{3}<\beta<\frac{1}{2}\right)$$
(3.3.12)

将式(3.3.12)代入式(3.3.8)可得

$$\Lambda_{k0}=1, \Lambda_{k2}=-\frac{(1+v)(2+v)}{2z_0^2} \quad \left(0<\beta<\frac{1}{3}\right)$$
$$\Lambda_{k2}=\frac{z_0^4}{6(1-v^2)}-\frac{(1+v)(2+v)}{2z_0^2} \quad \left(\beta=\frac{1}{3}\right)$$
$$\Lambda_{k2}=\frac{z_0^4}{6(1-v^2)} \quad \left(\frac{1}{3}<\beta<\frac{1}{2}\right)$$
(3.3.13)

对于 $q=0$、$\beta=\frac{1}{2}$ 这一情形,我们可以得到如下的 Λ_k

$$\Lambda_k = \Lambda_{k0} + \Lambda_{k1}\varepsilon + \cdots \quad (k=1) \tag{3.3.14}$$

其中

$$\Lambda_{k0} = \sqrt{1 + 3^{-1}(1-v^2)^{-1}z_0^4}$$
$$\Lambda_{k1} = -\frac{1}{4z_0^2 \Lambda_{k0}}[3 - 8v^2 + 5v(1+2v)\Lambda_{k0}^2 + (1+v)\Lambda_{k0}^4] \tag{3.3.15}$$

类似地,对于 $q = \beta$ 这一情形,可得

$$\Lambda_k = \Lambda_{k0}\varepsilon^{-\beta} + \Lambda_{k2}\varepsilon^{\beta} + \cdots \quad \left(k=2, 0<\beta \leq \frac{1}{2}\right)$$
$$\Lambda_k = \Lambda_{k0}\varepsilon^{-\beta} + \Lambda_{k2}\varepsilon^{2-3\beta} + \cdots \quad \left(k=2, \frac{1}{2}<\beta<1\right) \tag{3.3.16}$$

其中

$$\Lambda_{k0} = \frac{z_0}{\sqrt{1-v^2}}, \Lambda_{k2} = \frac{4v^2+12v-1}{8z_0\sqrt{1-v^2}} \quad \left(0<\beta<\frac{1}{2}\right)$$

$$\Lambda_{k2} = \frac{4v^2+12v-1}{8z_0\sqrt{1-v^2}} - \frac{v^5+3v^4+2v^3+6v^2-35v+21}{12(1-v^2)^2(1+v)^2\sqrt{1-v^2}}z_0^3 \quad \left(\beta=\frac{1}{2}\right) \tag{3.3.17}$$

$$\Lambda_{k2} = -\frac{v^5+3v^4+2v^3+6v^2-35v+21}{12(1-v^2)^2(1+v)^2\sqrt{1-v^2}}z_0^3 \quad \left(\frac{1}{2}<\beta<1\right)$$

在 $q \neq 0$、$q < \beta$ 这一情况下,我们将式(3.3.11)代入式(3.3.8),并仅保留主导项,那么可以得到如下的极限方程

$$D(z,\lambda,\varepsilon) = \frac{64}{3\pi^2}\left(\frac{1+v}{1-v}\right)^2 \Lambda^4 \varepsilon^2 \left\{ \begin{array}{l} [12(1-v^2)\Lambda_{k0}^2 z_0^2 + O(\varepsilon^{2\beta-2q})]\varepsilon^{2\beta-2q} \\ + \{4z_0^6 + O[\max(\varepsilon^{2\beta-2q},\varepsilon^{2-2\beta})]\}\varepsilon^{2-6\beta} \end{array} \right\} = 0$$

(3.3.18)

上式要求 $q = 2\beta - 1$,由于 $q > 0$,因此有 $\beta > \frac{1}{2}$,于是 $\frac{1}{2} < \beta < 1$。现在来寻求如下形式的 Λ_k

$$\Lambda_k = \Lambda_{k0}\varepsilon^{1-2\beta} + \Lambda_{k2}\varepsilon^{2\beta-1} + \cdots \quad \left(\frac{1}{2}<\beta<\frac{2}{3}\right)$$
$$\Lambda_k = \Lambda_{k0}\varepsilon^{1-2\beta} + \Lambda_{k2}\varepsilon^{3-4\beta} + \cdots \quad \left(\frac{2}{3}\leq\beta<1\right) \tag{3.3.19}$$

将式(3.3.19)代入式(3.3.8)中可得:

$$\Lambda_{k0} = \frac{z_0^2}{\sqrt{3(1-v^2)}}, \Lambda_{k2} = \frac{\sqrt{3(1-v^2)}}{2z_0^2} \quad \left(\frac{1}{2} < \beta < \frac{2}{3}\right)$$

$$\Lambda_{k2} = \frac{\sqrt{3(1-v^2)}}{2z_0^2} - \frac{z_0^4}{12(1-v)\sqrt{3(1-v^2)}} \quad \left(\beta = \frac{2}{3}\right) \quad (3.3.20)$$

$$\Lambda_{k2} = -\frac{z_0^4}{12(1-v)\sqrt{3(1-v^2)}} \quad \left(\frac{2}{3} < \beta < 1\right)$$

下面再来考虑当 $\varepsilon \to 0$ 时,$z\varepsilon \to$ 常数,即当 $\varepsilon \to 0$ 时,$\lambda\varepsilon \to$ 常数的情况,我们寻求如下形式的 $\lambda_n(n = k-2, k = 3, 4, \cdots)$

$$\lambda_n = \frac{\delta_n}{\varepsilon} + O(\varepsilon), z = z_0 \varepsilon^{-\beta}, 0 < \beta < 1 \quad (3.3.21)$$

将式(3.3.21)代入式(3.3.5),并利用函数 $J_z(x)$ 和 $Y_z(x)$ 在大宗量条件下的渐近展开式,我们不难导得如下方程

$$\sin\left(\sqrt{\frac{2(1-2v)}{1-v}}\delta_n\right) = 0 \quad (3.3.22)$$

$$\sin(2\delta_n) = 0 \quad (3.3.23)$$

如同参考文献[11]中曾经注意到的,根据上述方程得到的频率将对应无限板横向振动的简单形态(拉压和剪切)。

为了构造出第二组零点的渐近表达,我们设定当 $\varepsilon \to 0$ 时,$\lambda \sim z, z\varepsilon \to$ 常数,$\lambda\varepsilon \to$ 常数,且 $z = z_0\varepsilon^{-1}$,并寻求如下形式的 $\lambda_p(p = 1, 2, \cdots, p \neq k)$

$$\lambda_p = \frac{\gamma_p}{\varepsilon} + O(\varepsilon) \quad (3.3.24)$$

跟前面类似,将式(3.3.24)代入式(3.3.5),并借助大宗量条件下函数 $J_z(x)$ 和 $Y_z(x)$ 的渐近特性,我们不难导得如下方程

$$\begin{aligned} &[(\gamma_p^2 + \chi_p^2)^2 \sh\alpha_p \ch\chi_p - 4\alpha_p\chi_p\gamma_p^2 \ch\alpha_p \sh\chi_p] \times \\ &[(\gamma_p^2 + \chi_p^2)^2 \ch\alpha_p \sh\chi_p - 4\alpha_p\chi_p\gamma_p^2 \sh\alpha_p \ch\chi_p] = 0 \end{aligned} \quad (3.3.25)$$

其中

$$\alpha_p^2 = z_0^2 - \frac{1-2v}{2(1-v)}\gamma_p^2, \chi_p^2 = z_0^2 - \gamma_p^2$$

对于给定的 z,式(3.3.25)将给出 γ_p 的一个可数集。这个方程实际上跟弹性层问题中的瑞利-兰姆频率方程是一致的,并且在 $z = z_0\varepsilon^{-\beta}$、$\lambda = \lambda_0\varepsilon^{-\beta}(\beta > 1)$ 这一情况下也是成立的。

这里还需要提及的是,从理论上来说,还存在着一种特殊情况,它可由如下关系式来描述

$$z = z_0 \varepsilon^{-1}, \lambda = \lambda_0 \varepsilon^{-\beta}, 0 < \beta < 1 \quad (当 \varepsilon \to 0 \text{ 时}) \tag{3.3.26}$$

在这种情况下,如果我们将式(3.3.26)代入式(3.3.5),然后引入贝塞尔函数的渐近展开特性进行处理(到主导项),那么可以得到

$$D(z, \lambda, \varepsilon) = \operatorname{sh}^2(2z_0) - 4z_0^2 + O(\varepsilon) \tag{3.3.27}$$

实参数 z_0 不可能是 $\operatorname{sh}^2(2z_0) - 4z_0^2 = 0$ 的根,因为该方程只有复零点。因此,这种情况下就有 $D(z, \lambda, \varepsilon) \ne 0$,这意味着不存在振动。

前面已经指出过,$z^2 - \dfrac{1}{4} = 0 (n = 0)$ 是一种特殊情形,此时有

$$U_r = U_0(\rho) e^{i\omega t}, U_\theta \equiv 0, \tau_{r\theta} \equiv 0 \tag{3.3.28}$$

将式(3.3.28)代入拉梅方程和边界条件(3.3.2)可得

$$U_0'' + \frac{2}{\rho} U_0' - \frac{2}{\rho^2} U_0 + \alpha^2 U_0 = 0 \tag{3.3.29}$$

$$\left[(1-v) U_0' + \frac{2v}{\rho} U_0 \right]_{\rho = \rho_s} = 0 \quad (s = 1, 2) \tag{3.3.30}$$

式(3.3.29)的通解具有如下形式

$$U_0 = \frac{1}{\rho} \left[\left(\alpha \cos(\alpha\rho) - \frac{1}{\rho} \sin(\alpha\rho) \right) C_1 + \left(\alpha \sin(\alpha\rho) + \frac{1}{\rho} \cos(\alpha\rho) \right) C_2 \right] \tag{3.3.31}$$

将式(3.3.31)代入边界条件(3.3.30)中不难导出如下频率方程

$$D_0(\lambda, \varepsilon) = \left[\lambda^4 - \frac{8v}{1-v} \lambda^2 + 16 - 2\lambda^2 \left(\lambda^2 + \frac{4v}{1-v} \right) \varepsilon^2 + \lambda^4 \varepsilon^4 \right] \sin(2\alpha\varepsilon)$$
$$- 8\alpha(4 + \lambda^2 - \lambda^4 \varepsilon^2) \varepsilon \cos(2\alpha\varepsilon) = 0 \tag{3.3.32}$$

在 $\varepsilon \to 0$ 这一极限下式(3.3.32)存在一个有界零点,其渐近特性如下

$$\lambda_k = \lambda_{k0} + \varepsilon^2 \lambda_{k2} + \cdots \tag{3.3.33}$$

联立上面两式不难得到

$$\lambda_{k0}^2 = \frac{4(1+v)}{1-v}, \lambda_{k2} = -\frac{4}{3(1-v) 3\lambda_{k0}} (3v^3 + 14v^2 - 35v + 14)$$

此外,式(3.3.32)在 $\varepsilon \to 0$ 时还存在一个零点的可数集,这些零点将趋于无穷大。

我们寻求如下展开形式的 λ_n

$$\lambda_n = \frac{S_n}{\varepsilon} + O(\varepsilon), n = 1, 2, \cdots \qquad (3.3.34)$$

将式(3.3.34)代入方程(3.3.32)可得

$$\sin\left(2\sqrt{\frac{1-2v}{2(1-v)}} S_n\right) = 0 \qquad (3.3.35)$$

在渐近展开的首项上,这些频率跟由式(3.3.22)给出的频率是一致的,且对应壳的纯径向振动。

3. 为了便于对比,我们进一步给出基于 Kirchhoff – Love 理论得到的频率方程。这一建立在 A. I. Lurye 弹性比率基础上的频率方程具有如下形式

$$
\begin{aligned}
& (1-v^2)\left[-4(1-v^2)\Lambda^4 + 4\Lambda^2 z^2 - 4z^2 + 3(4v+1)\Lambda^2 + 9\right] + \\
& \frac{1}{3}\left\{\begin{array}{l} -4z^6 + [19 + (1-v^2)\Lambda^2]z^4 - \\ \left[4v^2 - 8v + \frac{51}{4} + 2(1-v)(3-2v)\Lambda^2\right]z^2 \\ + \frac{33}{16} - 2v + v^2 + \frac{1}{4}(1-v^2)(5-4v)\Lambda^2 \end{array}\right\}\varepsilon^2 + \\
& \frac{1}{9}\left(4z^6 - 3z^4 + \frac{3}{4}z^2 - \frac{1}{16}\right)\varepsilon^4 = 0
\end{aligned}
\qquad (3.3.36)
$$

此处我们不再详细考察上面讨论的所有情况,而仅针对最典型的情形来对 Kirchhoff – Love 频率方程做渐近分析。根据式(3.3.36)不难得到如下零点集

(1) $\qquad \Lambda_k = \Lambda_{k0} + \varepsilon^2 \Lambda_{k2} + \cdots \quad (q = 0, p = 0) \qquad (3.3.37)$

$$\Lambda_{k0}^2 = \frac{1}{8}(1-v^2)^{-1}\left[\begin{array}{l} 4z^2 + 12v + 3 + (-1)^k \times \\ \sqrt{16z^4 + (64v^2 + 96v - 40)z^2 + 72v + 153} \end{array}\right]$$

$$\Lambda_{k2} = \frac{1}{6}(1-v^2)^{-1}\Lambda_{k0}^{-1}\left[8(1-v^2)\Lambda_{k0}^2 - 4z^2 - 12v - 3\right]^{-1} \times$$

$$\left\{\begin{array}{l} -4z^6 + [19 + (1-v^2)\Lambda_{k0}^2]z^4 - \left(4v^2 - 8v + \frac{51}{4} + 2(1-v^2)(3-2v)\Lambda_{k0}^2\right)z^2 \\ + \frac{33}{16} - 2v + v^2 + \frac{1}{4}(1-v^2)(5-4v)\Lambda_{k0}^2 \end{array}\right\}$$

$$(3.3.38)$$

(2) $\qquad \Lambda_k = \Lambda_{k0} + \varepsilon \Lambda_{k1} + \cdots \quad \left(q = 0, \beta = \frac{1}{2}\right) \qquad (3.3.39)$

$$\Lambda_{k0}^2 = 1 + \frac{z_0^4}{3(1-v^2)}$$

$$\Lambda_{k1} = \frac{1}{8\Lambda_{k0}} z_0^{-2}\left[10 - (v^2 + 12v + 21)\Lambda_{k0}^2 + 3(1-v^2)\Lambda_{k0}^4\right]$$

$$(3.3.40)$$

(3) $\qquad \Lambda_k = \Lambda_{k0}\varepsilon^{1-2\beta} + \varepsilon^{3-4\beta}\Lambda_{k2} + \cdots \quad \left(\frac{2}{3} \leq \beta < 1\right) \qquad (3.3.41)$

$$\Lambda_{k0}^2 = \frac{z_0^4}{3(1-v^2)}, \Lambda_{k2} = \frac{1}{2\Lambda_{k0}} + \frac{3(1-v^2)}{8\Lambda_{k0}z_0^2}\Lambda_{k0}^4, \beta = \frac{2}{3}$$

$$\Lambda_{k2} = \frac{3(1-v^2)}{8z_0^2}\Lambda_{k0}^3 \quad \left(\frac{2}{3} < \beta < 1\right)$$

(3.3.42)

将式（3.3.37）、式（3.3.39）、式（3.3.41）跟精确展开式（3.3.9）、式(3.3.14)、式(3.3.19)对比可见，它们的首项是相同的，不过后续的项存在着较明显的差异。对于由式(3.3.21)、式(3.3.24)和式(3.3.34)所给出的自由振动频率来说，实用壳理论中是不存在的。

因此，对于球体而言，我们得到了两个在渐近展开主导项上跟实用壳理论给出的频率一致的频率值，同时还得到了一个实用壳理论中未能给出的频率可数集。

参考文献

1. Goldenveizer, A.L., Lidskiy, V.B., Tovstik, P.E.: Free Vibrations of Thin Elastic Shells, 383p. Moscow: Nauka (1979)
2. Oniashvili, O.D.: Some Dynamic Problems of the Theory of Shells, 195p. Ed. USSR Academy of Sciences (1957)
3. Gontkevich, V.P.: Natural Vibrations of Plates and Shells, 102p. Kiev. Naukova Dumka (1964)
4. Birger, I.A., Panovko, Y.G.: Strength, Stability, Vibration, 567p. Directory, v.3. M.: Engineering (1968)
5. Achenbach, J.D.: An asymptotic method to analyze the vibrations of an elastic layer. Trans. ASME Ser. E J. Appl. Mech. **36**(1) (1969)
6. Moskalenko, V.: Natural vibrations of thick plates. News of Arm. SSR Acad. Sci. Mech. **21**(5), 57–64 (1968)
7. Aksentyan, O.C., Selezneva, T.N.: Determination of natural frequencies of circular plates. J. Appl. Math. Mech. **40**(1), 112–119 (1976)
8. Hrinchenko, V.T., Myaleshka, V.V.: Harmonic Vibrations and Waves in Elastic Bodies, 283p. Kiev. Naukova Dumka (1981)
9. Ustinov, Y.A.: On some peculiarities of the asymptotic method when applied to the study of vibrations of thin inhomogeneous elastic plates. In: Proceeding of I All-Union School on the Theory and Numerical Methods for the Calculation of Shells and Plates, pp. 395–403. Tbilisi (1975)
10. Shah, R., Datta: Study of the propagation of elastic waves in a hollow sphere by three-dimensional theory of elasticity and the theory of shells. Analytical research, p. 1. Proc. Amer. Society Eng.-Mech. Appl. Mech. **36**(3), 52–62 (1969)
11. Pao, Y.N., Mindlin, R.D.: Dispersion of flexural waves in an elastic, circular cylinder. J. Appl. Mech. **27**(3), 513–520 (1960)

第4章 中空截圆锥的应力应变状态的渐近分析

本章摘要：众所周知,锥形体的分析是最为困难的,同时也是所有由坐标曲面围成的各类弹性体中最令人感兴趣的。在本章中,我们将给出一种渐近的积分方法,对锥壳和圆板(厚度沿着母线呈线性改变)的轴对称弹性方程进行求解,并将构建一种可用于一般性圆锥壳的渐近理论,该理论对于圆柱壳来说也是适用的。

4.1 齐次解的构建

我们考虑一个变厚度的中空截圆锥体的轴对称弹性问题,如图 4.1 所示。圆锥体上的各点的空间位置可由球坐标 r、θ、φ 描述,变化区间为：$r_1 \leqslant r \leqslant r_2$, $\theta_1 \leqslant \theta \leqslant \theta_2$, $0 \leqslant \varphi \leqslant 2\pi$。这里假定圆锥形边界部分是应力自由的,即

$$\sigma_\theta = 0, \tau_{r\theta} = 0 \quad (\theta = \theta_n, r_1 \leqslant r \leqslant r_2) \tag{4.1.1}$$

而剩余边界部分应满足如下条件

$$\sigma_r = f_{1s}(\theta), \tau_{r\theta} = f_{2s}(\theta) \quad (r = r_s, s = 1,2) \tag{4.1.2}$$

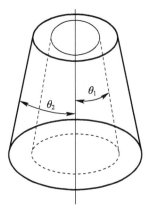

图 4.1 中空截圆锥体

满足齐次边界条件式(4.1)的拉梅方程的解称为圆锥体的齐次解,对于这里所考察的问题,参考文献[1]中已经借助齐次解方法进行研究,不过它所构建的齐次解集是不完备的(下面将会加以阐明),因此,不能满足任意的边界条件(4.2)。

下面我们在渐近方法基础上来讨论齐次问题解的存在性,并给出参考文献[2]中所没有给出的两种不同类型的解。为构建圆锥体的齐次解,可以将平衡方程表示为矢量形式,即

$$\frac{1}{1-2v}\mathrm{graddiv}\,\bar{U} + \Delta \bar{U} = 0 \tag{4.1.3}$$

式中:$\bar{U}(U_r, U_\theta)$为位移矢量,其他符号跟第3章是相同的。

针对方程(4.1.3),我们寻找如下形式的解

$$U_r = r^\lambda a(\lambda, \theta), \quad U_\theta = r^\lambda b(\lambda, \theta) \tag{4.1.4}$$

将式(4.1.4)代入式(4.1.3)中,进行分离变量处理,不难得到一组关于函数组(a,b)的常微分方程,即

$$\begin{aligned}
L_1(\lambda)(a,b) &= a'' + \cot\theta a' + \frac{2(1-v)}{1-2v}(\lambda-1)(\lambda+2)a + \\
&\quad \left(\frac{\lambda-1}{1-2v} - 2\right)(b' + \cot\theta b) = 0 \\
L_2(\lambda)(a,b) &= \left(\frac{\lambda+2}{1-2v}\right)a' + \frac{2(1-v)}{1-2v}\left(b'' + \cot\theta b' - \frac{1}{\sin^2\theta}b\right) + \\
&\quad \lambda(\lambda+1)b = 0
\end{aligned} \tag{4.1.5}$$

式(4.1.5)中的"$'$"代表的是对坐标θ的求导。利用广义胡克定律,并施加锥形表面上的齐次边界条件(4.1)(针对函数$a(\lambda,\theta)$和$b(\lambda,\theta)$),我们不难得到边界条件关系式如下

$$\begin{aligned}
M_1(\lambda)(a,b)\big|_{\theta=\theta_n} &= \left[(v\lambda+1)a + (1-v)b' + v\cot\theta b\right]_{\theta=\theta_n} = 0 \\
M_2(\lambda)(a,b)\big|_{\theta=\theta_n} &= \left[a' + (\lambda-1)b\right]_{\theta=\theta_n} = 0
\end{aligned} \tag{4.1.6}$$

于是,方程组(4.1.5)与边界条件(4.1.6)也就构成了关于函数组(a,b)的一个谱问题。

为了构造出方程组(4.1.5)的通解,可以将函数$a(\lambda,\theta)$和$b(\lambda,\theta)$表示为如下形式

$$a(\lambda,\theta) = AT_\mu(\theta), \quad b(\lambda,\theta) = B\frac{\mathrm{d}T_\mu(\theta)}{\mathrm{d}\theta} \tag{4.1.7}$$

式中:$T_\mu(\theta)$应满足勒让德方程,即

$$T''_\mu + \cot\theta T'_\mu + \mu(\mu+1)T_\mu = 0 \tag{4.1.8}$$

将式(4.1.7)代入式(4.1.5),并考虑式(4.1.8),我们能够进一步导出如下关于 μ 的特征方程,即

$$\left(\chi^2 - \frac{1}{4}\right)^2 - 2\left(z^2 + \frac{3}{4}\right)\left(\chi^2 - \frac{1}{4}\right) + \left(z^2 - \frac{1}{4}\right)\left(z^2 - \frac{9}{4}\right) = 0 \tag{4.1.9}$$

式中:$z = \lambda + \frac{1}{2}$,$\chi = \mu + \frac{1}{2}$。可以很容易地看出上面这个方程的根为 $\chi_1 = z + \frac{1}{2}$、$\chi_2 = -z - \frac{3}{2}$、$\chi_3 = z - \frac{3}{2}$ 和 $\chi_4 = -z + \frac{1}{2}$。

此外,我们还知道方程(4.1.8)的通解包含两个线性无关的函数,即 $P_{\chi-1/2}(\cos\theta)$ 和 $Q_{\chi-1/2}(\cos\theta)$,它们分别代表的是第一类和第二类勒让德函数。

进一步,这里还有如下关系

$P_{-t-1}(\cos\theta) = P_t(\cos\theta)$,$Q_{-t-1}(\cos\theta) = Q_t(\cos\theta) - \pi\cot\pi t P_t(\cos\theta)$。

方程(4.1.5)的通解可以表示为

$$a(z,\theta) = (z-1/2)(z-7/2+4v)\psi_{z-3/2}(\theta) - (z+1/2)\psi_{z-1/2}(\theta)$$

$$b(z,\theta) = (z+7/2-4v)\frac{\mathrm{d}\psi_{z-3/2}(\theta)}{\mathrm{d}\theta} - \frac{\mathrm{d}\psi_{z+1/2}(\theta)}{\mathrm{d}\theta}$$

$$\psi_z(\theta) = A_z P_z(\cos\theta) + B_z Q_z(\cos\theta)$$

$$\tag{4.1.10}$$

式中:A_z 和 B_z 均为任意常数。

在考虑了边界条件式(4.1.6)之后,不难导得关于参数 z 的特征方程如下

$$\begin{aligned}
\Delta(z,\theta_1,\theta_2) = &-\left(z-\frac{1}{2}\right)^4 \varphi_1^2(z) D_{z-3/2}^{(0,0)}(\theta_1,\theta_2) D_{z+1/2}^{(1,1)}(\theta_1,\theta_2) - \\
& \left(z+\frac{1}{2}\right)^4 \varphi_1^2(-z) D_{z+1/2}^{(0,0)}(\theta_1,\theta_2) D_{z-3/2}^{(1,1)}(\theta_1,\theta_2) - \\
& 4(1-v)z(z-1/2)^2 \varphi_1(z)\cot\theta_1 D_{z-3/2}^{(1,0)}(\theta_1,\theta_2) D_{z+1/2}^{(1,1)}(\theta_1,\theta_2) - \\
& 4(1-v)z(z-1/2)^2 \varphi_1(z)\cot\theta_2 D_{z-3/2}^{(0,1)}(\theta_1,\theta_2) D_{z+1/2}^{(1,1)}(\theta_1,\theta_2) - \\
& 16(1-v)^2 \cot\theta_1 \cot\theta_2 D_{z-3/2}^{(1,1)}(\theta_1,\theta_2) D_{z+1/2}^{(1,1)}(\theta_1,\theta_2) + \\
& 4(1-v)z(z+1/2)^2 \varphi_1(-z)\cot\theta_1 D_{z+3/2}^{(1,0)}(\theta_1,\theta_2) D_{z-1/2}^{(1,1)}(\theta_1,\theta_2) + \\
& 4(1-v)z(z+1/2)^2 \varphi_1(-z)\cot\theta_2 D_{z+1/2}^{(0,1)}(\theta_1,\theta_2) D_{z-3/2}^{(1,1)}(\theta_1,\theta_2) +
\end{aligned}$$

$$(z^2-1/2)^2\varphi_1(z)\varphi_1(-z)\begin{bmatrix}D_{z-3/2}^{(1,0)}(\theta_1,\theta_2)D_{z+1/2}^{(0,1)}(\theta_1,\theta_2)+\\D_{z-3/2}^{(0,1)}(\theta_1,\theta_2)D_{z+1/2}^{(1,0)}(\theta_1,\theta_2)\end{bmatrix}+$$

$$2(z^2-1/4)^2\varphi_1(z)\varphi_1(-z)\sin^{-1}\theta_1\sin^{-1}\theta_2=0 \qquad (4.1.11)$$

其中已经采用了如下符号

$$D_t^{(s,l)}(\varphi,\psi)=\mathrm{P}_t^{(s)}(\cos\varphi)\mathrm{Q}_t^{(l)}(\cos\psi)-\mathrm{P}_t^{(l)}(\cos\psi)\mathrm{Q}_t^{(s)}(\cos\varphi)$$

$$\varphi_1(z)=z^2+z+2v-7/4,\quad s,l=0,1$$

超越型方程(4.1.11)能够给出根 z_k 的一个可数集,对应的常系数分别为 $A_{z_k-3/2}$、$B_{z_k-3/2}$、$A_{z_k+1/2}$ 和 $B_{z_k+1/2}$,这些常数都跟系统行列式的任意行(或列)的余因子成比例。不妨选择第一行元素的余因子作为系统的解,并对所有根求和,那么我们可以得到如下齐次解

$$U_r=\frac{1}{\sqrt{r}}\sum_{k=0}^{\infty}C_k r^{z_k}U_{rk}(\theta)$$

$$U_\theta=\frac{1}{\sqrt{r}}\sum_{k=0}^{\infty}C_k r^{z_k}U_{\theta k}(\theta)$$

$$\sigma_r=\frac{2G}{r\sqrt{r}}\sum_{k=0}^{\infty}C_k r^{z_k}Q_{rk}(\theta)$$

$$\sigma_\varphi=\frac{2G}{r\sqrt{r}}\sum_{k=0}^{\infty}C_k r^{z_k}Q_{\varphi k}(\theta) \qquad (4.1.12)$$

$$\sigma_\theta=\frac{2G}{r\sqrt{r}}\sum_{k=0}^{\infty}C_k r^{z_k}Q_{\theta k}(\theta)$$

$$\tau_{r\theta}=\frac{G}{r\sqrt{r}}\sum_{k=0}^{\infty}C_k r^{z_k}T_k(\theta)$$

式中:C_k 为任意常数,其他的函数分别为

$$U_{rk}(\theta)=(z_k-1/2)(z_k-7/2+4v)F_1(z_k,\theta)-(z_k+1/2)F_2(z_k,\theta)$$

$$U_{\theta k}(\theta)=\varphi_2(z_k)\frac{\mathrm{d}F_1(z_k,\theta)}{\mathrm{d}\theta}-\frac{\mathrm{d}F_2(z_k,\theta)}{\mathrm{d}\theta}$$

$$Q_{rk}(\theta)=(z_k-1/2)(z_k^2-4z_k+7/4+2v)F_1(z_k,\theta)-(z_k^2-1/4)F_2(z_k,\theta)$$

$$Q_{\varphi k}(\theta) = (z_k - 1/2)(z_k - 7/2 + 4v) F_1(z_k,\theta) + \varphi_2(z_k)\cot\theta \frac{\mathrm{d}F_1(z_k,\theta)}{\mathrm{d}\theta}$$

$$- (z_k + 1/2)^2 F_2(z_k,\theta) - \cot\theta \frac{\mathrm{d}F_2(z_k,\theta)}{\mathrm{d}\theta}$$

$$Q_{\theta k}(\theta) = -(z_k - 1/2)\varphi_1(z_k) F_1(z_k,\theta) - \varphi_2(z_k)\cot\theta \frac{\mathrm{d}F_1(z_k,\theta)}{\mathrm{d}\theta} \qquad (4.1.13)$$

$$+ (z_k + 1/2)^2 F_2(z_k,\theta) + \cot\theta \frac{\mathrm{d}F_2(z_k,\theta)}{\mathrm{d}\theta}$$

$$T_k(\theta) = \varphi_1(-z_k)\frac{\mathrm{d}F_1(z_k,\theta)}{\mathrm{d}\theta} - (z_k - 1/2)\frac{\mathrm{d}F_2(z_k,\theta)}{\mathrm{d}\theta}$$

其中

$$\varphi_2(z) = z + 7/2 - 4v$$

$$F_1(z_k,\theta) = \left(z_k - \frac{1}{2}\right)\left(z_k^2 - \frac{1}{4}\right)\varphi_1(-z_k) \times$$

$$[\sin^{-1}\theta_2 D_{z_k-3/2}^{(0,1)}(\theta,\theta_1) - D_{z_k+1/2}^{(1,0)}(\theta_1,\theta_2) D_{z_k-3/2}^{(0,1)}(\theta,\theta_2)] +$$

$$4(1-v)z_k\left(z_k - \frac{1}{2}\right)\cot\theta_2 D_{z_k+1/2}^{(1,1)}(\theta_1,\theta_2) D_{z_k-3/2}^{(0,1)}(\theta,\theta_2) +$$

$$\left(z_k - \frac{1}{2}\right)^3 D_{z_k+1/2}^{(1,1)}(\theta_1,\theta_2) D_{z_k-3/2}^{(0,0)}(\theta,\theta_2)$$

$$F_2(z_k,\theta) = -\left(z_k - \frac{1}{2}\right)^2 \varphi_1(z_k)\varphi_1(-z_k) \times$$

$$[\sin^{-1}\theta_2 D_{z_k+1/2}^{(0,1)}(\theta,\theta_1) - D_{z_k-3/2}^{(1,0)}(\theta_1,\theta_2) D_{z_k+1/2}^{(0,1)}(\theta,\theta_2)] +$$

$$4(1-v)z_k\varphi_1(-z_k)\cot\theta_2 D_{z_k-3/2}^{(1,1)}(\theta_1,\theta_2) D_{z_k+1/2}^{(0,1)}(\theta,\theta_2) +$$

$$\left(z_k + \frac{1}{2}\right)^2 \varphi_1^2(-z_k) D_{z_k-3/2}^{(1,1)}(\theta_1,\theta_2) D_{z_k+1/2}^{(0,0)}(\theta,\theta_2)$$

4.2 特征方程根的分析

从式(4.1.11)中我们可以看出,这个特征方程的结构是相当复杂的,精确分析是困难的。跟前面的处理方式类似,为了研究它的根,我们令

$$\theta_1 = \theta_0 - \varepsilon, \theta_2 = \theta_0 + \varepsilon \qquad (4.2.1)$$

式中:θ_0 为壳的中曲面的张角,ε 为无量纲参数,描述了壳的厚度。进一步,假定 ε 是一个小参数,且有 $0 < \xi_1 < \theta_0 < \xi_2 < \pi/2$($\xi_1$ 和 ξ_2 均为常数)。

$\theta_0 = \pi/2$ 是一种特殊情况,它对应变厚度板,我们将在后面再来讨论它。

将式(4.2.1)代入式(4.1.9),可得

$$D(z,\varepsilon,\theta_0) = \Delta(z,\theta_1,\theta_2) = 0 \qquad (4.2.2)$$

不难证明,$D(z,\varepsilon,\theta_0)$ 是关于 z 和 ε 的偶函数。下面我们先给出关于该函数根的如下结论:函数 $D(z,\varepsilon,\theta_0)$ 具有三组根,分别是:(1)第一组根包括三个零点,它们都不依赖于小参数 ε,即 $z_0 = 0, z_{1,2} = \pm 1/2$;(2)第二组根包含四个零点,阶次为 $O(\varepsilon^{-1/2})$(当 $\varepsilon \to 0$ 时);(3)第三组根是一个零点的可数集,阶次为 $O(\varepsilon^{-1})$(当 $\varepsilon \to 0$ 时)。

为了证明这一结论,可以将函数 $D(z,\varepsilon,\theta_0)$ 表示成如下形式

$$D(z,\varepsilon,\theta_0) = \left(z + \frac{1}{2}\right)^2 D_1(z,\varepsilon,\theta_0) + \left(z + \frac{1}{2}\right) D_2(z,\varepsilon,\theta_0)$$

$$\left(z + \frac{1}{2}\right)^{-1} D_{z+1/2}^{(1,1)}(z,\varepsilon,\theta_0)$$

$$D_1(z,\varepsilon,\theta_0) = -\left(z + \frac{1}{2}\right)^2 \varphi_1^2(-z) D_{z+1/2}^{(0,0)}(z,\varepsilon,\theta_0) D_{z-3/2}^{(1,1)}(z,\varepsilon,\theta_0) +$$

$$4(1-v)z\varphi_1(-z) D_{z-3/2}^{(1,1)}(z,\varepsilon,\theta_0) [\cot\theta_1 D_{z+1/2}^{(1,0)}(z,\varepsilon,\theta_0) +$$

$$\cot\theta_2 D_{z+1/2}^{(0,1)}(z,\varepsilon,\theta_0)] + \left(z - \frac{1}{2}\right)^2 \varphi_1(z)\varphi_1(-z)$$

$$\begin{bmatrix} D_{z-3/2}^{(0,1)}(z,\varepsilon,\theta_0) D_{z+1/2}^{(1,0)}(z,\varepsilon,\theta_0) + \\ D_{z-3/2}^{(1,0)}(z,\varepsilon,\theta_0) D_{z+1/2}^{(0,1)}(z,\varepsilon,\theta_0) \end{bmatrix} +$$

$$2\left(z - \frac{1}{2}\right)^2 \varphi_1(z)\varphi_1(-z)\sin^{-1}\theta_1 \sin^{-2}\theta_2$$

$$D_2(z,\varepsilon,\theta_0) = -\left(z - \frac{1}{2}\right)^4 \varphi_1^2(z) D_{z-3/2}^{(0,0)}(z,\varepsilon,\theta_0) - 4(1-v)z\left(z - \frac{1}{2}\right)^2 \times$$

$$\varphi_1(z)\varphi_1(-z)[\cot\theta_1 D_{z-3/2}^{(1,0)}(z,\varepsilon,\theta_0) + \cot\theta_2 D_{z-3/2}^{(0,1)}(z,\varepsilon,\theta_0)] -$$

$$16(1-v)^2 \cot\theta_1 \cot\theta_2 D_{z-3/2}^{(1,1)}(z,\varepsilon,\theta_0)$$

$$(4.2.3)$$

经过大量的代数处理之后,可以导得

$$\lim_{z \to -\frac{1}{2}} D_1(z,\varepsilon,\theta_0) \neq \lim_{z \to -\frac{1}{2}} (z+1/2)^{-1} D_{z+1/2}^{(1,1)}(z,\varepsilon,\theta_0) \neq 0$$

$$\lim_{z \to -\frac{1}{2}} D_2(z,\varepsilon,\theta_0) = 0$$

(4.2.4)

这就意味着 $z_1 = -\frac{1}{2}$ 是函数 $D(z,\varepsilon,\theta_0)$ 的一个双重零点。由于函数 $D(z,\varepsilon,\theta_0)$ 是关于 z 的偶函数，因此，$z_2 = \frac{1}{2}$ 也是一个双重零点。类似地，我们也可以证明 $z_0 = 0$ 同样是一个双重零点。

跟第 1 章类似，我们不难证明函数 $D(z,\varepsilon,\theta_0)$ 的所有其他零点在 $\varepsilon \to 0$ 时将无界增长。根据 $\varepsilon \to 0$ 极限下的行为，这些零点可以分为两组，即（1）当 $\varepsilon \to 0$ 时，$\varepsilon z_k \to 0$；（2）当 $\varepsilon \to 0$ 时，$\varepsilon z_k \to$ 常数。先来确定第一种情形下的 z_k，为此，可以将函数 $D(z,\varepsilon,\theta_0)$ 展开成参数 ε 的级数形式，即

$$D(z,\varepsilon,\theta_0) = 16z^2 \left(z^2 - \frac{1}{4}\right)^2 \sin^{-2}\theta_0 \varepsilon^2 \times$$

$$\left\{ 4(1-v^2)\cot^2\theta_0 + \frac{1}{3} \left\{ \begin{array}{l} 4z^4 + 2[8v - 9 - 8(1-v^2)\cot^2\theta_0]z^2 \\ + 12v^2 - 28v + 65/4 + 24(1-v^2)\cot^2\theta_0 \\ + 36(1-v^2)\cot^4\theta_0 \end{array} \right\} \varepsilon^2 \right. $$
$$\left. + \frac{1}{45}[-32z^6 + \cdots]\varepsilon^4 + \cdots \right\} = 0$$

(4.2.5)

假定 z_k 的渐近展开式中的主导项具有如下形式

$$z_k = \gamma_0 \varepsilon^{-\alpha}, \gamma_0 = O(1), 0 < \alpha < 1 \quad (\text{当 } \varepsilon \to 0 \text{ 时})$$ (4.2.6)

将式(4.2.6)代入式(4.2.5)中，并仅保留主导项，我们不难得到关于 γ_0 的如下极限方程

$$4(1-v^2)\cot^2\theta_0 + \frac{1}{3}[4\gamma_0^4 + O(\varepsilon^{2\alpha})]\varepsilon^{2-4\alpha} + O[\max(\varepsilon^{4-6\alpha}, \varepsilon^{2-2\alpha})] = 0$$

(4.2.7)

这里考虑如下三种情形：（1）$0 < \alpha < \frac{1}{2}$；（2）$\alpha = \frac{1}{2}$；（3）$\frac{1}{2} < \alpha < 1$。在情况（1）中，当 $\varepsilon \to 0$ 时，根据式(4.2.7)可得 $\gamma_0 = 0$，这跟假定式(4.2.6)是矛盾的。类似地，情况（2）中也会得到 $\gamma_0 = 0$。最后，在情况（3）中我们有

$$\gamma_0^4 + 3(1-v^2)\cot^2\theta_0 = 0 \tag{4.2.8}$$

这里我们可以最终确定出如下展开形式的 z_k：

$$z_k = \alpha_k \varepsilon^{-1/2} + \alpha_k^{(0)} + \beta_k \varepsilon^{1/2} + \cdots \quad (k=3,4,5,6) \tag{4.2.9}$$

式中：$\alpha_k = \gamma_0$，$\alpha_k^{(0)} = 0$，且有

$$\beta_k = (40\alpha_k)^{-1}[24(1-v^2)\cot^2\theta_0 + 5(9-8v)] \tag{4.2.10}$$

为构造出第三组零点的渐近式，我们可以将它们表示为如下形式

$$z_n = \frac{\delta_n}{\varepsilon} + O(\varepsilon) \quad (n=k-6, k=7,8,\cdots) \tag{4.2.11}$$

将式(4.2.11)代入特征方程(4.1.9)，然后引入函数 $P_v(\cos\theta)$ 和 $Q_v(\cos\theta)$ 的渐近展开，即

$$P_v(\cos\theta) = \frac{\Gamma(v+1)}{\Gamma(v+3/2)}\left(\frac{\pi}{2}\sin\theta\right)^{-1/2}\left\{\cos\left[(v+1/2)\theta - \frac{\pi}{4}\right] + O(v^{-1})\right\}$$

$$Q_v(\cos\theta) = \frac{\Gamma(v+1)}{\Gamma(v+3/2)}\left(\frac{2}{\pi}\sin\theta\right)^{-1/2}\left\{\cos\left[(v+1/2)\theta + \frac{\pi}{4}\right] + O(v^{-1})\right\}$$

$$\tag{4.2.12}$$

经过变换处理之后就可以得到如下关于 δ_n 的方程

$$\sin^2(2\delta_n) - 4\delta_n^2 = 0 \quad (n=1,2,\cdots) \tag{4.2.13}$$

必须注意的是，上面这个方程跟板理论中用于确定圣维南端部效应的方程是相同的。

此外，我们还可以发现，当 $\theta_0 \to 0$ 时，由式(4.2.9)和式(4.2.11)所给出的零点跟参考文献[4]中针对圆柱体得到的零点是一致的。

4.3 应力应变状态的分析

针对上一节给出的齐次解，这里进一步讨论由此确定的应力应变状态特性。

1. 将 $z_0 = 0$ 代入式(4.1.10)中，我们可以发现这个根是一个平凡解。对于 $z_2 = \frac{1}{2}$，我们可以得到如下表达式

$$U_r = C_2\cos\theta, \quad U_\theta = -C_2\sin\theta$$
$$\sigma_r = \sigma_\varphi = \sigma_\theta = \tau_{r\theta} = 0 \tag{4.3.1}$$

由此不难进一步推断出这个解实际上是刚性锥体的解。

为了跟谱问题式(4.1.3)、式(4.1.4)的三组本征值对应,我们将位移矢量和应力张量转换成如下形式

$$\bar{U} = \bar{U}_1 + \bar{U}_2 + \bar{U}_3$$
$$\underline{\underline{\sigma}} = \underline{\underline{\sigma}}^{(1)} + \underline{\underline{\sigma}}^{(2)} + \underline{\underline{\sigma}}^{(3)} \tag{4.3.2}$$

式中:位移矢量 $\bar{U}_1$ 和应力张量 $\underline{\underline{\sigma}}^{(1)}$ 对应 $z_1 = -\frac{1}{2}$ 这个本征值,它们的分量可以表示为

$$U_r^{(1)} = -\frac{r_1}{\rho}C_1[4(1-v)\cos\theta - (1-2v)l_1]$$
$$U_\theta^{(1)} = \frac{r_1}{\rho}C_1[(3-4v)\sin\theta - (1-2v)l_2\sin^{-1}\theta + (1-2v)l_1\cot\theta] \tag{4.3.3}$$

$$\sigma_r^{(1)} = \frac{2GC_1}{\rho^2}[2(2-v)\cos\theta - (1-2v)l_1]$$
$$\sigma_\varphi^{(1)} = -\frac{2G(1-2v)C_1}{\rho^2}[\cos\theta + l_2\cot\theta\sin^{-1}\theta + l_1\sin^2\theta]$$
$$\sigma_\theta^{(1)} = -\frac{2G(1-2v)C_1}{\rho^2}[\cos\theta - l_2\cot\theta\sin^{-1}\theta + l_1\cot^2\theta] \tag{4.3.4}$$
$$\tau_{r\theta}^{(1)} = -\frac{2G(1-2v)C_1}{\rho^2}[\sin\theta - l_2\sin^{-1}\theta + l_1\cot\theta]$$

式中:$\rho = rr_1^{-1}$ 为无量纲形式的坐标;C_1 为未知常数;$l_1 = \cos\theta_1 + \cos\theta_2$;$l_2 = 1 + \cos\theta_1\cos\theta_2$。

值得指出的是,参考文献[1]在分析过程中错误地认为这些零点是对应平凡解的。此外,我们可以看到解式(4.3.2)和式(4.3.3)跟圆锥体情况中著名的 Mitchell Neuber 解[5]是一致的。

上面这些式子都是精确的,在此基础上我们很容易导得近似表达式,只需引入

$$\theta = \theta_0 + \varepsilon\eta, -1 \leqslant \eta \leqslant 1, \theta_1 = \theta_0 - \varepsilon, \theta_2 = \theta_0 + \varepsilon \tag{4.3.5}$$

2. 现在我们来考察与第二组根对应的齐次解。根据式(4.2.9),这组根将对应四个解。将表达式(4.3.5)代入式(4.1.10),替换掉 θ、θ_1 和 θ_2,然后进行展开,不难得到如下结果

$$U_r^{(2)} = r_1 \left(\frac{\varepsilon}{\rho}\right)^{1/2} \sum_{k=3}^{6} C_k U_{rk}$$

$$U_\theta^{(2)} = \frac{r_1}{\sqrt{\rho}} \sum_{k=3}^{6} C_k U_{\theta k}$$

(4.3.6)

$$\sigma_r^{(2)} = \frac{2G}{\rho\sqrt{\rho}} \sum_{k=3}^{6} C_k Q_{rk}$$

$$\sigma_\varphi^{(2)} = \frac{2G}{\rho\sqrt{\rho}} \sum_{k=3}^{6} C_k Q_{\varphi k}$$

$$\sigma_\theta^{(2)} = \frac{2G}{\rho\sqrt{\rho}} \varepsilon \sum_{k=3}^{6} C_k Q_{\theta k}$$

(4.3.7)

$$\tau_{r\theta}^{(2)} = \frac{2G}{\rho} \left(\frac{\varepsilon}{\rho}\right)^{1/2} \sum_{k=3}^{6} C_k T_k$$

式中：C_k 为任意常数，其他函数可以表示为

$$U_{rk} = 2(1-v) \left\{ \begin{array}{l} 2\alpha_k(\alpha_k^2\eta + v\cot\theta_0) + \\ \sqrt{\varepsilon}\left[\begin{array}{l}(v-2)\cot\theta_0 - 3\alpha_k^2\eta + \\ \alpha_k\beta_k(\alpha_k^2\eta + v\cot\theta_0)\end{array}\right] \\ + O(\varepsilon) \end{array} \right\} e^{\frac{\alpha_k}{\sqrt{\varepsilon}}\ln\rho}$$

$$U_{\theta k} = -2(1-v)\alpha_k^2[2 + \beta_k\ln\rho\sqrt{\varepsilon} + O(\varepsilon)] e^{\frac{\alpha_k}{\sqrt{\varepsilon}}\ln\rho}$$

$$Q_{rk} = \left\{ \begin{array}{l} -12(1-v^2)\eta\cot^2\theta_0 + \left[\begin{array}{l}16\alpha_k^3\beta_k\eta + 4(v-2)\alpha_k^3\eta \\ -4(1-v^2)\alpha_k^2\cot^2\theta_0 - 6(1-v^2) \\ \times \eta\beta_k\ln\rho\cot^2\theta_0\end{array}\right]\sqrt{\varepsilon} \\ + O(\varepsilon) \end{array} \right\} e^{\frac{\alpha_k}{\sqrt{\varepsilon}}\ln\rho}$$

$$Q_{\varphi k} = \left\{ \begin{array}{l} -4(1-v^2)(3v\eta+1)\cot^2\theta_0 + \left[\begin{array}{l}4(1-2v)\eta\alpha_k^3 - 2(1-v^2) \\ \times (3v\eta+1)\beta_k\ln\rho\cot^2\theta_0\end{array}\right]\sqrt{\varepsilon} \\ + O(\varepsilon) \end{array} \right\} e^{\frac{\alpha_k}{\sqrt{\varepsilon}}\ln\rho}$$

$$Q_{\theta k} = (1-\eta^2)\left\{ \begin{array}{l} 2(1-v^2)(3\alpha_k^2-v)\cot^2\theta_0 + \left[\begin{array}{l}(1-v^2)(3\alpha_k^2-v)\beta_k\ln\rho\cot^2\theta_0 \\ -2/3(1-2v)\alpha_k^3\cot\theta_0\end{array}\right]\sqrt{\varepsilon} \\ + \cdots \end{array} \right\} e^{\frac{\alpha_k}{\sqrt{\varepsilon}}\ln\rho}$$

$$T_k = 3(1-v^2)(\eta^2-1)\cot^2\theta_0[2\alpha_k + (\alpha_k\beta_k\ln\rho - 3)\sqrt{\varepsilon} + O(\varepsilon)]e^{\frac{\alpha_k}{\sqrt{\varepsilon}}\ln\rho}$$

(4.3.8)

上面这组解在参考文献[6]中是没有给出的。

3. 对于第三组零点,利用勒让德函数的渐近展开中的首项,我们可以得到两类解,第一类解对应 $\sin(2\delta_n) + 2\delta_n$ 的零点,第二类解则对应 $\sin(2\delta_n) - 2\delta_n$ 的零点。如同第 1 章中曾经注意到的,这些解具有如下形式

$$U_r^{(3)} = \frac{2r_1\varepsilon}{\sqrt{\rho}} \sum_{n=1}^{\infty} B_n [(1-v)\delta_n^{-1} F_n''(\eta) - v\delta_n F_n(\eta) + O(\varepsilon)] e^{\frac{\delta_n}{\varepsilon}\ln\rho}$$

$$U_\theta^{(2)} = \frac{-2r_1\varepsilon}{\sqrt{\rho}} \sum_{n=1}^{\infty} B_n [(2-v) F_n'(\eta) - (1-v)\delta_n^{-2} F_n'''(\eta) + O(\varepsilon)] e^{\frac{\delta_n}{\varepsilon}\ln\rho}$$

$$\sigma_r^{(3)} = \frac{2G}{\sqrt{\rho}} \sum_{n=1}^{\infty} B_n [F_n''(\eta) + O(\varepsilon)] e^{\frac{\delta_n}{\varepsilon}\ln\rho}$$

$$\sigma_\varphi^{(3)} = \frac{2G}{\rho\sqrt{\rho}} \sum_{n=1}^{\infty} B_n [F_n''(\eta) + \delta_n^2 F_n(\eta) + O(\varepsilon)] e^{\frac{\delta_n}{\varepsilon}\ln\rho}$$

$$\sigma_\theta^{(3)} = \frac{2G}{\rho\sqrt{\rho}} \sum_{n=1}^{\infty} B_n [\delta_n^2 F_n(\eta) + O(\varepsilon)] e^{\frac{\delta_n}{\varepsilon}\ln\rho}$$

$$\tau_{r\theta}^{(3)} = -\frac{2G}{\sqrt{\rho}} \sum_{n=1}^{\infty} B_n [F_n'(\eta) + O(\varepsilon)] e^{\frac{\delta_n}{\varepsilon}\ln\rho}$$

(4.3.9)

式中:B_n 为新的未知常数,$F_n(\eta)$ 为 P. F. Papkovich 函数。

4. 进一步分析由齐次解(4.1.10)所描述的应力状态。首先考虑齐次解与作用在横截面 r = 常数上的应力矢量 P 之间的关系,我们有

$$P = 2\pi r^2 \int_{\theta_1}^{\theta_2} (\sigma_r \cos\theta - \tau_{r\theta}\sin\theta) \sin\theta d\theta \tag{4.3.10}$$

将式(4.1.10)代入式(4.3.10)可得

$$P = C_1 \gamma_0 + r^{1/2} \sum_{k=3}^{\infty} C_k r^{z_k} \gamma_k \tag{4.3.11}$$

$$\gamma_0 = -4\pi G(\cos\theta_2 - \cos\theta_1)(\cos^2\theta_1 + 2v\cos\theta_1\cos\theta_2 + \cos^2\theta_2) \tag{4.3.12}$$

$$\gamma_k = 4\pi G \int_{\theta_1}^{\theta_2} (Q_{rk}\cos\theta - T_k\sin\theta)\sin\theta d\theta \tag{4.3.13}$$

下面来证明所有的 $\gamma_k (k = 3, 4, \cdots)$ 都等于零。为此,可以考虑如下边值问题

$$\sigma_r = r_1^{z_k-3/2} Q_{rs}, \tau_{r\theta} = r_1^{z_k-3/2} T_s \quad (r = r_1)$$
$$\sigma_r = r_2^{z_k-3/2} Q_{rs}, \tau_{r\theta} = r_2^{z_k-3/2} T_s \quad (r = r_2) \tag{4.3.14}$$

不难看出,这一边值问题的解是存在的,如果令 $C_k = \delta_{ks}$(δ_{ks} 为 Kronecker 符号),那么就可以从式(4.1.10)中解出。

另外,我们知道第一类弹性问题(体表面上给定应力)可解性的必要条件是所有外力的合力和主力矩应当为零。在这种情况下,若将外力(4.3.14)的主矢量向对称轴 $\theta = 0$ 投影,那么有

$$P_s = (r_2^{z_k-3/2} - r_1^{z_k-3/2}) \gamma_s = 0 \tag{4.3.15}$$

很容易看出,仅当 $\gamma_s = 0$ 时上面这个等式才能成立。最终我们得到的合力就是

$$P = C_1 \gamma_0 \tag{4.3.16}$$

于是,跟第二组和第三组解对应的应力状态在每个横截面 $r =$ 常数内都是自平衡的。

进一步,我们针对第二组和第三组解再来计算横截面 $r =$ 常数内的弯矩和剪力。为了简洁起见,这里假定 $\rho_1 = 0$、$\rho_2 = 1$($r = r_2\rho$),并计算每组解所对应的剪力和弯矩,即

$$M = r_2^2 \int_{\theta_1}^{\theta_2} \{\sigma_r \sin(\theta - \theta_0) - \tau_{r\theta}[1 - \cos(\theta - \theta_0)]\} \sin\theta d\theta$$
$$= r_2^2 \sin\theta_0 \varepsilon^2 \int_{-1}^{1} \eta \sigma_r d\eta + O(\varepsilon^3) \tag{4.3.17}$$

$$Q = r_2 \int_{\theta_1}^{\theta_2} \{\sigma_r \sin(\theta - \theta_0) + \tau_{r\theta} \cos(\theta - \theta_0)\} \sin\theta d\theta$$
$$\approx r_2 \sin\theta_0 \varepsilon \int_{-1}^{1} \tau_{r\theta} d\eta + O(\varepsilon^2) \tag{4.3.18}$$

针对每组解将应力表达式代入,我们不难导得

$$M_2 = -16(1-v^2) G r_2^2 \cos\theta_0 \cot\theta_0 \frac{\varepsilon^2}{\rho\sqrt{\rho}} \sum_{k=3}^{6} C_k e^{\frac{\alpha_k}{\sqrt{\varepsilon}}\ln\rho}$$
$$Q_2 = -16(1-v^2) G r_2 \cos\theta_0 \cot\theta_0 \left(\frac{\varepsilon}{\rho}\right)^{3/2} \sum_{k=3}^{6} C_k \alpha_k e^{\frac{\alpha_k}{\sqrt{\varepsilon}}\ln\rho} \tag{4.3.19}$$

$$M_3 = O(\varepsilon^3), Q_3 = O(\varepsilon^2) \tag{4.3.20}$$

显然,弯矩和剪力的主导项决定了第二组解。

最后,我们在渐近分析基础上,对应力应变状态的性质作一总结。式(4.3.3)和式(4.3.4)确定的是壳的内部应力应变状态,它们的渐近展开式(关于薄壁参数)中的首项反映了无矩应力状态。式(4.3.6)确定的是边界效应,类似于壳理论应用中的简单端部效应。式(4.3.6)中的首项与式(4.3.3)、式(4.3.4)可以视为基于 Kirchhoff – Love 理论的解。由式(4.3.9)给出的应力状态具有边界层特征,它局域在 r = 常数面附近,其渐近展开的首项完全等价于板理论中的圣维南端部效应。

可以看出,上述对于解的分析表明了,圆锥壳的应力状态跟圆柱壳和球壳情况类似,它们都是由三种成分构成的,即内部应力状态、简单端部效应以及边界层状态。

4.4 向无限系统的简化

这一节我们来考虑如何移除壳端面上的应力这一问题。设在 $r = r_s (s = 1, 2)$ 上存在如下应力

$$\sigma_r = f_{1s}(\theta), \tau_{r\theta} = f_{2s}(\theta) \tag{4.4.1}$$

式中:函数 $f_{js}(\theta)(j=1,2)$ 满足如下平衡条件

$$2\pi r_1^2 \int_{\theta_1}^{\theta_2} (f_{11}\cos\theta - f_{21}\sin\theta)\sin\theta d\theta = 2\pi r_2^2 \int_{\theta_1}^{\theta_2} (f_{12}\cos\theta - f_{22}\sin\theta)\sin\theta d\theta = P \tag{4.4.2}$$

式(4.4.2)中的 P 为作用在任意截面 r = 常数内的合力。

正如前面曾经指出的,式(4.4.1)中的非自平衡部分可以通过透射解(4.3.4)来移除,常数 C_1 和合力矢量之间的关系可由式(4.3.16)给出。下面我们假定 $P=0$,并寻找形如式(4.1.10)的解(通过令 $C_1=0$)。为了确定任意常数 $C_k(k=3,4,\cdots)$(其变分必须视为独立的),我们采用拉格朗日变分原理来处理。

由于齐次解满足平衡方程和锥形面上的边界条件,因而该变分原理的形式可以表示为

$$r_1 \sum_{s=1}^{2} \rho_s^2 \int_{\theta_1}^{\theta_2} [(\sigma_r - f_{1s})\delta U_r + (\tau_{r\theta} - f_{2s})\delta U_\theta]_{\rho=\rho_s} \sin\theta d\theta = 0 \tag{4.4.3}$$

只需令彼此独立的变分项的系数为零,我们就可以得到如下一组无限方程

$$\sum_{k=1}^{\infty} m_{jk} C_k = N_j \quad (j = 1, 2, \cdots) \tag{4.4.4}$$

式中

$$m_{jk} = \sum_{s=1}^{2} e^{z_j + z_k} \ln \rho_s \int_{\theta_1}^{\theta_2} (Q_{rk} U_{rj} + T_k U_{\theta j}) \sin\theta d\theta \tag{4.4.5}$$

$$N_j = \sum_{s=1}^{2} e^{z_j + 3/2} \ln \rho_s \int_{\theta_1}^{\theta_2} (f_{1s} U_{rj} + f_{2s} U_{\theta j}) \sin\theta d\theta \tag{4.4.6}$$

利用壳的薄壁参数 ε 为小量这一性质,我们就能够构造出式(4.4.4)的渐近解。

首先来更加准确地描述与外部载荷相关的一些假定。若假定 $f_{1s} \sim 1$,考虑到与第二组根对应的 σ_r 和 $\tau_{r\theta}$ 具有不同的阶次,即 $\sigma_r^{(2)} \sim 1, \tau_{r\theta}^{(2)} \sim \sqrt{\varepsilon}$,那么在选择 f_{2s} 的阶次时我们必须做如下考虑。

利用式(4.3.7)和式(4.3.9)以及 $F_k(\pm 1) = 0$ 这一事实,我们有

$$\int_{-1}^{1} \tau_{r\theta} d\eta = -16G(1 - v^2) \frac{\sqrt{\varepsilon}}{\rho\sqrt{\rho}} \cot^2\theta_0 \sum_{k=3}^{6} C_k \alpha_k e^{\frac{\alpha_k}{\sqrt{\varepsilon}} \ln\rho} \tag{4.4.7}$$

如果将给定的边界上的切向应力表示为如下形式

$$f_{2s} = f_{2s}^{(1)} + f_{2s}^{(2)}, f_{2s}^{(1)} = \int_{\theta_1}^{\theta_2} f_{2s} d\eta$$

$$f_{2s}^{(2)} = f_{2s} - f_{2s}^{(1)} \tag{4.4.8}$$

那么在渐近表达式(4.4.7)的基础上,我们就需要假定 $f_{2s}^{(1)}$ 的阶次为 $\sqrt{\varepsilon}$,而 $f_{2s}^{(2)}$ 可跟 f_{1s} 阶次相同,即 $f_{2s}^{(2)} \sim 1$。

进一步,利用式(4.3.7)和式(4.3.9),寻找如下形式的未知常数 C_k 和 B_n:

$$\begin{aligned} C_k &= C_{k0} + C_{k1}\sqrt{\varepsilon} + \cdots \\ B_n &= B_{n0} + B_{n1}\sqrt{\varepsilon} + \cdots \end{aligned} \tag{4.4.9}$$

针对边界上给定的表达式,将容许的阶次考虑进来,在变分原理基础上我们不难得到关于常数 C_{k0} 和 B_{n0} 的一组方程,即

$$\sum_{k=3}^{6} \prod_{jk} C_{k0} = E_j \quad (j = 3, 4, 5, 6) \tag{4.4.10}$$

$$\sum_{n=1,3,\cdots}^{\infty} g_{tn} B_{n0} = H_t \quad (t = 1,3,\cdots)$$

$$\sum_{n=2,4,\cdots}^{\infty} g_{tn} B_{n0} = H_t \quad (t = 2,4,\cdots) \tag{4.4.11}$$

其中

$$\prod_{jk} = 32(1-v^2)(1+v)G\alpha_k^2(\alpha_j - \alpha_k)\cot^2\theta_0 \sum_{s=1}^{2} e^{\frac{\alpha_j+\alpha_k}{\sqrt{\varepsilon}}\ln\rho_s} \tag{4.4.12}$$

$$E_j = 4(1-v)\alpha_j \int_{-1}^{1} (f_{1s}\alpha_j\eta - f_{2s})\,\mathrm{d}\eta \sum_{s=1}^{2} \rho_s^{3/2} e^{\frac{\alpha_j}{\sqrt{\varepsilon}}\ln\rho_s}$$

$$g_{tn} = 2G\frac{\delta_t^2 \delta_n^2 (\sin^2\delta_t - \sin^2\delta_n)}{(\delta_t^2 - \delta_n^2)(\delta_t - \delta_n)}[v(\delta_t - \delta_n)^2 + 2\delta_t\delta_n]\sum_{s=1}^{2} e^{\frac{\delta_t+\delta_n}{\varepsilon}\ln\rho_s},$$

$$(t \neq n, n = 2,4,\cdots)$$

$$g_{tt} = 4G\delta_t^3 \left(1 - \frac{2}{3}\sin^2\delta_t\right)\sum_{s=1}^{2} e^{\frac{2\delta_t}{\varepsilon}\ln\rho_s}$$

$$H_t = 2\sum_{s=1}^{2} \rho_s^{3/2} e^{\frac{\delta_t}{\varepsilon}\ln\rho_s} \int_{-1}^{1} \left\{ \begin{array}{l} f_{1s}[(1-v)\delta_t^{-1}F_n'''(\eta) - v\delta_t F_t(\eta)] - f_{2s} \\ [(1-v)\delta_t^{-2}F_t'''(\eta) + (2-v)F_n'(\eta)] \end{array} \right\}\mathrm{d}\eta, t = 2,4,\cdots$$

$$\tag{4.4.13}$$

对于 t 和 n 为 $1,3,\cdots$ 的情况,只需将式(4.4.13)中的 $\cos\delta_n$ 和 $\sin\delta_n$ 分别替换为 $\sin\delta_n$ 和 $\cos\delta_n$ 即可。

从所得结果的结构形式我们不难看出,未知常数 C_{k0}(对应第二组零点)和 B_{n0}(对应第三组零点)是可以分别确定的。

关于 C_{ki} 和 $B_{ni}(i=1,2,\cdots)$ 的确定,我们总可以将其简化为相关矩阵[跟方程组(4.4.10)和方程组(4.4.11)中的矩阵相同]的求逆处理。如果考虑的是半无限圆锥体($\rho_1 = 1, \rho_2 \to \infty$)或者带有顶点的圆锥体($\rho_2 = 1, \rho_1 = 0$),那么方程组(4.4.10)和方程组(4.4.11)就可以得到显著的简化了。

在第一种情形中,所有的未知数(对应的零点具有 $\mathrm{Re}\alpha_k > 0$, $\mathrm{Re}\delta_n > 0$ 特征)都必须设定为零,而在第二种情形下那些跟 $\mathrm{Re}\alpha_k < 0$、$\mathrm{Re}\delta_n < 0$ 对应的未知数必须为零,因为在圆锥顶点处解必须是有界的。在这两种情况下,我们可以得到同一形式的方程组,即

$$\sum_{k=3}^{4} \prod_{jk}^{(0)} C_{k0} = E_j^{(0)} \ (j = 3, 4)$$

$$\sum_{n=1}^{\infty} g_{tn}^{(0)} B_{n0} = H_t^{(0)} \ (t = 1, 2, \cdots) \quad (4.4.14)$$

如果我们在第一种情况中设定 $\rho_1 = 1, \rho_2 \to \infty$，在第二种情况中设定 $\rho_2 = 1$，$\rho_1 = 0$，那么根据式(4.4.10)和式(4.4.11)中右端项的系数，我们很容易得到式(4.4.14)中的系数和右端项。

对于确定壳的应力应变状态这一问题，一般方法是将与不同根集所对应的解叠加起来。这里我们针对位移和应力分量给出其渐近展开式中的首项

$$U_r = \frac{r_1}{\sqrt{\rho}} \left\{ \begin{array}{l} \dfrac{-2}{\sqrt{\rho}} \cos\theta_0 C_{10} + 12(v^2 - 1)\cot\theta_0 \\ \times \sum_{k=3}^{6} (\eta\alpha_k + v\alpha_k^{-1}\cot\theta_0 e^{\frac{\alpha_k}{\sqrt{\varepsilon}}\ln\rho} C_{k0}\sqrt{\varepsilon}) \\ + 2\varepsilon \sum_{n=1}^{\infty} [(1-v)\delta_n^{-1} F_n''(\eta) - v\delta_n F_n(\eta)] e^{\frac{\delta_n}{\varepsilon}\ln\rho} B_{n0} \end{array} \right\} \quad (4.4.15)$$

$$U_\theta = \frac{r_1}{\sqrt{\rho}} \left\{ \begin{array}{l} \dfrac{2(v-1)}{\sqrt{\rho}} \sin\theta_0 C_{10} + 4(v-1) \sum_{k=3}^{6} \alpha_k^2 e^{\frac{\alpha_k}{\sqrt{\varepsilon}}\ln\rho} C_{k0} \\ + 2\varepsilon \sum_{n=1}^{\infty} [(v-2) F_n'(\eta) + (v-1)\delta_n^{-2} f_n'''(\eta)] e^{\frac{\delta_n}{\varepsilon}\ln\rho} B_{n0} \end{array} \right\}$$

$$\sigma_r = \frac{2G}{\rho\sqrt{\rho}} \left\{ \begin{array}{l} \dfrac{2(1+v)}{\sqrt{\rho}} \cos\theta_0 C_{10} - 12(1-v^2)\eta\cot^2\theta_0 \\ \times \sum_{k=3}^{6} \alpha_k^2 e^{\frac{\alpha_k}{\sqrt{\varepsilon}}\ln\rho} C_{k0} + \sum_{n=1}^{\infty} [F_n''(\eta)] + e^{\frac{\delta_n}{\varepsilon}\ln\rho} B_{n0} \end{array} \right\}$$

$$\sigma_\varphi = \frac{2G}{\rho\sqrt{\rho}} \left\{ \begin{array}{l} \dfrac{-4(1-2v)}{\sqrt{\rho}} \cos\theta_0 \sin^{-2}\theta_0 C_{10} - 2(1-v^2)(3v\eta + 1)\cot^2\theta_0 \\ \times \sum_{k=3}^{6} e^{\frac{\alpha_k}{\sqrt{\varepsilon}}\ln\rho} C_{k0} + \sum_{n=1}^{\infty} [F_n''(\eta) + \delta_n^2 F_n(\eta)] e^{\frac{\delta_n}{\varepsilon}\ln\rho} B_{n0} \end{array} \right\}$$

$$\sigma_\theta = \frac{2G}{\rho\sqrt{\rho}} \left\{ \frac{(1-2v)(\eta^2-1)}{\sqrt{\rho}} \cos\theta_0 C_{10}\varepsilon^2 + (1-v^2)(\eta^2-1)\cot^2\theta_0 \right. \\ \left. \times \sum_{k=3}^{6}(3\alpha_k^2-v)e^{\frac{\alpha_k}{\sqrt{\varepsilon}}\ln\rho}C_{k0}\varepsilon + \sum_{n=1}^{\infty}\delta_n^2 F_n(\eta)e^{\frac{\delta_n}{\varepsilon}\ln\rho}B_{n0} \right\}$$

$$\tau_{r\theta} = \frac{G}{\rho\sqrt{\rho}} \left\{ \frac{2(1-2v)(\eta^2-1)}{\sqrt{\rho}} \sin\theta_0 C_{10}\varepsilon^2 + 12(1-v^2)(\eta^2-1)\cot^2\theta_0 \right. \\ \left. \times \sum_{k=3}^{6}\alpha_k e^{\frac{\alpha_k}{\sqrt{\varepsilon}}\ln\rho}\sqrt{\varepsilon}C_{k0} - 2\sum_{n=1}^{\infty}F_n'(\eta)e^{\frac{\delta_n}{\varepsilon}\ln\rho}B_{n0} \right\}$$

(4.4.16)

在式(4.4.15)和式(4.4.16)中,右端的第一项和第二项对应实用壳理论,其他项是对基于 Kirchhoff 理论所得到的解的修正。在域边界上($r=r_s$),应力 σ_r 和 σ_φ 中的附加项跟实用理论中是同阶次的,而在 σ_θ 和 $\tau_{r\theta}$ 中,这些项将起到主导作用(当 $\varepsilon \to 0$ 时)。

4.5 针对圆锥壳的精化实用理论构建

跟第 1 章类似,这里我们对实用壳理论的构造进行分析,其目的是移除锥形边界上的应力要求。不妨假定在圆锥边界上给定了如下条件

$$\sigma_\theta = Q_n(r), \tau_{r\theta} = \tau_n(r) \quad (\theta = \theta_n, n=1,2) \quad (4.5.1)$$

如果引入变量替换,即 $t = \ln r$,那么拉梅方程组的形式将为

$$\frac{2(1-v)}{1-2v}\left(\frac{\partial^2 U_r}{\partial t^2} + \frac{\partial U_r}{\partial t} - 2U_r\right) + \cot\theta\frac{\partial U_r}{\partial \theta} + \frac{\partial^2 U_r}{\partial \theta^2} + \\ \frac{1}{1-2v}\frac{\partial^2 U_\theta}{\partial t \partial \theta} - \frac{3-4v}{1-2v}\frac{\partial U_\theta}{\partial \theta} + \frac{1}{1-2v}\cot\theta\frac{\partial U_\theta}{\partial \theta} - \frac{3-4v}{1-2v}\cot\theta U_\theta = 0 \\ \frac{1}{1-2v}\frac{\partial^2 U_r}{\partial t \partial \theta} + \frac{4(1-v)}{1-2v}\frac{\partial U_r}{\partial \theta} + \frac{\partial^2 U_\theta}{\partial t^2} + \frac{\partial U_\theta}{\partial t} + \\ \frac{2(1-v)}{1-2v}\left(\frac{\partial^2 U_\theta}{\partial \theta^2} + \cot\theta\frac{\partial U_\theta}{\partial \theta} - \frac{U}{\sin^2\theta}\right) = 0$$

(4.5.2)

令 $\lambda = \frac{\partial}{\partial t}$,我们可以得到关于 U_r 和 U_θ 的一组常微分方程,即

$$U_r'' + \cot\theta U_r' + \frac{2(1-v)}{1-2v}(\lambda-1)(\lambda+2)U_r$$

$$+\frac{1}{1-2v}(\lambda+4v-3)(U_\theta'+\cot\theta U_\theta)=0$$

$$\frac{1}{1-2v}(\lambda+4+4v)U_r' + \frac{2(1-v)}{1-2v}\times$$

$$\left(U_\theta''+\cot\theta U_\theta' - \frac{1}{\sin^2\theta}U_\theta\right)+\lambda(\lambda+1)U_\theta=0$$

(4.5.3)

上面这个方程组的通解为

$$U_r = (z-1/2)(z-7/2+4v)\psi_{z-3/2}(\theta) - (z+1/2)\psi_{z+1/2}(\theta)$$

$$U_\theta = \varphi_2(z)\frac{d\psi_{z-3/2}}{d\theta} - \frac{d\psi_{z+1/2}}{d\theta}$$

(4.5.4)

$$\psi_z = A_z P_z(\cos\theta) + B_z Q_z(\cos\theta), z = \lambda+1/2$$

利用锥形边界上的边界条件式(4.5.1),我们不难导出关于待定常数 $A_{z-3/2}$、$B_{z-3/2}$、$A_{z+1/2}$ 和 $B_{z+1/2}$ 的非齐次线性代数方程组,这些常数可以根据克莱默法得到,即

$$A_{z-3/2} = \frac{\Delta_1}{\Delta}, B_{z-3/2} = \frac{\Delta_2}{\Delta}, A_{z+1/2} = \frac{\Delta_3}{\Delta}, B_{z+1/2} = \frac{\Delta_4}{\Delta} \quad (4.5.5)$$

将式(4.5.5)代入式(4.5.4),并针对小参数 ε 进行展开,我们可以得到

$$2G\Delta U_r = e^t \left[\begin{array}{l} -4(1-v)\cot\theta_0 \left\{ \begin{bmatrix} 2z^4+(4v-5)z^2 \\ +3(2v-3/2)z-3(2v-7/4) \end{bmatrix}(Q_2-Q_1) \\ +\cot\theta_0[2z^2-4(1-2v)z+7/2-4v](\tau_2-\tau_1) \end{array} \right\}\varepsilon \\ +\varepsilon^2 \begin{array}{l} 4(1-v)\cot\theta_0 \left\{ \begin{array}{l} 2z^4-2(1-2v)z^3-12(1-v)z^2 \\ +3(v-1/2)z+63/8-9v \\ -\cot^2\theta_0\left[2z^2-4(1-2v)z+\frac{7}{2}-4v\right] \end{array} \right\} \\ \times(\tau_2+\tau_1)-2\cot\theta_0[2z^3+(4v-5)z^2+3(2v-3/2)z \\ -3(2v-7/4)]\times(Q_2+Q_1)+\eta[2z^3+(4v-5)z^2 \\ -(2v-3/2)z+2v-7/4]\times[(4z^2+4v-5)(Q_2-Q_1) \\ +4(vz+1-v/2)\cot\theta_0(\tau_2-\tau_1)] \end{array} \right] + \cdots$$

(4.5.6)

$$2G\Delta U_\theta = e^t [2z^2 + 2(1-2v)z + 4v - 7/2] \times$$
$$[(4z^2 + 4v - 5)(Q_2 - Q_1) + (4vz + 2v - 4)\cot\theta_0(\tau_2 - \tau_1)]\varepsilon +$$

$$\left\{ \begin{bmatrix} 2z^2 + 2(1-2v)z + 4v - 7/2 \end{bmatrix} \begin{bmatrix} (5v - 4 - 4z^2)\eta(Q - Q_1) + \\ (4z^2 - 9)(1-v)(Q_2 + Q_1) \end{bmatrix} \cot\theta_0 + \right.$$

$$\begin{bmatrix} 8z^3 - 4(4v^2 + 2v - 5)z^2 - 2(12v^2 - 16v + 5)z + \\ (7-8v)(1-2v) \end{bmatrix} \eta\cot^2\theta_0(\tau_2 - \tau_1) +$$

$$\varepsilon^2 \left\{ \begin{bmatrix} 8(1-v)(1-2v)z^2 + 24v(1-v)z + 6(1-v) \\ (7-8v) \end{bmatrix} \cot^2\theta_0 - (z^2 + 2z - 9/4)(z - 4v + 7/2) \right\} (\tau_2 + \tau_1) + \cdots \left. \right\}$$
$$(4z^2 + 4v - 5)$$

$$\Delta = 8z(z^2 - 1/4)\varepsilon^2 \left\{ \begin{array}{l} 4(1-v^2)\cot\theta_0 + \\ \dfrac{1}{3} \begin{cases} 4z^2 + 2[8v - 9 - 8(1-v^2)\cot^2\theta_0]z^2 + \\ 12v^2 - 28v + 65/4 + 24(1-v^2)\cot^2\theta_0 + \\ 36(1-v^2)\cot^4\theta_0 \end{cases} \varepsilon^2 + \cdots \end{array} \right\}$$

$$(4.5.7)$$

正如第1章中曾经指出的,我们可以利用式(4.5.6)来构造近似理论,以消除锥形边界上的应力要求。如果返回到原变量上,即利用变换式 $t = \ln r$ 和 $\dfrac{\partial}{\partial t} = r\dfrac{\partial}{\partial r} = z - \dfrac{1}{2}$,那么我们可以得到如下一组常微分方程,即

$$GDU_r =$$

$$\left[\begin{array}{l} -4(1-v)\cot\theta_0 \left\{ \begin{bmatrix} 2d_2 d_1 + (4v-5)d_2 \\ +3(2v-3/2)d_1 - 3(2v-7/4) \end{bmatrix} (Q_2 - Q_1) \\ + \cot\theta_0 [2d_2 - 4(1-2v)d_1 + 7/2 - 4v](\tau_2 - \tau_1) \end{array} \right\} \varepsilon \\
+ \left\{ 4(1-v)\cot\theta_0 \begin{bmatrix} \begin{cases} 2d_2^2 - 2(1-2v)dd_1 - 12(1-v)d_2 \\ +3(v-1/2)d_1 + 63/8 - 9v - \cot^2\theta_0 \times \\ [2d_2 - 4(1-2v)d_1 + 7/2 - 4v] \end{cases} \end{bmatrix} (\tau_2 + \tau_1) \right\} \\
+ \varepsilon^2 \left\{ \begin{array}{l} \begin{bmatrix} 2d_2 d_1 + (4v-5)d_2 + 3(2v-3/2)d_1 - \\ -2\cot\theta_0 \begin{bmatrix} 3(2v-7/4)(Q_2 + Q_1) + \eta \begin{bmatrix} 2d_2 d_1 + (4v-5)d_2 \\ -(2v-3/2)d_1 \\ +2v-7/4 \end{bmatrix} \times \\ [(4d_2 + 4v - 5)(Q_2 - Q_1) + \\ 4(vd_1 + 1 - v/2)\cot\theta_0(\tau_2 - \tau_1)] \end{bmatrix} \end{array} \right\} + \cdots \end{array} \right]$$

$$GDU_\theta = \begin{bmatrix} [2d_2 + 2(1-v)d_1 + 4v - 7/2] \begin{pmatrix} (4d_2 + 4v - 5)(Q_2 - Q_1) + \\ (4vd_1 + 2v - 4)\cot\theta_0(\tau_2 - \tau_1) \end{pmatrix} \varepsilon \\ + \varepsilon^2 \begin{cases} [2d_2 + 2(1-2v)d_1 + 4v + 7/2] \begin{bmatrix} (5v - 4 - L_1vd_2)\eta \\ (Q_2 - Q_1) + (4d_2 - 9) \\ (1-v)(Q_2 + Q_1) \end{bmatrix} \cot\theta_0 \\ + \begin{bmatrix} 8d_2d_1 - 4(4v^2 + 2v - 5)d_2 \\ -2(12v^2 - 16v + 5)d_1 \\ +(7-8v)(1-2v) \end{bmatrix} \eta\cot^2\theta_0(\tau_2 - \tau_1) + \\ \begin{Bmatrix} \begin{bmatrix} 8(1-v)(1-2v)d_2 \\ +24v(1-v)d_1 + 6(1-v)(7-8v) \\ -(d_2 + 2d_1 - 9/4)\times(d_1 - 4v + 7/2) \\ (4d_2 + 4v - 5) \end{bmatrix} \cot^2\theta_0 \end{Bmatrix}(\tau_2 + \tau_1) \end{cases} \end{bmatrix} + \cdots$$

(4.5.8)

其中

$$D = 16\varepsilon^2 d_1 d \left\{ 4(1-v^2)\cot^2\theta_0 + \frac{1}{3} \begin{Bmatrix} 4d^2 - 16(1-v)d \\ -16(1-v^2)\cot^2\theta_0 d \\ +12(1-v)^2 + 20(1-v^2)\cot^2\theta_0 \\ +36(1-v^2)\cot^4\theta_0 \end{Bmatrix} \varepsilon^2 + \cdots \right\}$$

$$d_1 = r\frac{\mathrm{d}}{\mathrm{d}r} + \frac{1}{2}, d_2 = r^2\frac{\mathrm{d}^2}{\mathrm{d}r^2} + 2r\frac{\mathrm{d}}{\mathrm{d}r} + \frac{1}{4}, d = d_2 - \frac{1}{4}$$

通过这一方式,我们也就能够构建出实用壳理论,它们可以具有关于小参数 ε 任意阶次的精度。

综上所述,此处不难得到如下几点认识:

(1) 采用所给出的方法可以构造出实用理论,不过仅适用于平稳变化的载荷情况(带有较小的变化);

(2) 将所提出的方法与齐次解法联合使用,我们可以计算出问题域中所有位置处的应力状态,并可精确到渐近展开式中第一个被丢弃项的阶次;

(3) 对于无界圆锥体,通过利用 Mellin 变换来求解弹性理论问题,我们能够实现锥形边界上的应力释放,这项技术一般应用于非平稳载荷情况。

4.6 变厚度板的轴对称问题

这一节主要针对厚度为 $h=\varepsilon r$（r 是到板中心的距离，ε 是小参数）的板，在齐次解基础上分析其轴对称应力应变状态的渐近行为，并将与基于 Kirchhoff 理论得到的渐近解进行比较。

如同前面指出的，$\theta_0 = \dfrac{\pi}{2}$ 是一种特殊情况，对应于变厚度的板，因此这里我们不再讨论任意的板，而考虑本章前面几节中所述的圆锥壳的特定形式，也即中曲面退化成了平面。由于这一退化是一种特定的情况，因此我们有必要再次重复前面几节的相关讨论。为此，这里考虑一个基于球坐标 (r,θ,φ) 描述的弹性体，其参数范围如下

$$r_1 \leqslant r \leqslant r_2, \dfrac{\pi}{2}-\varepsilon \leqslant \theta \leqslant \dfrac{\pi}{2}+\varepsilon, 0 \leqslant \varphi \leqslant 2\pi \tag{4.6.1}$$

假定在圆锥形边界 $\left(\theta = \dfrac{\pi}{2}-\varepsilon, \theta = \dfrac{\pi}{2}+\varepsilon\right)$ 上给定如下齐次条件

$$\sigma_\theta = 0, \tau_{r\theta} = 0 \tag{4.6.2}$$

那么采用齐次解法（借助圆锥体的分析结果），我们就可以将位移和应力表示为

$$U_r = \dfrac{1}{\sqrt{r}} \sum_{k=1}^{\infty} C_k r^{z_k} U_r(z_k, \theta)$$

$$U_\theta = \dfrac{1}{\sqrt{r}} \sum_{k=1}^{\infty} C_k r^{z_k} U_\theta U_r(z_k, \theta) \tag{4.6.3}$$

$$\sigma_r = \dfrac{2G}{r\sqrt{r}} \sum_{k=2}^{\infty} C_k r^{z_k} Q_r(z_k, \theta)$$

$$\sigma_\varphi = \dfrac{2G}{r\sqrt{r}} \sum_{k=2}^{\infty} C_k r^{z_k} Q_\varphi(z_k, \theta)$$

$$\sigma_\theta = \dfrac{2G}{r\sqrt{r}} \sum_{k=2}^{\infty} C_k r^{z_k} Q_\theta(z_k, \theta) \tag{4.6.4}$$

$$\tau_{r\theta} = \dfrac{2G}{r\sqrt{r}} \sum_{k=2}^{\infty} C_k r^{z_k} T_\theta(z_k, \theta)$$

在上面各式中，C_k 为任意常数，z_k 是函数 $D(z, \varepsilon, \theta_0)$ 在 $\theta_0 = \dfrac{\pi}{2}$ 处的零点。

4.7 变厚度板特征方程的分析

对于 $\theta_0 \neq \frac{\pi}{2}$ 和 $\varepsilon \to 0$ 的情况,前面已经分析了齐次解的渐近行为,并且指出了函数 $D(z,\varepsilon,\theta_0)$ 的零点可以根据其渐近特性划分成三组,每一组对应不同类型的应力应变状态。

与之不同的是,$\theta_0 = \frac{\pi}{2}$ 这一情况是较为特殊的,我们需要对其作单独的考察,不妨从分析函数 $D(z,\varepsilon,\theta_0)$ 在 $\theta_0 = \frac{\pi}{2}$ 处的零点开始。根据 $\varepsilon \to 0$ 时这些零点的渐近特性,我们可以将它们区分为两组。第一组包括七个零点($z_k, k = 0 \sim 6$),其特征在于当 $\varepsilon \to 0$ 时它们都具有有限的极限值,并且其中的三个零点 $\left(z_0 = 0, z_1 = \frac{1}{2}, z_2 = -\frac{1}{2}\right)$ 不依赖于参数 ε。为确定第一组中剩余的零点,可以将函数 $D\left(z,\varepsilon,\frac{\pi}{2}\right)$ 以参数 ε 的形式展开,即

$$D\left(z,\varepsilon,\frac{\pi}{2}\right) = -\frac{4}{3}z^2\left(z^2 - \frac{1}{4}\right)^2 \varepsilon^4 \left\{ \begin{array}{l} 16z^4 + 8(8v-9)z^2 + (13-12v)(5-4v) \\ + \frac{1}{15}\left[\begin{array}{l} -128z^6 + 16(57-48v)z^4 - 16(5-2v) \\ \times (31-30v)z^2 + 5(384v^2 - 832v + 449) \end{array}\right]\varepsilon^2 + \cdots \end{array}\right\} = 0$$

(4.7.1)

根据式(4.7.1)我们可以得到如下零点集

$$z_k = (-1)^k (a_0 + \varepsilon^2 a_2 + \cdots) \quad (k = 3,4,5,6) \quad (4.7.2)$$

其中

$$a_0 = \frac{1}{2}\sqrt{5-4v}, \quad a_2 = (3a_0)^{-1}(1-v^2) \quad (k=3,4) \quad (4.7.3)$$

$$a_0 = \frac{1}{2}\sqrt{13-12v}, \quad a_2 = 3(5a_0)^{-1}(1-v^2) \quad (k=5,6) \quad (4.7.4)$$

为简洁起见,我们可以令 $(-1)^k a_0 = \alpha_k, (-1)^k a_0 = \beta_k$。

第二组零点包括一个可数集,其特征在于当 $\varepsilon \to 0$ 时所有的零点将趋于无穷大,即 $z_k \to \infty$(且有 $\varepsilon z_k \to$ 常数)。采用 4.2 节所述的方法我们不难导得如下渐近

表达
$$z_k = \varepsilon^{-1}\delta_k + \gamma_k + \varepsilon\omega_k + \cdots \quad (k=7,8,\cdots) \tag{4.7.5}$$

且有

$$\sin(2\delta_k) + 2\delta_k = 0, \gamma_k = 0$$
$$\omega_k = \frac{1}{8}\delta_k^{-1}\cos^{-2}\delta_k[16(1-v)+(8v-9)\cos^2\delta_k + 8/3\delta_k^2] \quad (k=8,10,\cdots) \tag{4.7.6}$$

$$\sin(2\delta_k) - 2\delta_k = 0, \gamma_k = 0$$
$$\omega_k = 2^{-3}\delta_k^{-1}\sin^{-2}\delta_k[16(1-v)+(8v-9)\sin^2\delta_k + 8/3\delta_k^2] \quad (k=7,9,\cdots) \tag{4.7.7}$$

此外,这里也不难证明,除了上述零点之外,函数 $D\left(z,\varepsilon,\dfrac{\pi}{2}\right)$ 不存在其他零点。

4.8 板的应力应变状态分析

将 $z_0 = 0$ 代入式(4.6.3)中,我们不难发现这个零点是对应平凡解的。零点 $z_1 = \dfrac{1}{2}$ 和 $z_2 = -\dfrac{1}{2}$ 所对应的应力应变状态可以根据式(4.3.3)和式(4.3.4)(令 $\theta_0 = \pi/2$)得到,即

$$U_r = r_1\left[C_1\sin(\varepsilon\eta) - \frac{4(1-v)C_2}{\rho}\sin(\varepsilon\eta)\right]$$
$$U_\theta = r_1\left\{C_1\cos(\varepsilon\eta) + \frac{C_2}{\rho}[(3-4v)\cos(\varepsilon\eta)-(1-2v)\cos^2\varepsilon\cos^{-1}(\varepsilon\eta)]\right\} \tag{4.8.1}$$

$$\sigma_r = \frac{4G(v-2)}{\rho^2}C_2\sin(\varepsilon\eta)$$
$$\sigma_\varphi = \frac{2(1-2v)G}{\rho^2}C_2[\sin(\varepsilon\eta)+\cos^2(\varepsilon t)g\varepsilon\eta\cos^{-1}(\varepsilon\eta)]$$
$$\sigma_\theta = \frac{2(1-2v)G}{\rho^2}C_2[\sin(\varepsilon\eta)-\cos^2(\varepsilon t)g\varepsilon\eta\cos^{-1}(\varepsilon\eta)]$$
$$\tau_{r\theta} = \frac{2(1-2v)G}{\rho^2}C_2[\cos^2\varepsilon\cos^{-1}\eta - \cos(\varepsilon\eta)] \tag{4.8.2}$$

式中:C_1 和 C_2 为未知常数。

如果在式(4.6.3)和式(4.6.4)中令 $\theta = \dfrac{\pi}{2} + \varepsilon\eta(-1 \leqslant \eta \leqslant 1)$,并将其展开为参数 ε 的级数形式,我们将能够导出第一组剩余零点所对应的表达式,即

$$U_r = \frac{r_1}{\sqrt{\rho}} \sum_{k=3}^{6} C_k U_{rk}, U_\theta = \frac{r_1}{\sqrt{\rho}} \sum_{k=3}^{6} C_k U_{\theta k} \tag{4.8.3}$$

$$\sigma_r = \frac{2G}{\rho\sqrt{\rho}} \sum_{k=3}^{6} C_k Q_{rk}, \sigma_\varphi = \frac{2G}{\rho\sqrt{\rho}} \sum_{k=3}^{6} C_k Q_{\varphi k}$$

$$\sigma_\theta = \frac{2G}{\rho\sqrt{\rho}} \sum_{k=3}^{6} C_k Q_{\theta k}, \tau_{r\theta} = \frac{2G}{\rho\sqrt{\rho}} \sum_{k=3}^{6} C_k T_k \tag{4.8.4}$$

式中:C_k 为任意常数,且有

$$U_{rk} = \left\{ 2(v-2) + 4v\alpha_k + \frac{1}{3}\varepsilon^2 \begin{bmatrix} 3(1-v^2)(3-2\alpha_k)\eta^2 \\ +(1-v)(1-5v) + 2(1-v^2)\alpha_k \\ +12v\beta_k + 12\beta_k(v-2+2v\alpha_k)\ln\rho \end{bmatrix} + \cdots \right\} e^{\alpha_k \ln\rho}$$

$$U_{\theta k} = \varepsilon\eta \left\{ 4(1-v^2) + \frac{1}{3}\varepsilon^2 \begin{bmatrix} [2(1-2v)\alpha_k - 2v^2 + 4v - 1](1+v)\eta^2 \\ +(1+v)[(1-2v)\alpha_k - 2(1-2v)] - \\ 24(1-v)\alpha_k\beta_k + 24(1-v^2)\beta_k\ln\rho \end{bmatrix} + \cdots \right\} e^{\alpha_k \ln\rho}$$

$$\tag{4.8.5}$$

$$Q_{rk} = \left\{ \begin{matrix} 2(1+v)(1-2\alpha_k) + \dfrac{1}{3}\varepsilon^2 \times \\ \begin{Bmatrix} 3(1+v)[3v-4+2(2-v)\alpha_k]\eta^2 + \\ (1+v)(2-v-4v\alpha_k-12\beta_k) + 12(1+v) \\ \beta_k(1-2\alpha_k)\ln\rho \end{Bmatrix} + \cdots \end{matrix} \right\} e^{\alpha_k \ln\rho}$$

$$Q_{\varphi k} = \left\{ \begin{matrix} -4(1-v^2) + \dfrac{1}{3}\varepsilon^2 \\ \begin{Bmatrix} 3(1+v)[2v^2-2v-1-2(1-2v)\alpha_k]\eta + \\ 2v^2-2v+1+2(1-2v)\alpha_k - 24\alpha_k\beta_k - 24(1-v^2)\beta_k\ln\rho \end{Bmatrix} + \cdots \end{matrix} \right\} e^{\alpha_k \ln\rho}$$

$$Q_{\theta k} = \varepsilon^2 \left\{ \frac{1}{3}(1-v^2)(1+3\eta^2) - 4\alpha_k\beta_k + O(\varepsilon^2) \right\} e^{\alpha_k \ln\rho}$$

$$T_k = \eta(\eta^2-1)\varepsilon^3 \left\{ \frac{1}{3}(1+v)(v-2+2v\alpha_k) + O(\varepsilon^2) \right\} e^{\alpha_k \ln\rho}$$

$$\tag{4.8.6}$$

式中:系数 α_k 和 $\beta_k(k=3,4)$ 由式(4.7.3)给出。

$$U_{rk} = 2(1-v)\eta \begin{Bmatrix} 3-2\alpha_k + \dfrac{1}{3}\varepsilon^2 \times \\ \begin{bmatrix} [3(7v-9)-(3v-7)\alpha_k]\eta^2 \\ +9(v+2)-6(1+v)\alpha_k - 6\beta_k \\ +6\beta_k(3-2\alpha_k)\ln\rho \end{bmatrix} + \cdots \end{Bmatrix} e^{\alpha_k \ln\rho}$$

(4.8.7)

$$U_{\theta k} = \varepsilon^{-1} \begin{Bmatrix} 4(1-v)+\varepsilon^2 \times \\ \begin{Bmatrix} [2(1-2v)\alpha_k - 6v^2 + 10v - 3]\eta^2 \\ -12v^2 + 18v - 7 - 2(1-2v)\alpha_k \\ +8(1-v)\beta_k \ln\rho \end{Bmatrix} + \cdots \end{Bmatrix} e^{\alpha_k \ln\rho}$$

$$Q_{\varphi k} = \eta \begin{Bmatrix} 12v^2 - 16v + 2 - 4(1-2v)\alpha_k + \dfrac{1}{3}\varepsilon^2 \\ \times \begin{Bmatrix} \begin{bmatrix} 18v^3 - 54v^2 + 56v - 22 + 4(1-2v) \times \\ (2-3v)\alpha_k \end{bmatrix} \eta^2 \\ +3(36v^3 - 36v^2 - 23v + 19) + 3(1-2v) \\ (5-6v)\alpha_k - 24v\alpha_k\beta_k - 12(1-2v)\beta_k + 12 \\ \beta_k[6v^2 - 8v + 1 - 2(1-2v)\alpha_k]\ln\rho \end{Bmatrix} + \cdots \end{Bmatrix} e^{\alpha_k \ln\rho}$$

(4.8.8)

$$Q_{\varphi k} = \eta(\eta^2 - 1)\varepsilon^2 \{[2(1-2v)\alpha_k - 6v^2 + 8v - 1 + O(\varepsilon^2)]\} e^{\alpha_k \ln\rho}$$

$$T_k = (\eta^2 - 1)\varepsilon[2(2-v)\alpha_k + 7v - 8 + O(\varepsilon^2)] e^{\alpha_k \ln\rho}$$

式中:系数 α_k 和 β_k 由式(4.7.4)给出。

第二组零点所描述的应力应变状态在远离板边界时将快速发生衰减,若将这一组解以小参数 ε 展开,那么我们可以得到如下渐近表达式:

$$U_r = \dfrac{r_1}{\sqrt{\rho}} \varepsilon \sum_{n=1}^{\infty} B_n \begin{Bmatrix} 2[(1-v)\delta_n^{-1}F_n''(\eta) - v\delta_n F_n(\eta)] \\ +\varepsilon \begin{Bmatrix} \left(\dfrac{4-13v}{4} - 2v\delta_n\omega_n\ln\rho\right)F_n(\eta) + (1-v) \\ \times \left[\dfrac{5(1-2v)}{4} + \delta_n^{-1}\omega_n\ln\rho\right]F_n''(\eta) \end{Bmatrix} + \cdots \end{Bmatrix} e^{\varepsilon^{-1}\delta_n \ln\rho}$$

(4.8.9)

$$U_\theta = -\frac{r_1}{\sqrt{\rho}}\varepsilon\sum_{n=1}^{\infty} B_n \left\{ \begin{array}{l} 2[(2-v)F_n'(\eta) + (1-v)\delta_n^{-2}F_n'''(\eta)] \\ + \varepsilon\left\{ \left(\dfrac{26-19v}{4} - 2(2-v)\omega_n\ln\rho\right)F_n'(\eta) + (1-v) \right. \\ \left. \delta_n^{-2}\left[\dfrac{11(1-2v)}{4}\delta_n^{-1} + \omega_n\ln\rho\right]F_n'''(\eta) \right\} \\ + \cdots \end{array} \right\} e^{\varepsilon^{-1}\delta_n\ln\rho}$$

$$\sigma_r = \frac{2G}{\rho\sqrt{\rho}}\sum_{n=1}^{\infty} B_n \left\{ F_n''(\eta) + \varepsilon\left[\begin{array}{l}(1+v)\delta_n F_n(\eta) \\ + \left(\omega_n\ln\rho + \dfrac{3+4v}{4}\delta_n^{-1}\right)F_n''(\eta)\end{array}\right] + \cdots \right\} e^{\varepsilon^{-1}\delta_n\ln\rho}$$

$$\sigma_\varphi = \frac{2G}{\rho\sqrt{\rho}}\sum_{n=1}^{\infty} B_n \left\{ F_n''(\eta) + \delta_n^2 F_n(\eta) + \varepsilon\left[\begin{array}{l}\left(\dfrac{v}{4} + \delta_n\omega_n\right)\delta_n F_n(\eta) + \\ \left(\dfrac{4+3v}{4}\delta_n^{-1} + \omega_n\ln\rho\right)F_n''(\eta)\end{array}\right] + \cdots \right\} e^{\varepsilon^{-1}\delta_n\ln\rho}$$

$$\sigma_\theta = \frac{2G}{\rho\sqrt{\rho}}\sum_{n=1}^{\infty} B_n\delta_n^2 F_n(\eta)\left\{ 1 + \varepsilon\left(\frac{11}{4}\delta_n^{-1} + \omega_n\ln\rho + \cdots\right)\right\} e^{\varepsilon^{-1}\delta_n\ln\rho}$$

$$\tau_{r\theta} = -\frac{2G}{\rho\sqrt{\rho}}\sum_{n=1}^{\infty} B_n\delta_n F_n'(\eta)\left\{ 1 + \varepsilon\left(\frac{5}{4}\delta_n^{-1} + \omega_n\ln\rho + \cdots\right)\right\} e^{\varepsilon^{-1}\delta_n\ln\rho}$$

(4.8.10)

式中:B_n 为新出现的任意常数;$F_n(\eta)$ 为 P. F. Papkovich 函数。

从式(4.8.9)和式(4.8.10)不难发现,应力和位移渐近表达式中的首项跟常厚度板情况中的边界层解是一致的。

下面进一步分析与不同解组对应的应力应变状态。零点 $z_1 = \dfrac{1}{2}$ 对应的是板的刚体运动,而跟零点 $z_2 = -\dfrac{1}{2}$ 对应的应力状态则等价于对称轴方向上载荷的合成矢量 P。此处的常数 C_2 是通过如下关系与 P 关联起来的,即

$$P = -2\pi r^2\varepsilon\int_{-1}^{1}[\sigma_r\sin(\varepsilon\eta) + \tau_{r\theta}\cos(\varepsilon\eta)]\cos(\varepsilon\eta)\mathrm{d}\eta = 16\pi G(1-v)\sin^2\varepsilon C_2$$

(4.8.11)

对于剩余的齐次解,在横截面 $r = $ 常数内的合应力矢量是等于零的。式(4.8.4)和式(4.8.6)所给出的应力状态等效于板中面上的应力 T_r 和 T_φ,可以表示为

$$T_r = \frac{E\varepsilon}{1-v^2} \frac{1}{\sqrt{\rho}} \sum_{k=3,4} C_k \rho^{\alpha_k} T_{rk}$$

$$T_\varphi = \frac{E\varepsilon}{1-v^2} \frac{1}{\sqrt{\rho}} \sum_{k=3,4} C_k \rho^{z_k} T_{\varphi k}$$

(4.8.12)

其中

$$T_{rk} = 8(1-v^2)(1-2\alpha_k) + \frac{4}{3}\begin{bmatrix} 2(1-v)(2-v)\alpha_k \\ +24v\alpha_k\beta_k - 2(1-v^2)\beta_k \\ -(1-v)(2-v)(1-2v) + \\ 12(1-v^2)(1-2\alpha_k)\beta_k\ln\rho \end{bmatrix}\varepsilon^2 + \cdots$$

$$T_{\varphi k} = -16(1-v)(1-v^2) + \frac{4}{3}\begin{bmatrix} 2v(1-v)(2-v)\alpha_k \\ +24v^2\alpha_k\beta_k + (1-v)(2-v)^2 \\ -12(1-v)(1-v^2)\beta_k\ln\rho \end{bmatrix}\varepsilon^2 + \cdots$$

根据式(4.8.8)我们可以看出,该应力对应的是如下形式的弯矩

$$M_r = \frac{E\varepsilon^2}{6(1-v^2)} \sqrt{\rho} \sum_{k=5,6} C_k \rho^{\alpha_k} M_{rk}$$

$$M_\varphi = \frac{E\varepsilon^2}{6(1-v^2)} \sqrt{\rho} \sum_{k=5,6} C_k \rho^{\alpha_k} M_{\varphi k}$$

(4.8.13)

其中

$$M_{rk} = 2(1-v)[2(v-2)\alpha_k + 8 - 7v] + \frac{1}{3}$$

$$\left\{\begin{array}{l} 24(1-v)\alpha_k\beta_k + 12(1-v)(v-2)\beta_k - (21v^3 - 60v^2 + 53v - 16)\alpha_k \\ + 123v^3 - 406v^2 + 225v - 70 + 12(1-v)[2(v-2)\alpha_k + 8v - 7]\beta_k\ln\rho \end{array}\right\}\varepsilon^2 + \cdots$$

$$M_{\varphi k} = -2(1-v)(6v^2 - 8v + 1) + \frac{1}{3}$$

$$\left\{\begin{array}{l} 12(1-v)[2v\alpha_k\beta_k + (1-2v)\beta_k] - (6v^2 - 8v + 1)[2(1-2v)\alpha_k \\ + 21v^2 - 32v + 12] - 12(1-v)(6v^2 - 8v + 1)\beta_k\ln\rho \end{array}\right\}\varepsilon^2 + \cdots$$

为了方便比较,这里我们也给出基于 Kirchhoff 理论得到的弯矩和力的表达式,分别为

$$M_r^* = \frac{E\varepsilon^2}{6(1-v^2)}\sqrt{\rho}\sum_{k=5,6}2(1-v)[2(v-2)\alpha_k + 8 - 7v]C_k'\rho^{\alpha_k}$$

$$M_\varphi^* = \frac{E\varepsilon^2}{6(1-v^2)}\sqrt{\rho}\sum_{k=5,6} -2(1-v)(6v^2 - 8v + 1)C_k'\rho^{\alpha_k}$$

(4.8.14)

$$T_r^* = \frac{E\varepsilon}{1-v^2}\frac{1}{\sqrt{\rho}}\sum_{k=3,4}8(1-v^2)(1-2\alpha_k)C_k'\rho^{\alpha_k}$$

$$T_\varphi^* = \frac{E\varepsilon}{1-v^2}\frac{1}{\sqrt{\rho}}\sum_{k=3,4} -16(1-v)(1-v^2)C_k'\rho^{\alpha_k}$$

(4.8.15)

通过对比式(4.8.14)和式(4.8.13),以及式(4.8.15)和式(4.8.12)可以发现,基于 Kirchhoff 理论的变厚度板的应力状态仅仅跟三维应力状态渐近表达式中的首项是一致的。因此,我们应当注意参考文献[7]中关于解(4.8.15)不是三维应力渐近表达式的首项这一表述是不正确的。

4.9 给定应力条件下变厚度板的边值问题简化

这里我们假定在 $r = r_s(s = 1,2)$ 处给定了如下应力条件

$$\sigma_r = \sigma_s(\theta), \tau_{r\theta} = \tau_s(\theta) \tag{4.9.1}$$

式中:函数 $\sigma_s(\theta)$ 和 $\tau_s(\theta)$ 满足如下平衡条件

$$2\pi r_1^2 \varepsilon \int_{-1}^{1} [\sigma_1(\theta)\sin(\varepsilon\eta) + \tau_1(\theta)\cos(\varepsilon\eta)]\cos(\varepsilon\eta)\mathrm{d}\eta =$$

$$2\pi r_2^2 \varepsilon \int_{-1}^{1} [\sigma_2(\theta)\sin(\varepsilon\eta) + \tau_2(\theta)\cos(\varepsilon\eta)]\cos(\varepsilon\eta)\mathrm{d}\eta = P$$

(4.9.2)

上面的 P 代表的是作用在任意截面 $r = $ 常数上的合力矢量。如同前面所注意到的,式(4.6.4)中的非自平衡部分是可以借助透射解(4.8.2)移除的,而常数 C_2 与合力 P 之间的关系可由式(4.8.11)给出。因此,在下面的分析中我们将设定 $P = 0$。

现在来寻找形如式(4.6.3)和式(4.6.4)的解,此处可以借助 $C_1 = C_2 = 0$ 这一可行假设。于是,从拉格朗日变分原理出发,我们将可得到如下所示的一组无限型代数方程

$$\sum_{k=3}^{\infty} m_{jk}C_k = N_j \quad (j = 3,4,\cdots) \tag{4.9.3}$$

其中

$$m_{jk} = \sum_{s=1}^{2} e^{z_j+z_k} \ln\rho_s \int_{-1}^{1} (Q_{rk}U_{rj} + T_k U_{\theta j})\cos(\varepsilon\eta)\,d\eta$$

$$N_j = \sum_{s=1}^{2} e^{z_j+3/2} \ln\rho_s \int_{-1}^{1} (\sigma_s U_{rj} + T_s U_{\theta j})\cos(\varepsilon\eta)\,d\eta \tag{4.9.4}$$

利用薄壁参数 ε 为小量这一性质，我们可以构造出式(4.9.3)的渐近解。这里只需要考虑到跟第一组根对应的 σ_r 和 $\tau_{r\theta}$ 具有不同的阶次即可，也即 $\sigma_r \sim 1, \tau_{r\theta} \sim \varepsilon^3$（对于 $k=3,4$），$\sigma_r \sim 1, \tau_{r\theta} \sim \varepsilon$（对于 $k=5,6$）。

进一步，利用式(4.8.3)、式(4.8.4)、式(4.8.9)和式(4.8.10)，我们来寻找如下展开形式的未知常数 C_k 和 B_n

$$\begin{aligned} C_k &= C_{k0} + \varepsilon C_{k1} + \varepsilon^2 C_{k2} + \cdots \\ B_n &= B_{n0} + \varepsilon B_{n1} + \varepsilon^2 B_{n2} + \cdots \end{aligned} \tag{4.9.5}$$

基于变分原理，这里就不难得到如下关于 C_{k0} 和 B_{n0} 的方程组

$$\begin{aligned} \sum_{k=3,4} \prod_{jk} C_{k0} &= E_j \quad (j=3,4) \\ \sum_{k=5,6} \prod_{jk} C_{k0} &= E_j \quad (j=5,6) \end{aligned} \tag{4.9.6}$$

$$\begin{aligned} \sum_{n=1,3,\cdots}^{\infty} g_{tn} B_{n0} &= H_t \quad (t=1,3,\cdots) \\ \sum_{n=2,4,\cdots}^{\infty} g_{tn} B_{n0} &= H_t \quad (t=2,4,\cdots) \end{aligned} \tag{4.9.7}$$

式中：

$$\begin{aligned} \prod_{jk} &= 16G(1+v)(v-2+2v\alpha_j)(1-2\alpha_k) \times \\ &\quad \sum_{s=1}^{2} e^{\alpha_j+\alpha_k} \ln\rho_s \quad (j=3,4) \end{aligned} \tag{4.9.8}$$

$$\begin{aligned} \prod_{jk} &= \frac{16}{3}G(1-v)(1-2\alpha_j)[7v-8+2(2-v)\alpha_k] \times \\ &\quad \sum_{s=1}^{2} (\alpha_j+\alpha_k)\ln\rho_s \quad (j=5,6) \end{aligned}$$

$$E_j = 2\sum_{s=1}^{2}\rho_s^{3/2}\mathrm{e}^{\alpha_j\ln\rho_s}\int_{-1}^{1}\begin{bmatrix}(v-2+2v\alpha_j)\sigma_s(\theta)\\+2(1-v^2)\eta\varepsilon\tau_s(\theta)\end{bmatrix}\mathrm{d}\eta \quad (j=3,4)$$

$$E_j = 2\sum_{s=1}^{2}\rho_s^{3/2}\mathrm{e}^{\alpha_j\ln\rho_s}\int_{-1}^{1}\begin{bmatrix}(3-2\alpha_j)\eta\sigma_s(\theta)\\+2\varepsilon^{-1}\tau_s(\theta)\end{bmatrix}\mathrm{d}\eta \quad (j=5,6)$$

(4.9.9)

$$H_t = 2\sum_{s=1}^{2}\rho_s^{3/2}\mathrm{e}^{\frac{\delta_t}{\varepsilon}\ln\rho_s}\int_{-1}^{1}\left\{\begin{matrix}\sigma_s[(1-v)\delta_t^{-1}F''_t(\eta)-v\delta_t F_t(\eta)]\\-\tau_s[(1-v)\delta_t^{-2}F'''_t(\eta)+(2-v)F'_t(\eta)]\end{matrix}\right\}\mathrm{d}\eta +$$

$$16Gv(1+v)(1-2\alpha_k)\frac{\sin^2\delta_t}{\delta_t}C_{k0}\sum_{s=1}^{2}\mathrm{e}^{\frac{\delta_t}{\varepsilon}\ln\rho_s} \quad (t=2,4,\cdots)$$

$$H_t = 2\sum_{s=1}^{2}\rho_s^{3/2}\mathrm{e}^{\frac{\delta_t}{\varepsilon}\ln\rho_s}\int_{-1}^{1}\left\{\begin{matrix}\sigma_s[(1-v)\delta_t^{-1}F''_t(\eta)-v\delta_t F_t(\eta)]\\-\tau_s[(1-v)\delta_t^{-2}F'''_t(\eta)+(2-v)F'_t(\eta)]\end{matrix}\right\}\mathrm{d}\eta -$$

$$16Gv[7v-8+2(2-v)\alpha_k]\frac{\sin^2\delta_t}{\delta_t}C_{k0}\sum_{s=1}^{2}\mathrm{e}^{\frac{\delta_t}{\varepsilon}\ln\rho_s} \quad (t=1,3,\cdots)$$

式(4.9.7)中的系数由式(4.4.13)给出。

4.10 变厚度板的实用理论构建

前面已经指出,借助针对圆锥体构建的实用理论(式(4.5.8)),我们可以移除锥形边界上的载荷,对于板来说必须设定 $\theta_0 = \pi/2$。不过这里将进一步指出,通过修改解的构造方法,我们还可以将该问题划分成两个彼此独立的子问题,即板的拉压问题和弯曲问题。

为此,这里可以假定在锥形边界上的条件为

$$\sigma_\theta = Q_n(r), \tau_{r\theta} = \tau_n(r) \quad \left(在 \theta = \frac{\pi}{2}+(-1)^n\varepsilon, n=1,2 上\right) \quad (4.10.1)$$

利用4.5节的相关结果,该问题的通解就可以表示成如下形式

$$U_r = (z-1/2)(z+4v-7/2)\psi_{z-3/2} - (z+1/2)\psi_{z+1/2}$$

$$U_\theta = \varphi_2(z)\frac{\mathrm{d}\psi_{z-3/2}}{\mathrm{d}\theta} - \frac{\mathrm{d}\psi_{z+1/2}}{\mathrm{d}\theta}$$

(4.10.2)

其中

$$\psi_z(\theta) = A_z T_z(\theta) + B_z F_z(\theta)$$

$$T_z(\theta) = \mathrm{P}_z(\cos\theta) + \mathrm{P}_z(-\cos\theta)$$

$$F_z(\theta) = \mathrm{P}_z(\cos\theta) - \mathrm{P}_z(-\cos\theta)$$

这里我们不再采用勒让德方程的传统的线性相关解 $\mathrm{P}_z(\cos\theta)$ 和 $\mathrm{Q}_z(\cos\theta)$，而是选择了关于 $\theta = \pi/2$ 为奇函数和偶函数的解，分别表示为 $T_z(\theta)$ 和 $F_z(\theta)$。这一做法要更为方便一些，由此可以将板的一般问题区分成两个独立的子问题。

进一步，引入如下幅值参数：

$$q_1 = \frac{1}{2}(Q_1 + Q_2), q_2 = \frac{1}{2}(Q_2 - Q_1)$$
$$s_1 = \frac{1}{2}(\tau_1 + \tau_2), s_2 = \frac{1}{2}(\tau_2 - \tau_1)$$
(4.10.3)

由此也就把一般边值问题划分成了如下两个部分，即
(1) 问题 A：

$$\sigma_\theta = q_1, \tau_{r\theta} = (-1)^n s_1 \quad \left(对于 \theta = \frac{\pi}{2} + (-1)^n \varepsilon\right) \quad (4.10.4)$$

(2) 问题 B：

$$\sigma_\theta = (-1)^n q_2, \tau_{r\theta} = s_2 \quad \left(对于 \theta = \frac{\pi}{2} + (-1)^n \varepsilon\right) \quad (4.10.5)$$

由于关于平面 $\theta = \pi/2$ 具有对称性，因此问题 A 也就可以称为板的拉压问题，而问题 B 可以称为板的弯曲问题了。

根据边界条件式(4.10.4)和式(4.10.5)，我们不难确定出任意常数 $A_{z-3/2}$，$A_{z+1/2}$，$B_{z-3/2}$，$B_{z+1/2}$，它们分别如下

$$A_{z-3/2} = \Delta_1^{-1}\Delta_{11}, A_{z+1/2} = \Delta_1^{-1}\Delta_{12} \quad (4.10.6)$$

$$B_{z-3/2} = \Delta_2^{-1}\Delta_{21}, B_{z+1/2} = \Delta_2^{-1}\Delta_{22} \quad (4.10.7)$$

将式(4.10.6)和式(4.10.7)分别代入式(4.10.2)，对于问题 A 可以得到

$$\Delta_1 U_r = (z - 1/2)(z + 4v - 7/2) T_{z-3/2}(\theta)\Delta_{11} - (z + 1/2) T_{z+1/2}(\theta)\Delta_{12}$$

$$\Delta_1 U_\theta = \varphi_2(z)\frac{\mathrm{d}T_{z-3/2}(\theta)}{\mathrm{d}\theta}\Delta_{11} - \frac{\mathrm{d}T_{z+1/2}(\theta)}{\mathrm{d}\theta}\Delta_{12}$$

(4.10.8)

而对于问题 B 可以得到

$$\Delta_2 U_r = (z - 1/2)(z + 4v - 7/2) F_{z-3/2}(\theta)\Delta_{21} - (z + 1/2) F_{z+1/2}(\theta)\Delta_{22}$$

$$\Delta_2 U_\theta = \varphi_2(z)\frac{\mathrm{d}F_{z-3/2}(\theta)}{\mathrm{d}\theta}\Delta_{21} - \frac{\mathrm{d}F_{z+1/2}(\theta)}{\mathrm{d}\theta}\Delta_{22} \quad (4.10.9)$$

其中

$$\Delta_1 = (z+1/2)\varphi_1(-z)T_{z+1/2}(\theta_1)\frac{\mathrm{d}T_{z-3/2}(\theta_1)}{\mathrm{d}\theta} -$$

$$(z-1/2)^2\varphi_1(z)T_{z-3/2}(\theta_1)\frac{\mathrm{d}T_{z+1/2}(\theta_1)}{\mathrm{d}\theta} -$$

$$4(1-v)z\mathrm{tg}\varepsilon\frac{\mathrm{d}T_{z-3/2}(\theta_1)}{\mathrm{d}\theta}\frac{\mathrm{d}T_{z+1/2}(\theta_1)}{\mathrm{d}\theta}$$

$$\Delta_{11} = (z-1/2)\frac{\mathrm{d}T_{z+1/2}(\theta_1)}{\mathrm{d}\theta}q_1(t) + \left[(z+1/2)^2 T_{z+1/2}(\theta_1) + \mathrm{tg}\varepsilon\frac{\mathrm{d}T_{z+1/2}(\theta_1)}{\mathrm{d}\theta}\right]s_1(t)$$

$$\Delta_{12} = \varphi_1(-z)\frac{\mathrm{d}T_{z-3/2}(\theta_1)}{\mathrm{d}\theta}q_1(t) + \left[\begin{array}{c}(z+1/2)\varphi_1(z)T_{z-3/2}(\theta_1)\\ +\varphi_2(z)\mathrm{tg}\varepsilon\dfrac{\mathrm{d}T_{z-3/2}(\theta_1)}{\mathrm{d}\theta}\end{array}\right]s_1(t)$$

$$\theta_1 = \frac{\pi}{2} - \varepsilon$$

(4.10.10)

Δ_2、Δ_{21} 和 Δ_{22} 也具有相同的结构，只是需要在式(4.10.10)中将函数 T_z 替换为 F_z，将 $q_1(t)$ 和 $s_1(t)$ 分别替换为 $q_2(t)$ 和 $s_2(t)$ 即可。

如果以参数 ε 的形式进行展开，那么我们可以得到如下结果。

对于问题 A 有

$$2G\Delta_1 U_r = 4(1-v)s_1(t) + 2(2-v-2vz)q_1(t)\varepsilon + \cdots$$
$$2G\Delta_1 U_\theta = 2\varepsilon\eta[(v-2-2vz)s_1(t) + 2(1-v)(z^2-9/4)q_1(t)\varepsilon + \cdots]$$

(4.10.11)

对于问题 B 有

$$2G\Delta_2 U_r = 2\varepsilon\eta\{(1-v)(2z-3)q_2(t) + [4v-3-2(1-v)(z^2-1/4)]s_2(t)\varepsilon + \cdots\}$$
$$2G\Delta_2 U_\theta = -4(1-v)q_2(t) + (1-vz)(2z-1)s_2(t)\varepsilon + \cdots$$

(4.10.12)

其中

$$\Delta_1 = \varepsilon\left\{-4z^2 + 5 - 4v + \frac{1}{3}\left[4z^4 + 2(6v-7)z^2 + \frac{77}{4} - 19v\right]\varepsilon^2 + \cdots\right\}$$

$$\Delta_2 = 4\left(z^2 - \frac{1}{4}\right)\varepsilon^3\left\{-4z^2 + 13 - 12v + \frac{1}{10}\left[28z^4 + 2(50v-71)z^2 + \frac{855}{4} - 205\right]\varepsilon^2 + \cdots\right\}$$

正如 4.5 节所指出的,我们可以利用式(4.10.11)和式(4.10.12)来构造实用的近似理论,它们可以消除板的锥形边界部分上的应力要求。考虑到 $t = \ln r$ 和 $z = r\dfrac{\mathrm{d}}{\mathrm{d}r} + \dfrac{1}{2}$,我们也就能够获得如下常微分方程组了。

对于问题 A:

$$2G\varepsilon D_1 U_r = 4(1-v)s_1(r) + 4\left(1 - v - v_r\dfrac{\mathrm{d}}{\mathrm{d}r}\right)q_1(r)\varepsilon + \cdots$$

$$2G\varepsilon D_1 U_\theta = \varepsilon\eta\left\{-4\left(1 + v_r\dfrac{\mathrm{d}}{\mathrm{d}r}\right)s_1(r) + 4(1-v)\left[\dfrac{1}{r^2}\dfrac{\mathrm{d}}{\mathrm{d}r}\left(r^2\dfrac{\mathrm{d}}{\mathrm{d}r}\right) - 2\right]q_1(r)\varepsilon^2 + \cdots\right\}$$

(4.10.13)

对于问题 B:

$$8G\varepsilon^3 D_2 U_r = 2\varepsilon\eta\left\{2(1-v)\left(r\dfrac{\mathrm{d}}{\mathrm{d}r} - 1\right)\tau_2(r) + \begin{bmatrix}4v - 3 - 2(1-v)\\\dfrac{1}{r^2}\dfrac{\mathrm{d}}{\mathrm{d}r}\left(r^2\dfrac{\mathrm{d}}{\mathrm{d}t}\right)\end{bmatrix}s_2(r)\varepsilon + \cdots\right\}$$

$$8G\varepsilon^3 D_r U_\theta = 4(1-v)q_2(r) + 2(1-2v)r\dfrac{\mathrm{d}s_2(r)}{\mathrm{d}r}\varepsilon + \cdots$$

(4.10.14)

其中

$$D_1 = 4 - 4v - \dfrac{4}{r^2}\dfrac{\mathrm{d}}{\mathrm{d}r}\left(r^2\dfrac{\mathrm{d}}{\mathrm{d}r}\right) + \dfrac{1}{3}\varepsilon^2\left\{4\left[\dfrac{1}{r^2}\dfrac{\mathrm{d}}{\mathrm{d}r}\left(r^2\dfrac{\mathrm{d}}{\mathrm{d}r}\right) + 1/4\right]^2 + 2(6v-7)\dfrac{1}{r^2}\dfrac{\mathrm{d}}{\mathrm{d}r}\left(r^2\dfrac{\mathrm{d}}{\mathrm{d}r}\right) + \dfrac{63}{4} - 16v\right\} + \cdots$$

$$D_2 = \dfrac{1}{r^2}\dfrac{\mathrm{d}}{\mathrm{d}r}\left(r^2\dfrac{\mathrm{d}}{\mathrm{d}r}\right)\left\{\begin{aligned}&12 - 12v - \dfrac{4}{r^2}\dfrac{\mathrm{d}}{\mathrm{d}r}\left(r^2\dfrac{\mathrm{d}}{\mathrm{d}r}\right) + \dfrac{1}{10}\times\\&\left\{28\left[\dfrac{1}{r^2}\dfrac{\mathrm{d}}{\mathrm{d}r}\left(r^2\dfrac{\mathrm{d}}{\mathrm{d}r}\right) + 1/4\right]^2 + 2(50v - 71)\times\right.\\&\left.\dfrac{1}{r^2}\dfrac{\mathrm{d}}{\mathrm{d}r}\left(r^2\dfrac{\mathrm{d}}{\mathrm{d}r}\right) + \dfrac{773}{4} - 180v\right\}\varepsilon^2 + \cdots\end{aligned}\right.$$

如果采用上述方程组,那么将不难得到跟前面 4.5 节类似的一些结论了。

4.11 侧表面为固支或混合边界条件下中空圆锥体的弹性平衡问题分析

1. 假定中空圆锥体的侧表面上为固支边界，那么有

$$U_r = 0, U_\theta = 0 \quad (\theta = \theta_n) \tag{4.11.1}$$

此外，这里不指定该圆锥体端部的边界性质，而假定这些边界能够使得该结构处于平衡状态。利用4.1节的结果，为满足式(4.11.1)这一齐次条件，我们不难导得如下特征方程

$$\begin{cases} \Delta(z, \theta_1, \theta_2) = -2\left(z^2 - \dfrac{1}{4}\right)\varphi_0(z)\varphi_0(-z)\sin^{-1}\theta_1 \sin^{-1}\theta_2 - \\ \left(z - \dfrac{1}{2}\right)^2 \varphi_0^2(z) D_{z-3/2}^{(0,0)}(\theta_1, \theta_2) D_{z+1/2}^{(1,1)}(\theta_1, \theta_2) - \left(z + \dfrac{1}{2}\right)^2 \varphi_0^2(-z) \\ D_{z+1/2}^{(0,0)}(\theta_1, \theta_2) D_{z-3/2}^{(1,1)}(\theta_1, \theta_2) - \left(z^2 - \dfrac{1}{4}\right)\varphi_0(-z) \\ [D_{z-3/2}^{(0,1)}(\theta_1, \theta_2) D_{z-1/2}^{(1,0)}(\theta_1, \theta_2) + D_{z-3/2}^{(1,0)}(\theta_1, \theta_2) D_{z+1/2}^{(0,1)}(\theta_1, \theta_2)] = 0 \\ \varphi_0(z) = z - 7/2 + 4v \end{cases}$$

$$\tag{4.11.2}$$

针对较小的参数 ε，下面来考察式(4.11.2)的根的行为。从该式可以发现，$z_{1,2} = \pm 1/2$ 是它的根，而第二组根是一个可数集，当 $\varepsilon \to 0$ 时它们全部趋于无穷大，且有 $\varepsilon z_k \to$ 常数。为了构造出第二组零点的渐近表达，我们可以将它们表示为如下形式

$$z_n = \dfrac{\delta_n}{\varepsilon} + O(\varepsilon) \quad (n = 3, 4, \cdots) \tag{4.11.3}$$

将式(4.11.3)代入特征方程中，并引入勒让德函数的渐近表达式，整理之后可以得到

$$(3 - 4v)^2 \sin^2(2\delta_n) - 4\delta_n^2 = 0 \tag{4.11.4}$$

上面这个方程实际上已经在第1章中出现过，它跟弹性层问题中的特征方程是一致的。我们直接就可以验证 $z = \pm 1/2$ 对应的是平凡解，因此下面将针对第二组零点建立其渐近展开式的首项。

对于位移和应力的首项近似，我们不难得到两类解，其中的第一类解对应函数 $(3 - 4v)\sin(2\delta) + 2\delta$ 的零点，而第二类解则对应函数 $(3 - 4v)\sin(2\delta) - 2\delta$ 的

零点。这些解分别为

$$\begin{cases} U_r^{(1)} = \dfrac{r_1\varepsilon}{\sqrt{\rho}}\sum_{n=1}^{\infty} C_n \left\{ \begin{array}{l} [(3-4v)\cos\delta_n + \delta_n\sin\delta_n]\sin(\delta_n\eta) \\ + \eta\delta_n\cos\delta_n\cos(\delta_n\eta) + O(\varepsilon) \end{array} \right\} e^{\frac{\delta_n}{\varepsilon}\ln\rho} \\ U_\theta^{(1)} = \dfrac{r_1\varepsilon}{\sqrt{\rho}}\sum_{n=1}^{\infty} \delta_n C_n [\sin\delta_n\cos(\delta_n\eta) - \eta\cos\delta_n\sin(\delta_n\eta) + O(\varepsilon)] e^{\frac{\delta_n}{\varepsilon}\ln\rho} \end{cases}$$

(4.11.5)

$$\begin{cases} \sigma_r^{(1)} = \dfrac{2G}{\rho\sqrt{\rho}}\sum_{n=1}^{\infty} \delta_n C_n \left\{ \begin{array}{l} [(3-2v)\cos\delta_n + \delta_n\sin\delta_n]\sin(\delta_n\eta) \\ + \eta\delta_n\cos\delta_n\eta + O(\varepsilon) \end{array} \right\} e^{\frac{\delta_n}{\varepsilon}\ln\rho} \\ \sigma_\varphi^{(1)} = \dfrac{4vG}{\rho\sqrt{\rho}}\sum_{n=1}^{\infty} \delta_n C_n [\cos\delta_n\sin(\delta_n\eta) + O(\varepsilon)] e^{\frac{\delta_n}{\varepsilon}\ln\rho} \\ \sigma_\theta^{(1)} = \dfrac{-2G}{\rho\sqrt{\rho}}\sum_{n=1}^{\infty} \delta_n C_n \left\{ \begin{array}{l} [(1-2v)\cos\delta_n + \delta_n\sin\delta_n]\sin(\delta_n\eta) \\ + \eta\delta_n\cos\delta_n\cos(\delta_n\eta) + O(\varepsilon) \end{array} \right\} e^{\frac{\delta_n}{\varepsilon}\ln\rho} \end{cases}$$

(4.11.6)

$$\begin{cases} \tau_{r\theta}^{(1)} = \dfrac{4G}{\rho\sqrt{\rho}}\sum_{n=1}^{\infty} \delta_n C_n \left\{ \begin{array}{l} [2(1-v)\cos\delta_n + \delta_n\sin\delta_n]\cos(\delta_n\eta) \\ - \eta\delta_n\cos\delta_n\sin(\delta_n\eta) + O(\varepsilon) \end{array} \right\} e^{\frac{\delta_n}{\varepsilon}\ln\rho} \\ U_r^{(2)} = \dfrac{r_1\varepsilon}{\sqrt{\rho}}\sum_{n=1}^{\infty} B_n \left\{ \begin{array}{l} [(3-4v)\sin\delta_n + \delta_n\cos\delta_n]\cos(\delta_n\eta) \\ - \eta\delta_n\sin\delta_n\sin(\delta_n\eta) + O(\varepsilon) \end{array} \right\} e^{\frac{\delta_n}{\varepsilon}\ln\rho} \\ U_\theta^{(2)} = \dfrac{r_1\varepsilon}{\sqrt{\rho}}\sum_{n=1}^{\infty} \delta_n B_n [\cos\delta_n\sin(\delta_n\eta) - \eta\sin\delta_n\cos(\delta_n\eta) + O(\varepsilon)] e^{\frac{\delta_n}{\varepsilon}\ln\rho} \end{cases}$$

(4.11.7)

$$\begin{cases} \sigma_r^{(2)} = \dfrac{2G}{\rho\sqrt{\rho}}\sum_{n=1}^{\infty} \delta_n B_n \left\{ \begin{array}{l} [(3-2v)\sin\delta_n + \delta_n\cos\delta_n]\cos(\delta_n\eta) \\ - \eta\delta_n\sin\delta_n\sin(\delta_n\eta) + O(\varepsilon) \end{array} \right\} e^{\frac{\delta_n}{\varepsilon}\ln\rho} \\ \sigma_\varphi^{(2)} = \dfrac{4vG}{\rho\sqrt{\rho}}\sum_{n=1}^{\infty} \delta_n B_n [\sin\delta_n\cos(\delta_n\eta) + O(\varepsilon)] e^{\frac{\delta_n}{\varepsilon}\ln\rho} \\ \sigma_\theta^{(2)} = \dfrac{-2G}{\rho\sqrt{\rho}}\sum_{n=1}^{\infty} \delta_n B_n \left\{ \begin{array}{l} [(1-2v)\sin\delta_n - \delta_n\cos\delta_n]\cos(\delta_n\eta) \\ - \eta\delta_n\sin\delta_n\sin(\delta_n\eta) + O(\varepsilon) \end{array} \right\} e^{\frac{\delta_n}{\varepsilon}\ln\rho} \\ \tau_{r\theta}^{(2)} = \dfrac{4G}{\rho\sqrt{\rho}}\sum_{n=1}^{\infty} \delta_n B_n \left\{ \begin{array}{l} [2(1-v)\sin\delta_n - \delta_n\cos\delta_n]\sin(\delta_n\eta) \\ + \eta\delta_n\sin\delta_n\cos(\delta_n\eta) + O(\varepsilon) \end{array} \right\} e^{\frac{\delta_n}{\varepsilon}\ln\rho} \end{cases}$$

(4.11.8)

式中:C_n 和 B_n 均为任意常数。从式(4.11.4)~式(4.11.7)可以观察到,第一组解描述的是锥壳的弯曲问题,而第二组解刻画的是锥壳的拉压问题。由于式(4.11.4)~式(4.11.7)都不依赖于 θ_0,因而在 $\theta_0 = \pi/2$ 处也是成立的,它对应变厚度板的情况。

在一般加载情况下,上面的任意常数 C_n 和 B_n 可以利用拉格朗日变分原理来确定。在特定的锥壳边界条件下,我们还可以借助锥壳的广义正交性条件精确地得到这些常数,这些将在后面再进行讨论。

2. 进一步考虑锥壳侧表面上满足如下边界条件之一的情况

$$U_\theta = 0, \tau_{r\theta} = 0 \quad (\theta = \theta_n \text{ 处}) \tag{4.11.9}$$

$$U_r = 0, \sigma_\theta = 0 \quad (\theta = \theta_n \text{ 处}) \tag{4.11.10}$$

这里主要分析式(4.11.9)这一情况,至于式(4.11.10)的情况可以做类似分析。如同前面的处理过程,我们也可以在4.1节的相关结果基础上把这一齐次边界条件[式(4.11.9)]考虑进来,由此,不难导出如下特征方程

$$\Delta(z, \theta_1, \theta_2) = -16 (1-v)^2 z^2 D_{z-3/2}^{(1,1)}(\theta_1, \theta_2) D_{z+1/2}^{(1,1)}(\theta_1, \theta_2) = 0 \tag{4.11.11}$$

上面这个方程除了 $z = 0$ 之外,还存在 $z_{1,2} = \pm 1/2$ 和 $z_{3,4} = \pm 3/2$ 这几个与小参数 ε 无关的根。我们不难证明,这些根对应的都是平凡解。此外,该方程还有其他的根,当 $\varepsilon \to 0$ 时它们全部趋于无穷大。不妨令 $z_k = \dfrac{\delta_k}{\varepsilon} + O(\varepsilon)$,借助勒让德函数的首项近似,我们可以得到如下关系式

$$\sin^2 \delta_k = 0 \tag{4.11.12}$$

由此我们将得到两类关于位移和应力的首项近似解,第一类对应的是函数 $\cos\delta$ 的零点,第二类则对应函数 $\sin\delta$ 的零点,它们分别为

$$\begin{aligned}
U_r &= r_1 \varepsilon \sum_{k=1}^{\infty} C_k [\sin(\delta_k \eta) + O(\varepsilon)] e^{\frac{\delta_k}{\varepsilon} \ln \rho} \\
U_\theta &= r_1 \varepsilon \sum_{k=1}^{\infty} C_k [\cos(\delta_k \eta) + O(\varepsilon)] e^{\frac{\delta_k}{\varepsilon} \ln \rho} \\
\sigma_r &= 2G \sum_{k=1}^{\infty} C_k [\delta_k \sin(\delta_k \eta) + O(\varepsilon)] e^{\frac{\delta_k}{\varepsilon} \ln \rho} \\
\sigma_\varphi &= O(\varepsilon) \\
\sigma_\theta &= -2G \sum_{k=1}^{\infty} C_k [\delta_k \sin(\delta_k \eta) + O(\varepsilon)] e^{\frac{\delta_k}{\varepsilon} \ln \rho} \\
\tau_{r\theta} &= 2G \sum_{k=1}^{\infty} C_k [\delta_k \cos(\delta_k \eta) + O(\varepsilon)] e^{\frac{\delta_k}{\varepsilon} \ln \rho}
\end{aligned} \tag{4.11.13}$$

$$U_r = r_1\varepsilon \sum_{k=1}^{\infty} B_k[-\cos(\delta_k\eta) + O(\varepsilon)]e^{\frac{\delta_k}{\varepsilon}\ln\rho}$$

$$U_\theta = r_1\varepsilon \sum_{k=1}^{\infty} B_k[\sin(\delta_k\eta) + O(\varepsilon)]e^{\frac{\delta_k}{\varepsilon}\ln\rho}$$

$$\sigma_r = 2G \sum_{k=1}^{\infty} B_k[-\delta_k\cos(\delta_k\eta) + O(\varepsilon)]e^{\frac{\delta_k}{\varepsilon}\ln\rho} \quad (4.11.14)$$

$$\sigma_\varphi = O(\varepsilon)$$

$$\sigma_\theta = 2G \sum_{k=1}^{\infty} B_k[\delta_k\cos(\delta_k\eta) + O(\varepsilon)]e^{\frac{\delta_k}{\varepsilon}\ln\rho}$$

$$\tau_{r\theta} = 2G \sum_{k=1}^{\infty} B_k[\delta_k\sin(\delta_k\eta) + O(\varepsilon)]e^{\frac{\delta_k}{\varepsilon}\ln\rho}$$

式中：C_k 和 B_k 为任意常数，可以根据锥壳端部的边界条件状态来确定。

这里我们来证明一下锥壳的广义正交性条件。若设侧表面上给定上述边界条件式(4.11.1)、式(4.11.9)和式(4.11.10)中之一，那么我们可以寻找由一组基本解求和形式构成的解，即

$$U_r = \sum_{k=1}^{\infty} r^{\lambda_k} a_k(\theta), \quad U_\theta = \sum_{k=1}^{\infty} r^{\lambda_k} b_k(\theta)$$

$$\sigma_r = \frac{2G}{r} \sum_{k=1}^{\infty} r^{\lambda_k}\{[(1-v)\lambda_k + 2v]a_k + v(b_k' + \cot\theta b_k)\} \quad (4.11.15)$$

$$\tau_{r\theta} = \frac{G}{r} \sum_{k=1}^{\infty} r^{\lambda_k}[a_k' + (\lambda_k - 1)b_k]$$

进一步，设 a_k, b_k, a_p 和 b_p 分别为特征值 λ_k 和 λ_p 所对应的解，那么根据 Betty 定理，对于任意的 r，均有如下等式关系成立

$$\int_{\theta_1}^{\theta_2} (\sigma_{rk}U_{rp} + \tau_{rk}U_{\theta p})r^2\sin\theta d\theta = \int_{\theta_1}^{\theta_2} (\sigma_{rp}U_{rk} + \tau_{rp}U_{\theta k})r^2\sin\theta d\theta \quad (4.11.16)$$

将式(4.11.15)代入式(4.11.16)中，并作分部积分可得

$$r^{\lambda_k+\lambda_p+1}\left\{\begin{array}{l}(\lambda_k - \lambda_p)\left[\dfrac{2(1-v)}{1-2v}(a_k,a_p) + (a_k,a_p)\right] + \\ \dfrac{1}{1-2v}[(a_k',b_p) - (a_p',b_k)] + \dfrac{2v}{1-2v}\sin\theta(a_pb_k - a_kb_p)\Big|_{\theta_1}^{\theta_2}\end{array}\right\} = 0$$

于是对于任意的 r，我们有

$$(\lambda_k - \lambda_p)\left[\frac{2(1-v)}{1-2v}(a_k,a_p) + (b_k,b_p)\right] + \frac{1}{1-2v}[(a'_k,b_p) - (a'_p,b_k)] +$$

$$\frac{2v}{1-2v}\sin\theta(b_k a_p - a_k b_p)\Big|_{\theta_1}^{\theta_2} = 0 \qquad (4.11.17)$$

对于边界条件式(4.11.1)、式(4.11.9)或式(4.11.10)来说,式(4.11.17)中的最后一项都是等于零的,因此最终我们也就得到了

$$(\lambda_k - \lambda_p)\left[\frac{2(1-v)}{1-2v}(a_k,a_p) + (b_k,b_p)\right] +$$

$$\frac{1}{1-2v}[(a'_k,b_p) - (a'_p,b_k)] = 0 \quad (k \neq p)$$

上面各式中的符号 $(f,g) = \int_{\theta_1}^{\theta_2} fg\sin\theta d\theta$。

4.12 关于变厚度板的一些轴对称问题解的渐近分析

这一节将针对厚度呈线性变化的板,研究其在受到非轴对称载荷作用(作用在球面上)下的应力应变状态,并考察当薄壁参数 ε 趋于零时解的行为特性。

按照与前面类似的处理过程,这里讨论厚度呈线性变化(即 $h = \varepsilon r$)的板,相关参数范围如下

$$r_1 \leq r \leq r_2, \pi/2 - \varepsilon \leq \theta \leq \pi/2 + \varepsilon, 0 \leq \varphi \leq 2\pi \qquad (4.12.1)$$

另外,这里假定锥形边界表面是应力自由的,也即存在如下边界条件式

$$\sigma_\theta = 0, \tau_{r\theta} = 0, \tau_{\theta\varphi} = 0 \quad (\text{在 } \theta = \pi/2 \mp \varepsilon \text{ 处}) \qquad (4.12.2)$$

剩余的边界条件由下式给出

$$\sigma_r = f_{1s}(\theta,\varphi), \tau_{r\theta} = f_{2s}(\theta,\varphi), \tau_{r\varphi} = f_{3s}(\theta,\varphi) \quad (\text{在 } r = r_s \text{ 处}, s = 1,2)$$

$$(4.12.3)$$

为了构造出满足条件(4.12.2)的平衡方程的通解,我们可以从 Papkovich - Neuber 的通解形式[5]出发进行分析,在球坐标系中其形式为

$$U_r = 4(1-v)B_r - \frac{\partial}{\partial r}(rB_r + B_0)$$

$$U_\theta = 4(1-v)B_\theta - \frac{1}{r}\frac{\partial}{\partial \theta}(rB_r + B_0) \qquad (4.12.4)$$

$$U_\varphi = 4(1-v)B_\varphi - \frac{1}{r\sin\theta}\frac{\partial}{\partial \varphi}(rB_r + B_0)$$

式中:函数 B_r, B_θ, B_φ 和 B_0 应满足如下微分方程:

$$\Delta B_r - \frac{2}{r^2}B_r - \frac{2}{r^2}\frac{\partial B_\theta}{\partial \theta} - \frac{2\cot\theta}{r^2}B_\theta - \frac{2}{r^2\sin\theta}\frac{\partial B_\varphi}{\partial \varphi} = 0$$

$$\Delta B_\theta + \frac{2}{r^2}\frac{\partial B_r}{\partial \theta} - \frac{1}{r^2\sin\theta}B_\theta - \frac{2\cot\theta}{r^2\sin\theta}\frac{\partial B_\varphi}{\partial \varphi} = 0 \quad (4.12.5)$$

$$\Delta B_\varphi + \frac{2}{r^2\sin\theta}\frac{\partial B_r}{\partial \varphi} + \frac{2\cot\theta}{r^2\sin\theta}\frac{\partial B_\theta}{\partial \varphi} - \frac{1}{r^2\sin\theta}B_\varphi = 0$$

$$\Delta B_0 = 0$$

式中: $\Delta = \dfrac{\partial^2}{\partial r^2} + \dfrac{2}{r}\dfrac{\partial}{\partial r} + \dfrac{\cot\theta}{r^2}\dfrac{\partial}{\partial \theta} + \dfrac{1}{r^2}\dfrac{\partial^2}{\partial \theta^2} + \dfrac{1}{r^2\sin^2\theta}\dfrac{\partial^2}{\partial \varphi^2}$。

针对式(4.12.5),我们寻找如下形式的解

$$B_t = r^\lambda b_{tm}(\theta)\mathrm{e}^{\mathrm{i}m\varphi}(t=r,\theta), B_\varphi = \mathrm{i}r^\lambda b_{\varphi m}(\theta)\mathrm{e}^{\mathrm{i}m\varphi}, B_0 = r^{\lambda+1}b_{0m}(\theta)\mathrm{e}^{\mathrm{i}m\varphi}$$

(4.12.6)

利用 Papkovich – Neuber 解的一般性,不难导出关于 b_{tm}、$b_{\varphi m}$ 和 b_{0m} 的如下表达式

$$b_{rm}(\theta) = -\lambda r^\lambda \psi_{\lambda-1}(\theta), b_{\theta m}(\theta) = \psi'_{\lambda-1}(\theta) + m\sin^{-1}\theta\psi_\lambda(\theta),$$

$$b_{\varphi m}(\theta) = -\psi'_\lambda(\theta) - m\sin^{-1}\theta\psi_{\lambda-1}(\theta), b_{0m}(\theta) = \psi_{\lambda+1}(\theta)$$

$$\psi_\lambda(\theta) = A_\lambda T_\lambda(\theta) + B_\lambda F_\lambda(\theta), \quad (4.12.7)$$

$$T_\lambda(\theta) = \mathrm{P}_\lambda^m(\cos\theta) + \mathrm{P}_\lambda^m(-\cos\theta)$$

$$F_\lambda(\theta) = \mathrm{P}_\lambda^m(\cos\theta) - \mathrm{P}_\lambda^m(-\cos\theta)$$

式中: A_λ 和 B_λ 为任意常数, $\mathrm{P}_\lambda^m(\cos\theta)$ 为勒让德函数。 $T_\lambda(\theta)$ 和 $F_\lambda(\theta)$ 这两个函数中包含了两个线性无关的勒让德方程解,关于变量 $\xi = \theta - \pi/2$,第一个是偶函数,第二个是奇函数,这种处理方式要更为方便一些。

将式(4.12.7)代入式(4.12.4),并利用广义胡克定律,我们不难得到如下关于位移和应力的表达式(这里和后面仅给出函数的幅值)

$$U_r = r^\lambda [\lambda(\lambda+4v-3)\psi_{\lambda-1}(\theta) + (\lambda+1)\psi_{\lambda+1}(\theta)]$$

$$U_\theta = r^\lambda [(\lambda+4-4v)\psi'_{\lambda-1}(\theta) + m\sin^{-1}\theta\psi_\lambda(\theta) + \psi'_{\lambda+1}(\theta)]$$

$$U_\varphi = -r^\lambda [(\lambda+4-4v)m\sin^{-1}\theta\psi_{\lambda-1}(\theta) + \psi'_\lambda(\theta) + m\sin^{-1}\theta\psi_{\lambda+1}(\theta)]$$

$$\sigma_r = 2Gr^{\lambda-1}[\lambda(\lambda^2-3\lambda-2v)\psi_{\lambda-1}(\theta) + \lambda(\lambda+1)\psi_{\lambda+1}(\theta)]$$

157

$$\sigma_\varphi = 2Gr^{\lambda-1} \left\{ \begin{array}{l} [\lambda(\lambda-3+2v-4v\lambda) - (\lambda+4-4v)m^2\sin^{-2}\theta]\psi_{\lambda-1}(\theta) \\ + (\lambda+4-4v)\cot\theta\psi'_{\lambda-1}(\theta) + m\sin^{-1}\theta[\cot\theta\psi_\lambda(\theta) - \psi'_\lambda(\theta)] \\ + (\lambda+1-m^2\sin^{-2}\theta)\psi_{\lambda+1}(\theta) + \cot\theta\psi'_{\lambda+1}(\theta) \end{array} \right\}$$

$$\sigma_\theta = 2Gr^{\lambda-1} \left\{ \begin{array}{l} (\lambda+4-4v)m^2\sin^{-2}\theta - \lambda(\lambda^2+2\lambda-1+2v)\psi_{\lambda-1}(\theta) - \\ (\lambda+4-4v)\cot\theta\psi'_{\lambda-1}(\theta) + m\sin^{-1}\theta[\psi'_\lambda(\theta) - \cot\theta\psi_\lambda(\theta)] \\ + [m^2\sin^{-2}\theta - (\lambda+1)^2]\psi_{\lambda+1}(\theta) - \cot\theta\psi'_{\lambda+1}(\theta) \end{array} \right\}$$

$$\tau_{r\varphi} = -Gr^{\lambda-1} \left[\begin{array}{l} (\lambda^2-2+2v)m\sin^{-1}\theta\psi_{\lambda-1}(\theta) + \frac{1}{2}(\lambda-1)\psi'_\lambda(\theta) \\ + \lambda m\sin^{-1}\theta\psi_{\lambda+1}(\theta) \end{array} \right]$$

$$\tau_{r\theta} = Gr^{\lambda-1} \left[(\lambda^2-2+2v)\psi'_{\lambda-1}(\theta) + \frac{1}{2}(\lambda-1)m\sin^{-1}\theta\psi_\lambda(\theta) + \lambda\psi'_{\lambda+1}(\theta) \right]$$

$$\tau_{\theta\varphi} = Gr^{\lambda-1} \left\{ \begin{array}{l} (\lambda+4-4v)m\sin^{-1}\theta[\cot\theta\psi_{\lambda-1}(\theta) - \psi'_{\lambda-1}(\theta)] + \\ \left[\frac{1}{2}\lambda(\lambda+1) - m^2\sin^{-2}\theta\right]\psi_\lambda(\theta) + \cot\theta\psi'_\lambda(\theta) + \\ m\sin^{-1}\theta[\cot\theta\psi_{\lambda+1}(\theta) - \psi'_{\lambda+1}(\theta)] \end{array} \right\}$$

(4.12.8)

选择这种解的形式可以帮助我们将板的一般问题区分为两个独立的部分，其中的问题 I 是板的拉压问题，问题 II 是板的弯曲问题。对于板的拉压问题，在式(4.12.7)和式(4.12.8)中我们必须令 $A_\lambda = B_{\lambda-1} = B_{\lambda+1} = 0$，而在板的弯曲问题中，则必须令 $B_\lambda = A_{\lambda-1} = A_{\lambda+1} = 0$。

常数 $A_{\lambda-1}$、$B_{\lambda-1}$、A_λ、B_λ、$A_{\lambda+1}$ 和 $B_{\lambda+1}$ 可以根据齐次边界条件(4.12.2)来确定。

如果将应力表达式代入条件(4.12.2)中，那么我们可以得到一组关于常数 $A_{\lambda-1}$、$B_{\lambda-1}$、A_λ、B_λ、$A_{\lambda+1}$ 和 $B_{\lambda+1}$ 的线性齐次方程。显然，这一方程组可以拆分为两个三阶的彼此无关的方程组，一个对应问题 I，仅包含未知常数 $A_{\lambda-1}$、B_λ 和 $A_{\lambda+1}$，而另一个则对应问题 II，仅包含未知常数 $B_{\lambda-1}$、A_λ 和 $B_{\lambda+1}$。

对于跟问题 I 和问题 II 对应的这些方程组，根据非平凡解的存在条件，我们可以分别导出如下特征方程

$$D_1(z,\varepsilon) = 0 \quad (4.12.9)$$

$$D_2(z,\varepsilon) = 0 \quad (4.12.10)$$

其中

$$D_1(z,\varepsilon) = \begin{cases} 4(1-v)ztg\varepsilon T'_{z-3/2}(\theta_1)T'_{z+1/2}(\theta_1) + [(z-1/2)^2\varphi_1(z) \\ -(z-1/2)\varphi_2(z)m^2\cos^{-2}\varepsilon] \\ \times T_{z+3/2}(\theta_1)T'_{z+1/2}(\theta_1) - \varphi_1(-z)(z^2+z+1/4 \\ -m^2\cos^{-2}\varepsilon)T_{z+1/2}(\theta_1)T'_{z-3/2}(\theta_1) \end{cases} \times$$

$$\left[tg\varepsilon F'_{z-1/2}(\theta_1) + \frac{1}{2}(z^2-1/4-2m^2\cos^{-2}\varepsilon)F_{z-1/2}(\theta_1)\right] +$$

$$m^2\cos^{-2}\varepsilon[tg\varepsilon F_{z-1/2}(\theta_1) - F'_{z-1/2}(\theta_1)] \times$$

$$[4(1-v)zT'_{z-3/2}(\theta_1)T'_{z+1/2}(\theta_1) + \varphi_1(-z)tg\varepsilon T_{z+1/2}(\theta_1)T'_{z-3/2}(\theta_1) -$$

$$(z-1/2)\varphi_2(z)tg\varepsilon T_{z-3/2}(\theta_1)T'_{z+1/2}(\theta_1)] +$$

$$\frac{1}{2}(z-3/2)m^2\cos^{-2}\varepsilon F_{z-1/2}(\theta_1)$$

$$\begin{cases} 2(1-v)z(2z+3)tg\varepsilon T_{z-3/2}(\theta_1)T_{z+1/2}(\theta_1) - \varphi_2(z) \times \\ (z^2+z+1/4+tg^2\varepsilon - m^2\cos^{-2}\varepsilon)T_{z+1/2}(\theta_1)T'_{z-3/2}(\theta_1) \\ +[(z-1/2)\varphi_1(z) - \varphi_2(z)m^2\cos^{-2}\varepsilon + \varphi_2(z)tg^2\varepsilon] \\ \times T_{z-3/2}(\theta_1)T'_{z+1/2}(\theta_1) \end{cases} \quad (4.12.11)$$

式中:$z = \lambda + 1/2, \varphi_1(z) = z^2 + z + 2v - 7/4, \varphi_2(z) = z + 7/2 - 4v, \theta_1 = \pi/2 - \varepsilon$。

为得到 $D_2(z,\varepsilon)$ 的表达式,我们只需将式(4.12.11)中的函数 $T_{z-3/2}(\theta)$ 和 $T_{z+1/2}(\theta)$ 替换成 $F_{z-3/2}(\theta)$ 和 $F_{z+1/2}(\theta)$,而将 $F_{z-1/2}(\theta)$ 替换成 $T_{z-1/2}(\theta)$ 即可。根据 $D_1(z,\varepsilon)$ 和 $D_2(z,\varepsilon)$ 的构造可以看出,前者是关于 ε 的偶函数,而后者是奇函数,此外还可证明它们都是关于 z 的奇函数。

很明显,每个根 z_k 都对应了一个齐次解,由于这些解是完备的,因此对于满足边界条件式(4.12.2)的平衡方程来说,其通解就可以表示为如下形式

$$U_r = r_1\rho^{-1/2}\sum_{k=0}^{\infty}C_k\rho^{z_k}U(z_k,\theta)$$

$$U_\theta = r_1\rho^{-1/2}\sum_{k=0}^{\infty}C_k\rho^{z_k}W(z_k,\theta) \quad (4.12.12)$$

$$U_\varphi = r_1\rho^{-1/2}\sum_{k=0}^{\infty}C_k\rho^{z_k}V(z_k,\theta)$$

$$\sigma_r = 2G(1-2v)^{-1}\rho^{-3/2}\sum_{k=0}^{\infty}C_k\rho^{z_k}Q_r(z_k,\theta)$$

$$\sigma_\varphi = 2G(1-2v)^{-1}\rho^{-3/2}\sum_{k=0}^{\infty}C_k\rho^{z_k}Q_\varphi(z_k,\theta)$$

$$\sigma_\theta = 2G(1-2v)^{-1}\rho^{-3/2}\sum_{k=0}^{\infty}C_k\rho^{z_k}Q_\theta(z_k,\theta)$$

(4.12.13)

$$\tau_{r\varphi} = Gi\rho^{-3/2}\sum_{k=0}^{\infty}C_k\rho^{z_k}T_1(z_k,\theta)$$

$$\tau_{r\theta} = G\rho^{-3/2}\sum_{k=0}^{\infty}C_k\rho^{z_k}T_2(z_k,\theta)$$

$$\tau_{r\varphi} = Gi\rho^{-3/2}\sum_{k=0}^{\infty}C_k\rho^{z_k}T_3(z_k,\theta)$$

式(4.12.13)中,对于问题 I 我们有

$$U(z_k,\theta) = [(z_k^2-1/4)F_{z_k-1/2}(\theta_1) + 2\mathrm{tg}\varepsilon F'_{z_k-1/2}(\theta_1)] \times [(z_k+1/2)\varphi_1(z_k)$$
$$T_{z_k+1/2}(\theta)T_{z_k-3/2}(\theta_1) + (z_k-1/2)^2\varphi_2(-z_k)T_{z_k-3/2}(\theta)T_{z_k+1/2}(\theta_1)] -$$
$$\left\{(z_k-3/2)\begin{bmatrix}(z_k-1/2)\varphi_2(-z_k)T_{z_k-3/2}(\theta)T_{z_k+1/2}(\theta_1)\\+(z_k+1/2)\varphi_2(z_k)T_{z_k+1/2}(\theta)T_{z_k-3/2}(\theta_1)\end{bmatrix}\right.$$
$$\left.\times\mathrm{tg}\varepsilon\cos^{-2}\varepsilon + (z_k^2-1/4)\varphi_2(-z_k)\begin{bmatrix}T_{z_k-3/2}(\theta)T_{z_k+1/2}(\theta_1)\\-T_{z_k+1/2}(\theta)T_{z_k-3/2}(\theta_1)\end{bmatrix}\cos^{-2}\varepsilon\right\}$$
$$\times m^2 F_{z_k-1/2}(\theta_1)$$

$$W(z_k,\theta) = [(z_k^2-1/4)F_{z_k-1/2}(\theta_1) + 2\mathrm{tg}\varepsilon F'_{z_k-1/2}(\theta_1)] \times$$
$$[\varphi_1(-z_k)T'_{z_k+1/2}(\theta)T'_{z_k-3/2}(\theta_1) - (z_k-1/2)\varphi_2(z_k)T'_{z_k-3/2}(\theta)T'_{z_k+1/2}(\theta_1)] +$$
$$m^2 F_{z_k-1/2}(\theta_1) \times$$
$$\left\{\begin{bmatrix}(z_k+1/2)\varphi_2(z_k)T_{z_k-3/2}(\theta)T'_{z_k+1/2}(\theta_1)\\+(z_k-1/2)\varphi_2(-z_k)T'_{z_k+1/2}(\theta)T'_{z_k-3/2}(\theta_1)\end{bmatrix}\right.$$
$$\left.\times\cos^{-2}\varepsilon + (z_k-3/2)\varphi_2(z_k)\begin{bmatrix}T_{z_k+1/2}(\theta_1)T'_{z_k-3/2}(\theta)\\-T_{z_k+1/2}(\theta)T_{z_k-3/2}(\theta_1)\end{bmatrix}\mathrm{tg}\varepsilon\cos^2\varepsilon\right\} -$$
$$2m^2\cos^{-1}\varepsilon\cos^{-1}(\varepsilon\eta)F_{z_k-1/2}(\theta_1)$$

$$\left\{\begin{matrix} 4(1-v)z_k T'_{z_k+1/2}(\theta_1) T'_{z_k-3/2}(\theta_1) + \\ \text{tg}\varepsilon \left[\begin{matrix} \varphi_1(-z_k) T_{z_k+1/2}(\theta_1) T'_{z_k-3/2}(\theta_1) \\ -(z_k-1/2)\varphi_2(z_k) T_{z_k+1/2}(\theta_1) T_{z_k-3/2}(\theta_1) \end{matrix} \right] \end{matrix}\right\} \quad (4.12.14)$$

$$V(z_k,\theta) = \cos^{-1}(\varepsilon\eta)[\varphi_1(-z_k) T_{z_k+1/2}(\theta) T'_{z_k-3/2}(\theta_1) -$$

$$(z_k-1/2)\varphi_2(z_k) T_{z_k-3/2}(\theta) T_{z_k+1/2}(\theta_1)] \times [(z_k^2-1/4) F_{z_k-1/2}(\theta_1) +$$

$$2\text{tg}\varepsilon F'_{z_k-1/2}(\theta_1)] + m^2 \cos^{-1}(\varepsilon\eta) F_{z_k-1/2}(\theta_1) \times$$

$$\left\{\begin{matrix} \left[\begin{matrix} (z_k+1/2)\varphi_2(z_k) T_{z_k-3/2}(\theta) T'_{z_k+1/2}(\theta_1) \\ +(z_k-1/2)\varphi_2(-z_k) T_{z_k+1/2}(\theta) T'_{z_k-3/2}(\theta_1) \end{matrix}\right] \cos^{-2}\varepsilon \\ +(z_k-3/2)\varphi_2(z_k) \left[\begin{matrix} T_{z_k-3/2}(\theta) T_{z_k+1/2}(\theta_1) \\ -T_{z_k+1/2}(\theta) T_{z_k-3/2}(\theta_1) \end{matrix}\right] \text{tg}\varepsilon\cos^{-2}\varepsilon \end{matrix}\right\} -$$

$$2\cos^{-1}\varepsilon F'_{z_k-1/2}(\theta) \left\{\begin{matrix} 4(1-v)z_k T'_{z_k-3/2}(\theta_1) T'_{z_k+1/2}(\theta_1) + \\ \text{tg}\varepsilon \left[\begin{matrix} \varphi_1(-z_k) T_{z_k+1/2}(\theta_1) T'_{z_k-3/2}(\theta_1) \\ -(z_k-1/2)\varphi_2(z_k) T_{z_k-3/2}(\theta_1) T'_{z_k+1/2}(\theta_1) \end{matrix}\right] \end{matrix}\right\}$$

$$Q_r(z_k,\theta) = \left[(1-v)z_k + \frac{1}{2}(5v-1)\right] U(z_k,\theta) +$$

$$v[W'(z_k,\theta) + \cot\theta W(z_k,\theta) - m\sin^{-1}\theta V(z_k,\theta)]$$

$$Q_\varphi(z_k,\theta) = \left[vz_k + \frac{1}{2}(2-v)\right] U(z_k,\theta) +$$

$$vW'(z_k,\theta) + (1-v)[\cot\theta W(z_k,\theta) - m\sin^{-1}\theta V(z_k,\theta)]$$

$$Q_\theta(z_k,\theta) = \left[vz_k + \frac{1}{2}(2-v)\right] U(z_k,\theta) +$$

$$(1-v)W'(z_k,\theta) + v[\cot\theta W(z_k,\theta) - m\sin^{-1}\theta V(z_k,\theta)]$$

$$T_1(z_k,\theta) = m\sin^{-1}\theta U(z_k,\theta) + (z_k-3/2)V(z_k,\theta)$$

$$T_2(z_k,\theta) = U'(z_k,\theta) + (z_k-3/2)V(z_k,\theta)$$

$$T_3(z_k,\theta) = m\sin^{-1}\theta W(z_k,\theta) + V'(z_k,\theta) - \cot\theta V(z_k,\theta) \quad (4.12.15)$$

上面各式中的 C_k 为任意常数，$\theta = \pi/2 + \varepsilon\eta$，$-1 \leqslant \eta \leqslant 1$。关于问题 II，只需将式(4.12.14)和式(4.12.15)中的函数 T 和 F 交换即可得到位移和应力的表达式。

4.13 特征方程的渐近分析

这里我们进一步来考察方程(4.12.9)和方程(4.12.10)的根的行为(与参数 ε 的关系)。与轴对称情况类似，函数 $D_1(z,\varepsilon)$ 和 $D_2(z,\varepsilon)$ 的零点也可以划分为两组。每个方程的第一组零点都包含七个，其特征在于当 $\varepsilon \to 0$ 时它们的极限都是有限值，其中 $z_0^{(1)} = z_0^{(2)} = 0$、$z_0^{(3)} = z_0^{(4)} = -\frac{1}{2}$ 和 $z_0^{(5)} = z_0^{(6)} = \frac{1}{2}$ 是跟 ε 无关的。这里我们不妨记函数 $D_1(z,\varepsilon)$ 的零点为 $x_k(k=1,2,\cdots)$，函数 $D_2(z,\varepsilon)$ 的零点为 $y_k(k=1,2,\cdots)$。

为分析第一组中剩余的零点，我们可以将 $D_1(z,\varepsilon) = D_1(x,\varepsilon)$ 和 $D_2(z,\varepsilon) = D_2(y,\varepsilon)$ 展开成小参数 ε 的级数形式，于是有

$$D_1(x,\varepsilon) = x\left(x^2 - \frac{1}{4}\right)\varepsilon^2 \times$$

$$\left\{ \begin{array}{l} 4x^4 + 2(2v - 7 - 4m^2)x^2 + \dfrac{9}{4}(5 - 4v) - 2(4v - 5)m^2 + 4m^4 - \\[6pt] \dfrac{1}{3!}\left\{ \begin{array}{l} 12x^6 + (28v - 81 - 36m^2)x^4 + \\[4pt] \left[\begin{array}{l} \dfrac{745}{4} - 122v + \\[4pt] 2(53 - 2v)m^2 + 36m^4 \end{array} \right]x^2 + \dfrac{1}{16}(2124v - 2331) \\[6pt] + \dfrac{1}{4}(431 - 316v)m^2 - (24v + 25)m^4 - 12m^6 \end{array} \right\}\varepsilon^2 + \cdots \end{array} \right\} = 0$$

(4.13.1)

$$D_2(y,\varepsilon) = y\left(y^2 - \frac{1}{4}\right)\varepsilon^3 \times$$

$$\left\{ \begin{array}{l} -16y^4 + 8(7 - 6v + 4m^2)y^2 + 12v - 13 + 8(12v - 11)m^2 - \\[6pt] 16m^4 + \dfrac{1}{10}\left\{ \begin{array}{l} 112y^6 + 4(100v - 209 - 84m^2)y^4 + \\[4pt] \left[1837 - 1640v + 40(33 - 14v)m^2 + 336m^4 \right]y^2 \\[4pt] + \dfrac{1}{4}(1540v - 1635) + (2380v - 2197)m^2 + \\[4pt] 4(40v - 121)m^4 - 112m^6 \end{array} \right\}\varepsilon^2 + \cdots \end{array} \right\} = 0$$

(4.13.2)

根据上述展开式,我们可以得到如下根组

$$x_k = \alpha_k + \beta_k \varepsilon^2 + \cdots \quad (k=1,2,3,4) \tag{4.13.3}$$

$$y_k = \gamma_k + \delta_k \varepsilon^2 + \cdots \quad (k=1,2,3,4) \tag{4.13.4}$$

其中

$$\alpha_k = \pm \frac{1}{2}\left[7 - 2v + 2\sqrt{(1+v)^2 + 12(2-v)m^2}\right]^{1/2} \quad (k=1,2)$$

$$\alpha_k = \pm \frac{1}{2}\left[7 - 2v - 2\sqrt{(1+v)^2 + 12(2-v)m^2}\right]^{1/2} \quad (k=3,4) \tag{4.13.5}$$

$$\beta_k = 2(3\alpha_k)^{-1}(1+v)(4\alpha_k^2 + 2v - 7 - 4m^2)^{-1}$$

$$\left[4(1-v+m^2)\alpha_k^2 - 9(1-v) - (8v-11)m^2 - 4m^4\right] \quad (k=1,2,3,4)$$

$$\gamma_k = \pm \frac{1}{2}\left[7 - 6v + 4m^2 + 2\sqrt{9(1-v^2) + 4(3v-2)m^2}\right]^{1/2} \quad (k=1,2)$$

$$\gamma_k = \pm \frac{1}{2}\left[7 - 6v + 4m^2 - 2\sqrt{9(1-v^2) + 4(3v-2)m^2}\right]^{1/2} \quad (k=3,4)$$

$$\tag{4.13.6}$$

可以证明,函数 $D_1(x,\varepsilon)$ 和 $D_2(y,\varepsilon)$ 所有其他的零点在 $\varepsilon \to 0$ 时都将趋于无穷,而 εy_k 和 εx_k 则将趋于有限值。对于这些根,我们可以通过如下渐近表达式来描述

$$x_n = \frac{\omega_{n1}}{\varepsilon} + O(\varepsilon), \quad y_n = \frac{\omega_{n2}}{\varepsilon} + O(\varepsilon) \quad (n = k-4, k \geq 5) \tag{4.13.7}$$

且有

$$\sin\omega_{n1}(\sin\omega_{n1} + 2\omega_{n1}) = 0 \quad (n=1,2,\cdots) \tag{4.13.8}$$

$$\cos\omega_{n2}(\sin\omega_{n1} + 2\omega_{n1}) = 0 \quad (n=1,2,\cdots) \tag{4.13.9}$$

上面两个式子中的每一个都将给出两组零点,一组是实数,而另一组为复数。因而在渐近首项意义上,这里跟均匀板理论结果是完全类似的,其中的第一组对应的是涡动解,而第二组为有势运动解。

为方便起见,在下面的分析中,我们将方程 $\sin\omega_{n1} = 0$ 和 $\cos\omega_{n2} = 0$ 的根分别记为 l_{p1} 和 $l_{p2}(p=1,2,\cdots)$。

4.14 位移和应力渐近公式的构建

不难看出，$z_0^{(i)}$ ($i = 1 \sim 6$) 这些根对应的是平凡解。为了构造跟 x_k 和 y_k ($k = 1,2,3,4$) 对应的解，我们可以对式(4.12.12)和式(4.12.13)做变换，目的是把 ε 为小量以及式(4.13.3) ~ 式(4.13.6)考虑进来。假定 $\theta = \pi/2 + \varepsilon\eta$ ($-1 \leq \eta \leq 1$)，将第一组解展开成小参数 ε 的级数形式，我们将可得到如下渐近表达式

$$U_{r1}^{(i)} = r_1 \rho^{-1/2} \sum_{k=1}^{4} A_k^{(i)} U_k^{(i)}$$

$$U_{\theta 1}^{(i)} = r_1 \rho^{-1/2} \sum_{k=1}^{4} A_k^{(i)} W_k^{(i)} \qquad (4.14.1)$$

$$U_{\varphi 1}^{(i)} = r_1 \rho^{-1/2} m \sum_{k=1}^{4} A_k^{(i)} V_k^{(i)}$$

$$\sigma_{r1}^{(i)} = 2G\rho^{-3/2} \sum_{k=1}^{4} A_k^{(i)} Q_{rk}^{(i)}$$

$$\sigma_{\varphi 1}^{(i)} = 2G\rho^{-3/2} \sum_{k=1}^{4} A_k^{(i)} Q_{\varphi k}^{(i)}$$

$$\sigma_{\theta 1}^{(i)} = G\rho^{-3/2} \sum_{k=1}^{4} A_k^{(i)} Q_{\theta k}^{(i)}$$

$$\tau_{r\varphi 1}^{(i)} = G\rho^{-3/2} m \sum_{k=1}^{4} A_k^{(i)} T_{1k}^{(i)} \qquad (4.14.2)$$

$$\tau_{r\theta 1}^{(i)} = G\rho^{-3/2} \sum_{k=1}^{4} A_k^{(i)} T_{2k}^{(i)}$$

$$\tau_{\theta\varphi 1}^{(i)} = G\rho^{-3/2} m \sum_{k=1}^{4} A_k^{(i)} T_{3k}^{(i)}$$

式中：$A_k^{(i)}$ ($i = 1,2$) 为任意常数，$i = 1$ 对应问题Ⅰ，$i = 2$ 对应问题Ⅱ。此外还有

$$U_k^{(1)} = \begin{bmatrix} -4v\alpha_k^3 + 2(2-v)\alpha_k^2 + v(9+4m^2)\alpha_k + \dfrac{9}{2}(v-2) + 2(5v-4)m^2 + \\ \dfrac{1}{3!}\left\{ \begin{matrix} \begin{bmatrix} 4(1+2v)\alpha_k^2 + 6(2v-3)\alpha_k^4 - 2[16v+9+4(1+2v)m^2]\alpha_k^3 - \\ 72v\alpha_k^2\beta_k + [77-52v+48(1-v)m^2]\alpha_k^2 + 24(2-v)\alpha_k\beta_k + \\ \left[\dfrac{9}{4}(14v+9) + 2(28v+3)m^2 + 4(1+2v)m^4\right]\alpha_k + 6v(9+m^4)\beta_k \end{bmatrix} \\ +3\eta^2 \begin{Bmatrix} -4(1-v)\alpha_k^5 + 6(1-v)\alpha_k^4 + 2(1-v)(9+4m^2)\alpha_k^3 - \\ 3(1-v)\times(9+4m^2)\alpha_k^2 + \begin{bmatrix} 2(1+v)m^2 - \dfrac{81}{4}(1-v) \\ -4(1-v)m^4 \end{bmatrix}\alpha_k + \\ \dfrac{243}{8}(1-v) - 3(1+v)m^2 + 6(1-v)m^4 \end{Bmatrix} \end{matrix} \right\}\varepsilon^2 + \cdots \end{bmatrix} e^{x_k \ln\rho}$$

$$W_k^{(1)} = \varepsilon\eta \begin{bmatrix} 4(1-v)\alpha_k^4 - 2(1-v)(9+4m^2)\alpha_k^2 + \dfrac{81}{4}(1-v) - 2(1+v)m^2 + 4(1-v)m^4 \\ +\dfrac{1}{3!}\left\{ \begin{matrix} \begin{bmatrix} 4(2v-3)\alpha_k^6 - 4(1-2v)\alpha_k^5 + \begin{bmatrix} 87-70v+ \\ 12(3-2v)m^2 \end{bmatrix}\alpha_k^4 + \\ 96(1-v)\alpha_k^3\beta_k + 2(1-2v)(9+4m^2)\alpha_k^3 + \\ \begin{bmatrix} \dfrac{1}{4}(774v-837) + \\ (132v-130)m^2 + \\ 12(2v-3)m^4 \end{bmatrix}\alpha_k^2 - 24(1-v)(9+4m^2)\alpha_k\beta_k \\ +(1-2v)(6m^2-4m^4-81/4)\alpha_k + \dfrac{81}{6}(33-34v) + \\ \dfrac{1}{4}(271-350v)m^2 + (43-62v)m^4 + 4(3-2v)m^6 \end{bmatrix} \\ +\eta^2 \begin{Bmatrix} 4v\alpha_k^6 + 4(1-2v)\alpha_k^5 - (2+15v+12vm^2)\alpha_k^4 - 2(1-2v)\times \\ (9+4m^2)\alpha_k^3 + \left[\dfrac{1}{4}(27v+36) + (4+6v)m^2 + 12vm^4\right]\alpha_k^2 + \\ (1-2v)\left(\dfrac{81}{4} - 6m^2 + 4m^4\right)\alpha_k + \dfrac{81}{6}(3v-2) + \\ \dfrac{1}{4}(29v-52)m^2 + (9v-2)m^4 - 4vm^6 \end{Bmatrix} \end{matrix} \right\}\varepsilon^2 + \cdots \end{bmatrix}$$

$e^{x_k \ln\rho}$

(4.14.3)

$$V_k^{(1)} = \left[\begin{array}{l} 4v\alpha_k^2 + 4(1-2v)\alpha_k + 14 - 13v - 4vm^2 + \dfrac{1}{3!} \times \\ \left\{\begin{array}{l} -4(1+2v)\alpha_k^4 - 12(1-2v)\alpha_k^3 + \left[\begin{array}{l}68v - 40 + \\ 8(1+2v)m^2\end{array}\right]\alpha_k^2 \\ +48v\alpha_k\beta_k + (1-2v)(31+12m^2)\alpha_k + 24(1-2v)\beta_k \\ +\dfrac{1}{4}(497 - 466v) + 4(13-23v)m^2 - 4(1+2v)m^4 \\ +3\eta^2\left\{\begin{array}{l}4(1-v)\alpha_k^4 + 2[7v - 9 - 4(1-v)m^2]\alpha_k^2 - \\ 4(1-2v)\alpha_k + \dfrac{1}{12}(75-87v) - 2(1-v)m^2 \\ +4(1-v)m^4\end{array}\right\} \end{array}\right\}\varepsilon^2 + \cdots \end{array}\right] e^{x_k \ln \rho}$$

$$Q_{rk}^{(1)} =$$

$$\left[\begin{array}{l} 4(1+v)\alpha_k^3 - 2(1+v+2vm^2)\alpha_k^2 - \left[\begin{array}{l}9(1+v) + \\ 4(2-v)m^2\end{array}\right]\alpha_k + \dfrac{9}{2}(1+v) + \\ (4v-5)m^2 + 4vm^4 + \\ \dfrac{1}{3!} \times \left\{\begin{array}{l} 4\alpha_k^6 - 4(5+2v)\alpha_k^5 + [4v - 9 - 8(1-v)m^2]\alpha_k^4 + \\ [2(16v+43) + 4(13-2v)m^2]\alpha_k^3 + 72(1+v)\alpha_k^2\beta_k \\ -24(1+v+2vm^2)\alpha_k\beta_k - \left[\begin{array}{l}\dfrac{1}{4}(64v+73) + 6(2v+3) \times \\ m^2 + 4(4v-1)m^4\end{array}\right]\alpha_k^2 \\ -\left[\dfrac{9}{4}(14v+41) + 3(39-10v)m^2 + 16(2-v)m^4\right]\alpha_k - \\ 6[9(1+v) - 4(2-v)m^2]\beta_k + \dfrac{9}{16}(28v+73) + \dfrac{3}{2}(38-37v)m^2 \\ +(32v+15)m^4 + 8vm^6 + 3\eta^2 \times \\ \left\{\begin{array}{l} -4\alpha_k^6 + 4(2-v)\alpha_k^5 + \left[\begin{array}{l}12v + 15 + \\ 4(v+2)m^2\end{array}\right]\alpha_k^4 + \\ 2(v-2)(9+4m^2)\alpha_k^3 - \left[\begin{array}{l}\dfrac{9}{4}(4v+3) + \\ 2(9v-4)m^2 \\ +4(1+2v)m^4\end{array}\right]\alpha_k^2 \\ +\left[\dfrac{81}{4}(2-v) - 2(2+5v)m^2 + 4(2-v)m^4\right]\alpha_k \\ +\dfrac{81}{16}(2v-3) + \dfrac{3}{4}(2+11v)m^2 - 3m^4 + 4vm^6 \end{array}\right\} \end{array}\right\} \end{array}\right]\varepsilon^2 + \cdots \right] e^{x_k \ln \rho}$$

$$Q_{\varphi k}^{(1)} = \begin{bmatrix} 4v\alpha_k^4 + (4-14v-4vm^2)\alpha_k^2 + 4(1-2v)m^2\alpha_k + \dfrac{9}{4}(5v-4) + 3(2-v)m^2 + \\ \dfrac{1}{3!} \begin{Bmatrix} \begin{bmatrix} -8v\alpha_k^6 + 4(1-2v)\alpha_k^5 + [18(3v-1)+4(4v-1)m^2]\alpha_k^4 + 96v\alpha_k^3\beta_k - \\ 2(1-2v)(9+10m^2)\alpha_k^3 + \begin{bmatrix} \dfrac{1}{2}(154-251v)+8(1-9v)m^2 + \\ 8(1-v)m^4 \end{bmatrix}\alpha_k^2 \\ +12(4-14v-4vm^2)\alpha_k\beta_k + 24(1-2v)m^2\beta_k + (1-2v) \\ \left(\dfrac{81}{4}+37m^2+16m^4\right)\alpha_k + \dfrac{9}{8}(89v-73) + \dfrac{1}{4}(41+68v)m^2 + \\ (22-6v)m^4 - 4m^6 + 3\eta^2 \times \\ \begin{bmatrix} -4v\alpha_k^6 - 4(1-2v)\alpha_k^5 + [19v-2+4(1+2v)m^2]\alpha_k^4 + 2(1-2v) \\ (9+4m^2)\alpha_k^3 + \left[\dfrac{9}{4}(4-11v) - 4m^2 - 4(2+v)m^2\right]\alpha_k^2 - (1-2v) \\ \left(\dfrac{81}{4} - 2m^2 + 4m^4\right)\alpha_k + \dfrac{81}{16}(v-2) + \dfrac{1}{4}(85-50v)m^2 - \\ (3v+4)m^4 + 4m^6 \end{bmatrix} \end{bmatrix} \end{Bmatrix} \end{bmatrix} \varepsilon^2 + \cdots \times$$

$$e^{x_k\ln\rho}$$

$$Q_{\theta k}^{(1)} = \dfrac{1}{3!}\varepsilon^2 \begin{Bmatrix} \begin{bmatrix} -12\alpha_k^6 + (69-16v+36m^2)\alpha_k^4 + \\ \left[68v - \dfrac{529}{4} - (8v+82)m^2 - 36m^4\right]\alpha_k^2 \\ +96\alpha_k^3\beta_k + 24(2v-7-4m^2)\alpha_k\beta_k + \\ 12(1-2v)m^2\alpha_k + \dfrac{1359}{16} - 72v + \\ \left(46v - \dfrac{239}{4}\right)m^2 + (13+24v)2m^4 + 12m^6 \\ +3\eta^2 \begin{Bmatrix} 4(1-v)\alpha_k^4 - [18(1-v)+4(2-v)m^2]\alpha_k^2 \\ -4(1-2v)m^2\alpha_k + \dfrac{81}{4}(1-v) + (11v-16)m^2 \\ +4m^4 \end{Bmatrix} + \cdots \end{bmatrix} \end{Bmatrix} \times e^{x_k\ln\rho}$$

$$T_{1k}^{(1)} = \begin{bmatrix} 4v\alpha_k^3 - 6v\alpha_k^2 + (4-5v-4m^2)\alpha_k + \frac{3}{2}(5v-4) + 2(2-v)m^2 + \\ \frac{1}{3!}\begin{Bmatrix} \begin{bmatrix} -4(1+2v)\alpha_k^5 + 6(1+2v)\alpha_k^4 + [32v-2+8(1+2v)m^2]\alpha_k^3 \\ +72v\alpha_k^2\beta_k - 72v\alpha_k\beta_k + (7-56v-24m^2)\alpha_k^2 + \\ \left[\frac{1}{4}(115-110v) + (14-56v)m^2 - 4(1+2v)m^4\right]\alpha_k + \\ 6(4-5v-4m^2)\beta_k + \frac{3}{8}(158v-139) + 6(v+3)m^2 + \\ 6(3-2v)m^4 + 3\eta^2 \begin{Bmatrix} 4(1-v)\alpha_k^5 - 6(1-v)\alpha_k^4 - \\ (1-v)(9+8m^2)\alpha_k^3 + \\ [23-19v+12(1-v)m^2]\alpha_k^2 + \\ \left[\frac{1}{4}(65-97v) - 2(1+v)m^2 + 4(1-v)m^4\right]\alpha_k \\ +\frac{1}{8}(147v-123) + (7-5v)m^2 - 6(1-v)m^4 \end{Bmatrix} \end{bmatrix} \varepsilon^2 + \cdots \end{Bmatrix} \end{bmatrix} \times$$

$e^{x_k \ln \rho}$

$$T_{2k}^{(1)} = \eta(\eta^2-1)\varepsilon^3 \begin{Bmatrix} \begin{bmatrix} 4\alpha_k^7 - 6\alpha_k^6 + (8v-23-12m^2)\alpha_k^5 + \\ \left[\frac{1}{2}(61-8v) + (8v-22)m^2\right]\alpha_k^4 + \\ \left[\frac{1}{4}(171-114v) + (24v-26)m^2 + 12m^4\right]\alpha_k^3 \\ + \begin{bmatrix} \frac{1}{8}(144v-369) + (45-48v)m^2 \\ +2(8v-13)m^4 \end{bmatrix}\alpha_k^2 + \\ \begin{bmatrix} \frac{81}{16}(8v-5) + \frac{1}{4}(187-120v)m^2 + \\ (16v-3)m^4 - 4m^6 \end{bmatrix}\alpha_k + \\ \frac{81}{32}(7-8v) + \frac{1}{2}(252v-507)m^2 + \\ \frac{1}{2}(8v-19)m^4 + 2(5-4v)m^6 \end{bmatrix} + \cdots \end{Bmatrix} \times e^{x_k \ln \rho}$$

(4.14.4)

$$U_k^{(2)} = \eta \left[2(1-v)(3-2\gamma_k) + \frac{1}{3!} \times \left\{ \begin{matrix} 6(1-2v)(2\gamma_k-1)\gamma_k^2 + 3[22v-21-4(1-2v)m^2]\gamma_k \\ -24(1-v)\delta_k + \frac{3}{2}(61-62v) - 6(1-2v)m^2 + \eta^2 \times \\ \begin{bmatrix} 4(2-v)\gamma_k^3 + 2(7v-8)\gamma_k^2 + [2-3v+4(v-2)m^2]\gamma_k \\ +\frac{1}{2}(5v-4) + 2(10-11v)m^2 \end{bmatrix} \end{matrix} \right\} \varepsilon^2 + \cdots \right] \times e^{\gamma_k \ln \rho}$$

$$W_k^{(2)} = \varepsilon^{-1} \left[4(1-v) + \frac{1}{2!} \left\{ \begin{matrix} 4(2v-3)\gamma_k^2 - 4(1-2v)\gamma_k \\ +25 - 26v + 4(3-2v)m^2 + \\ \eta^2 \begin{bmatrix} 4v\gamma_k^2 + 4(1-2v)\gamma_k + 7v \\ -6 - 4vm^2 \end{bmatrix} \end{matrix} \right\} \varepsilon^2 + \cdots \right] e^{\gamma_k \ln \rho} \quad (4.14.5)$$

$$Q_{rk}^{(2)} = \eta \left\{ \begin{matrix} -4\gamma_k^2 + 4(2-v)\gamma_k + 2v - 3 + 4vm^2 + \frac{1}{3!} \times \\ \begin{bmatrix} 12\gamma_k^4 - 12(1-2v)\gamma_k^3 - 12[v+5+(1+2v)m^2]\gamma_k \\ -48\gamma_k\delta_k + 24(2-v)\delta_k + (41-22v)\gamma_k + \\ \frac{3}{4}(44v-61) + 3(1+4v)m^2 + 24vm^4 + \eta^2 \times \\ \begin{Bmatrix} 8\gamma_k^4 + 4(v-2)\gamma_k^3 + 2[5-v-2(v+2)m^2]\gamma_k^2 + \\ 3[v-1-4(v-2)m^2]\gamma_k + \frac{1}{2}(2-3v) \\ +(11v-10)m^2 + 4vm^4 \end{Bmatrix} \end{bmatrix} \varepsilon^2 + \cdots \end{matrix} \right\} \times e^{\gamma_k \ln \rho}$$

$$Q_{\theta k}^{(2)} = \frac{1}{3!}\eta\varepsilon^2 \left\{ \begin{Bmatrix} 12\gamma_k^4 + 6(4v-7-4m^2)\gamma_k^2 - 12(1-2v)\gamma_k \\ +\frac{9}{4}(7-8v) + 6(13-12v)m^2 + 12m^4 + \\ \eta^2 \begin{bmatrix} -4\gamma_k^4 + (14+8m^2)\gamma_k^2 + 12(1-2v)\gamma_k + \\ \frac{1}{4}(48v-37) + (24v-34)m^2 - 4m^4 \end{bmatrix} \end{Bmatrix} + \cdots \right\} \times e^{\gamma_k \ln \rho}$$

$$T_{1k}^{(2)} =$$

$$\eta \left\{ \begin{bmatrix} 12(1-v)(2\gamma_k-3) + \frac{1}{3!} \times \\ \begin{bmatrix} -12(1-2v)\gamma_k^3 + 8(1-2v)\gamma_k^2 + [9(3-2v)+12(1-2v)m^2]\gamma_k \\ +144(1-v)\delta_k + \frac{1}{2}(102v-105) - 6(1-2v)m^2 + \eta^2 \times \\ \left\{ 4(v-2)\gamma_k^3 - 6(v-2)\gamma_k^2 + [14-17v+4(2-v)m^2]\gamma_k \\ + \frac{1}{2}(35v-34) + 2(7v-8)m^2 \right\} \end{bmatrix} \varepsilon^2 + \cdots \end{bmatrix} \right\} \times e^{\gamma_k \ln \rho}$$

$$T_{3k}^{(2)} = 6(\eta^2-1)\varepsilon \left\{ \left[-2\gamma_k^2 - 2(1-2v)\gamma_k + \frac{1}{2}(11-12v) + 2m^2 \right] + \cdots \right\} e^{\gamma_k \ln \rho}$$

(4.14.6)

针对跟函数 $\sin\omega \pm \omega$、$\sin\omega$ 和 $\cos\omega$ 的零点对应的位移和应力,下面进一步给出其渐近展开式的首项。在经过必要的一些变换处理之后,我们可以得到如下结果

$$U_{r2}^{(i)} = r_1 \rho^{-1/2} \varepsilon \sum_{n=1}^{\infty} B_{ni} \{ 2[(1-v)\omega_{n_1}^{-1}\psi_{ni}''(\eta) - v\omega_{ni}\psi_{ni}(\eta)] + O(\varepsilon) \} e^{\frac{\omega_{ni}}{\varepsilon}\ln\rho}$$

$$U_{\theta 2}^{(i)} = -r_1 \rho^{-1/2} \varepsilon \sum_{n=1}^{\infty} B_{ni} \{ 2[(2-v)\psi_{ni}'(\eta) + (1-v)\omega_{ni}^{-2}\psi_{ni}'''(\eta)] + O(\varepsilon) \} e^{\frac{\omega_{ni}}{\varepsilon}\ln\rho}$$

(4.14.7)

$$U_{\varphi 2}^{(i)} = -r_1 m \rho^{-1/2} \varepsilon^2 \sum_{n=1}^{\infty} B_{ni} \{ 2[(1-v)\omega_{ni}^{-1}\psi_{ni}''(\eta) - v\omega_{ni}\psi_{ni}(\eta)] + O(\varepsilon) \} e^{\frac{\omega_{ni}}{\varepsilon}\ln\rho}$$

(4.14.8)

$$\sigma_{r2}^{(i)} = 2G\rho^{-3/2} \sum_{n=1}^{\infty} B_{ni} [\psi_{ni}''(\eta) + O(\varepsilon)] e^{\frac{\omega_{ni}}{\varepsilon}\ln\rho}$$

$$\sigma_{\varphi 2}^{(i)} = 2G\rho^{-3/2} \sum_{n=1}^{\infty} B_{ni} [\psi_{ni}''(\eta) + \omega_{ni}^2 \psi_{ni}(\eta) + O(\varepsilon)] e^{\frac{\omega_{ni}}{\varepsilon}\ln\rho}$$

$$\sigma_{\theta 2}^{(i)} = 2G\rho^{-3/2} \sum_{n=1}^{\infty} B_{ni} [\omega_{ni}^2 \psi_{ni}(\eta) + O(\varepsilon)] e^{\frac{\omega_{ni}}{\varepsilon}\ln\rho}$$

$$\tau_{r\varphi2}^{(i)} = 2Gm\rho^{-3/2}\varepsilon\sum_{n=1}^{\infty}B_{ni}\{2\omega_{ni}[(1-v)\omega_{ni}^{-1}\psi_{ni}''(\eta) - v\omega_{ni}\psi_{ni}(\eta) + O(\varepsilon)]\}e^{\frac{\omega_{ni}}{\varepsilon}\ln\rho}$$

$$\tau_{r\theta2}^{(i)} = -2G\rho^{-3/2}\sum_{n=1}^{\infty}B_{ni}[\omega_{ni}\psi_{ni}'(\eta) + O(\varepsilon)]e^{\frac{\omega_{ni}}{\varepsilon}\ln\rho}$$

$$\tau_{\theta\varphi2}^{(i)} = 2Gm\varepsilon\rho^{-3/2}\sum_{n=1}^{\infty}B_{ni}[\omega_{ni}\psi_{ni}'(\eta) + O(\varepsilon)]e^{\frac{\omega_{ni}}{\varepsilon}\ln\rho}$$

(4.14.9)

$$U_{r3}^{(i)} = U_{\theta3}^{(i)} \approx 0, \sigma_{r3}^{(i)} = \sigma_{\phi3}^{(i)} = \sigma_{\theta3}^{(i)} = \tau_{r\theta3}^{(i)} \approx 0$$

$$U_{\varphi3}^{(i)} = r_1\rho^{-1/2}\varepsilon\sum_{p=1}^{\infty}D_{pi}L_{pi}(\eta)e^{\frac{l_{pi}}{\varepsilon}\ln\rho}$$

$$\tau_{r\varphi3}^{(i)} = 2G\rho^{-3/2}\sum_{p=1}^{\infty}D_{pi}L_{pi}(\eta)l_{pi}e^{\frac{l_{pi}}{\varepsilon}\ln\rho}$$

(4.14.10)

$$\tau_{\theta\varphi3}^{(i)} = 2G\rho^{-3/2}\sum_{p=1}^{\infty}D_{pi}L_{pi}'(\eta)l_{pi}e^{\frac{l_{pi}}{\varepsilon}\ln\rho}$$

在式(4.14.7)~(4.14.10)中，$B_{ni}(i=1,2;n=1,2,3,\cdots)$ 和 $D_{pi}(i=1,2;p=1,2,3,\cdots)$ 为任意常数，$\psi_{ni}(\eta)$ 为 Papkovich 函数，即

$$\psi_{n1}(\eta) = (\omega_{n1}^{-1}\sin\omega_{n1} + \cos\omega_{n1})\cos(\omega_{n1}\eta) + \eta\sin\omega_{n1}\sin(\omega_{n1}\eta)\ (n=1,2,3,\cdots)$$

$$\psi_{n2}(\eta) = (\sin\omega_{n2} - \omega_{n2}^{-1}\cos\omega_{n2})\sin(\omega_{n2}\eta) + \eta\cos\omega_{n2}\cos(\omega_{n2}\eta)\ (n=1,2,3,\cdots)$$

$$L_{p1}(\eta) = \cos(l_{p1}\eta)\ (p=1,2,\cdots)$$

$$L_{p2}(\eta) = \sin(l_{p2}\eta)\ (p=1,2,\cdots)$$

任意常数 A_{ki}、B_{ni} 和 D_{pi} 可以根据一组无限型线性代数方程加以确定。

通过对比第一组和第二组解，我们不难得出一个结论，即，第一组解给出的是板的基本应力应变状态，而第二组解反映的则是边界效应，类似于均匀板理论中的圣维南端部效应。

4.15 变厚度板的 Kirsch 问题

本节我们考虑变厚度板，其厚度可以表示为 $h = \varepsilon r$。假定锥形边界部分是应力自由的，而在球形边界部分上则满足如下边界条件

$$\sigma_r = 0, \tau_{r\varphi} = 0, \tau_{r\theta} = 0 \quad (\text{在 } r = r_1 \text{ 上})$$

$$\sigma_r = P(1+\cos2\varphi), \tau_{r\varphi}=0, \tau_{r\theta}=0 \quad （在 r=r_2 上） \tag{4.15.1}$$

考虑到 $\sigma_r = \sigma_r^{(0)} + \sigma_r^{(2)}\cos2\varphi$ 以及 4.12 节得到的相关结果，此处的应力可以表示为($m=0, m=2$)

$$\sigma_r = \sigma_r^{(0)} + \sigma_r^{(2)}\cos2\varphi, \sigma_\varphi = \sigma_\varphi^{(0)} + \sigma_\varphi^{(2)}\cos2\varphi$$
$$\sigma_\theta = \sigma_\theta^{(0)} + \sigma_\theta^{(2)}\cos2\varphi, \tau_{r\varphi} = \tau_{r\varphi}^{(2)}\sin2\varphi \tag{4.15.2}$$
$$\tau_{r\theta} = \tau_{r\theta}^{(0)} + \tau_{r\theta}^{(2)}\cos2\varphi, \tau_{\theta\varphi} = \tau_{\theta\varphi}^{(2)}\sin2\varphi$$

正如 4.8 节和 4.12 节所曾指出的，这个板内的应力应变状态包括主要应力应变状态和边界层类型的状态。当从板的边界逐渐向板内移动时，边界层类型的应力应变状态是指数衰减的，因此在远离板边处，也就表现为主要应力应变态。事实上，我们一般可以利用式(4.15.1)来确定出这个主要应力状态，无须求解无限型线性代数方程组。为此，不妨分别取式(4.15.1)和式(4.15.2)的厚度平均，由此可得

$$\bar{\sigma}_r = 0, \bar{\tau}_{r\varphi}=0, \bar{\tau}_{r\theta}=0 \quad （在 r=r_1 上）$$
$$\bar{\sigma}_r = P(1+\cos2\varphi), \bar{\tau}_{r\varphi}=0, \bar{\tau}_{r\theta}=0 \quad （在 r=r_2 上） \tag{4.15.3}$$

$$\bar{\sigma}_r = \bar{\sigma}_r^{(0)} + \bar{\sigma}_r^{(2)}\cos2\varphi, \bar{\sigma}_\varphi = \bar{\sigma}_\varphi^{(0)} + \bar{\sigma}_\varphi^{(2)}\cos2\varphi$$
$$\bar{\sigma}_\theta = \bar{\sigma}_\theta^{(0)} + \bar{\sigma}_\theta^{(2)}\cos2\varphi, \bar{\tau}_{r\varphi} = \bar{\tau}_{r\varphi}^{(2)}\sin2\varphi \tag{4.15.4}$$
$$\bar{\tau}_{r\theta}=0, \bar{\tau}_{\theta\varphi}=0$$

其中

$$\bar{\sigma}_r^{(0)} = \rho^{-3/2}\sum_{k=1}^{2} C_k \rho^{x_k} \bar{Q}_{r0}(x_k,\varepsilon)$$
$$\bar{\sigma}_\varphi^{(0)} = \rho^{-3/2}\sum_{k=1}^{2} C_k \rho^{x_k} \bar{Q}_{\varphi0}(x_k,\varepsilon) \tag{4.15.5}$$
$$\bar{\sigma}_\theta^{(0)} = \rho^{-3/2}\sum_{k=1}^{2} C_k \rho^{x_k} \bar{Q}_{\theta0}(x_k,\varepsilon)$$

$$\bar{\sigma}_r^{(2)} = \rho^{-3/2}\sum_{k=1}^{6} C_k \rho^{x_k} \bar{Q}_{r2}(x_k,\varepsilon)$$
$$\bar{\sigma}_\varphi^{(2)} = \rho^{-3/2}\sum_{k=1}^{6} C_k \rho^{x_k} \bar{Q}_{\varphi2}(x_k,\varepsilon)$$
$$\bar{\sigma}_\theta^{(2)} = \rho^{-3/2}\sum_{k=1}^{6} C_k \rho^{x_k} \bar{Q}_{\theta2}(x_k,\varepsilon) \tag{4.15.6}$$
$$\bar{\tau}_{r\varphi}^{(2)} = \rho^{-3/2}\sum_{k=1}^{6} C_k \rho^{x_k} T_{r2}(x_k,\varepsilon)$$

在式(4.15.4)中,在取厚度平均且令 $m=0, m=2$ 之后,我们就能够分别得到上述的 $\bar{Q}_{r0}(x_k,\varepsilon)$, $\bar{Q}_{\varphi 0}(x_k,\varepsilon)$, $\bar{Q}_{\theta 0}(x_k,\varepsilon)$, $\bar{Q}_{r2}(x_k,\varepsilon)$, $\cdots$, $\bar{T}_{r2}(x_k,\varepsilon)$。

上面的 C_k 为任意常数,ε 是小参数,x_k 代表的是函数 $D_1(x,\varepsilon)$ [式(4.12.9)]的零点[针对 $m=0(k=1,2)$ 和 $m=2(k=3,4,5,6)$],其渐近表达式如下

$$x_k = \alpha_k + \beta_k \varepsilon^2 + \cdots \quad (k=1,2,3,4,5,6) \tag{4.15.7}$$

式中:常数 α_k 由下式给出

$$\alpha_k = (-1)^{k+1}\frac{1}{2}\sqrt{5-4v}, \beta_k = (3\alpha_k)^{-1}(1-v^2) \quad (k=1,2) \tag{4.15.8}$$

$$\alpha_k = \frac{1}{2}(-1)^{k+1}(23-2v+2\sqrt{v^2-46v+97})^{1/2} \quad (k=3,4) \tag{4.15.9}$$

$$\alpha_k = \frac{1}{2}(-1)^{k+1}(23-2v-2\sqrt{v^2-46v+97})^{1/2} \quad (k=5,6) \tag{4.15.10}$$

将式(4.15.5)和式(4.15.6)代入式(4.15.3),可以得到如下一组关于 C_k 的方程组

$$\left.\begin{aligned}\sum_{k=1}^{2}\bar{Q}_{r0}(x_k,\varepsilon)C_k &= 0 \\ \rho_2^{-3/2}\sum_{k=1}^{2}\rho_2^{x_k}\bar{Q}_{r0}(x_k,\varepsilon)C_k &= P\end{aligned}\right\} \tag{4.15.11}$$

$$\left.\begin{aligned}\sum_{k=3}^{6}\bar{Q}_{r2}(x_k,\varepsilon)C_k &= 0 \\ \sum_{k=1}^{6}\bar{T}_{r2}(x_k,\varepsilon)C_k &= 0 \\ \rho_2^{-3/2}\sum_{k=3}^{6}\rho_2^{x_k}\bar{Q}_{r2}(x_k,\varepsilon)C_k &= P \\ \sum_{k=3}^{6}\rho_2^{x_k}\bar{T}_{r2}(x_k,\varepsilon)C_k &= 0\end{aligned}\right\} \tag{4.15.12}$$

考虑到 $x_{2k} = -x_{2k-1}$,根据式(4.15.11)和式(4.15.12)我们有

$$\left.\begin{aligned}C_1 &= \bar{Q}_{r0}^{-1}(x_1)\rho_2^{3/2}(\rho_2^{x_1}-\rho_2^{-x_1})^{-1}P \\ C_2 &= \bar{Q}_{r0}^{-1}(-x_1)\rho_2^{3/2}(\rho_2^{x_1}-\rho_2^{-x_1})^{-1}P\end{aligned}\right\} \tag{4.15.13}$$

$$C_3 = \rho_2^{3/2} \Delta^{-1} \Delta_1 P, C_4 = \rho_2^{3/2} \Delta^{-1} \Delta_2 P$$
$$C_5 = \rho_2^{3/2} \Delta^{-1} \Delta_3 P, C_6 = \rho_2^{3/2} \Delta^{-1} \Delta_4 P \tag{4.15.14}$$

其中

$$\Delta = \Phi(x_3, x_5, \varepsilon) - \Phi(-x_3, x_5, \varepsilon) - 2\gamma(x_3, -x_3, \varepsilon)\gamma(x_5, -x_5, \varepsilon)$$

$$\Phi(x, y, \varepsilon) = \gamma(x, y, \varepsilon)\gamma(-x, -y, \varepsilon)\mathrm{ch}((x+y)\ln\rho_2)$$

$$\gamma(x, y, \varepsilon) = \bar{Q}_{r2}(x, \varepsilon)\bar{T}_{r2}(y, \varepsilon) - \bar{Q}_{r2}(y, \varepsilon)\bar{T}_{r2}(x, \varepsilon)$$

$$\Delta_1 = \bar{T}_{r2}(x_5, \varepsilon)\gamma(-x_3, -x_5, \varepsilon)\mathrm{e}^{x_5\ln\rho_2} -$$
$$\bar{T}_{r2}(-x_5, \varepsilon)\gamma(-x_3, x_5, \varepsilon)\mathrm{e}^{-x_5\ln\rho_2} -$$
$$\bar{T}_{r2}(-x_3, \varepsilon)\gamma(x_5, -x_5, \varepsilon)\mathrm{e}^{-x_3\ln\rho_2}$$

$$\Delta_3 = \bar{T}_{r2}(-x_3, \varepsilon)\gamma(x_3, -x_5, \varepsilon)\mathrm{e}^{-x_3\ln\rho_2} -$$
$$\bar{T}_{r2}(x_3, \varepsilon)\gamma(-x_3, -x_5, \varepsilon)\mathrm{e}^{x_3\ln\rho_2} -$$
$$\bar{T}_{r2}(-x_5, \varepsilon)\gamma(x_3, -x_3, \varepsilon)\mathrm{e}^{-x_5\ln\rho_2}$$

$$\Delta_2(x_3, x_5, \varepsilon) = -\Delta_1(-x_3, x_5, \varepsilon)$$
$$\Delta_4(x_3, x_5, \varepsilon) = -\Delta_3(x_3, -x_5, \varepsilon)$$

将式(4.15.3)和式(4.15.4)代入式(4.15.2)可得

$$\bar{\sigma}_r^{(0)} = \left(\frac{\rho_2}{\rho}\right)^{3/2} (\rho_2^{x_1} - \rho_2^{-x_1})^{-1}(\rho^{x_1} - \rho^{-x_1})P$$

$$\bar{\sigma}_\varphi^{(0)} = \left(\frac{\rho_2}{\rho}\right)^{3/2} (\rho_2^{x_1} - \rho_2^{-x_1})^{-1} P\left[\frac{\bar{Q}_{\varphi 0}(x_1, \varepsilon)}{\bar{Q}_{r0}(x_1, \varepsilon)}\rho^{x_1} - \frac{\bar{Q}_{\varphi 0}(-x_1, \varepsilon)}{\bar{Q}_{r0}(-x_1, \varepsilon)}\rho^{-x_1}\right]$$

$$\bar{\sigma}_\theta^{(0)} = \left(\frac{\rho_2}{\rho}\right)^{3/2} (\rho_2^{x_1} - \rho_2^{-x_1})^{-1} P\left[\frac{\bar{Q}_{\theta 0}(x_1, \varepsilon)}{\bar{Q}_{r0}(x_1, \varepsilon)}\rho^{x_1} - \frac{\bar{Q}_{\theta 0}(-x_1, \varepsilon)}{\bar{Q}_{r0}(-x_1, \varepsilon)}\rho^{-x_1}\right] \tag{4.15.15}$$

$$\bar{\sigma}_r^{(2)} = \Delta^{-1} P \left(\frac{\rho_2}{\rho}\right)^{3/2} \left[\begin{array}{l}\bar{Q}_{r2}(x_3, \varepsilon)\Delta_1(x_3, x_5, \varepsilon)\rho^{x_3} - \bar{Q}_{r2}(-x_3, \varepsilon)\Delta_1(-x_3, x_5, \varepsilon)\rho^{-x_3} \\ + \bar{Q}_{r2}(x_5, \varepsilon)\Delta_3(x_3, x_5, \varepsilon)\rho^{x_5} - \bar{Q}_{r2}(-x_5, \varepsilon)\Delta_3(x_3, -x_5, \varepsilon)\rho^{-x_5}\end{array}\right]$$

$$\bar{\sigma}_{\varphi}^{(2)} = \Delta^{-1} P \left(\frac{\rho_2}{\rho}\right)^{3/2} \begin{bmatrix} \bar{Q}_{\varphi 2}(x_3,\varepsilon)\Delta_1(x_3,x_5,\varepsilon)\rho^{x_3} - \bar{Q}_{\varphi 2}(-x_3,\varepsilon)\Delta_1(-x_3,x_5,\varepsilon)\rho^{-x_3} \\ + \bar{Q}_{\varphi 2}(x_5,\varepsilon)\Delta_3(x_3,x_5,\varepsilon)\rho^{x_5} - \bar{Q}_{\varphi 2}(-x_5,\varepsilon)\Delta_3(x_3,-x_5,\varepsilon)\rho^{-x_5} \end{bmatrix}$$

$$\bar{\sigma}_{\theta}^{(2)} = \Delta^{-1} P \left(\frac{\rho_2}{\rho}\right)^{3/2} \begin{bmatrix} \bar{Q}_{\theta 2}(x_3,\varepsilon)\Delta_1(x_3,x_5,\varepsilon)\rho^{x_3} - \bar{Q}_{\theta 2}(-x_3,\varepsilon)\Delta_1(-x_3,x_5,\varepsilon)\rho^{-x_3} \\ + \bar{Q}_{\theta 2}(x_5,\varepsilon)\Delta_3(x_3,x_5,\varepsilon)\rho^{x_5} - \bar{Q}_{\theta 2}(-x_5,\varepsilon)\Delta_3(x_3,-x_5,\varepsilon)\rho^{-x_5} \end{bmatrix}$$

(4.15.16)

将式(4.15.4)考虑进来(若 $m=0, m=2$),我们可以将式(4.15.15)和式(4.15.16)中的相关参数展开成 ε 的级数形式,从而有

$$\begin{aligned}
\bar{Q}_{j0} &= \bar{Q}_{j0}^{(0)} + \bar{Q}_{j2}^{(2)}\varepsilon^2 + \cdots \\
\bar{Q}_{j2} &= \bar{Q}_{j2}^{(0)} + \bar{Q}_{j2}^{(2)}\varepsilon^2 + \cdots \quad (j=r,\theta,\varphi) \\
\Delta &= \Delta_0 + \Delta_2 \varepsilon^2 + \cdots \\
\Delta_i &= \Delta_{i0} + \Delta_{i2}\varepsilon^2 + \cdots
\end{aligned}$$

(4.15.17)

$$\begin{aligned}
\gamma(x,y,\varepsilon) &= \gamma_0(x,y) + \gamma_2(x,y)\varepsilon^2 + \cdots \\
\Phi(x,y,\varepsilon) &= \Phi_0(x,y) + \Phi_2(x,y)\varepsilon^2 + \cdots
\end{aligned}$$

(4.15.18)

进一步,将上面这两组式子代入式(4.15.15)和式(4.15.16),若只限于考虑展开式的首项,那么我们不难得到 $r=r_1$ 上的正应力的如下表达式

$$\bar{\sigma}_{\theta 0}^{(0)} = \frac{8}{3}\alpha_1 \rho_2^{3/2}(1-v^2)^{-1}(6\alpha_1\beta_1 + v^2 - 1)(\rho_2^{\alpha_1} - \rho_2^{-\alpha_1})^{-1} P\varepsilon^2$$

$$\bar{\sigma}_{\varphi 0}^{(2)} = \Delta_0^{-1}\rho_2^{3/2} P \begin{bmatrix} \bar{Q}_{\varphi 2}^{(0)}(\alpha_3)\Delta_{10}(\alpha_3,\alpha_5) - \bar{Q}_{\varphi 2}^{(0)}(-\alpha_3)\Delta_{10}(-\alpha_3,\alpha_5) \\ + \bar{Q}_{\varphi 2}^{(0)}(\alpha_5)\Delta_{30}(\alpha_3,\alpha_5) - \bar{Q}_{\varphi 2}^{(0)}(-\alpha_3)\Delta_{30}(\alpha_3,-\alpha_5) \end{bmatrix}$$

$$\bar{\sigma}_{\theta 0}^{(2)} = \Delta_0^{-1}\rho_2^{3/2} P \begin{bmatrix} \bar{Q}_{\theta 2}^{(0)}(\alpha_3)\Delta_{10}(\alpha_3,\alpha_5) - \bar{Q}_{\theta 2}^{(0)}(-\alpha_3)\Delta_{10}(-\alpha_3,\alpha_5) \\ + \bar{Q}_{\theta 2}^{(0)}\Delta_{30}(\alpha_3,\alpha_5) - \bar{Q}_{\theta 2}^{(0)}(-\alpha_3)\Delta_{30}(\alpha_3,-\alpha_5) \end{bmatrix}$$

(4.15.19)

其中

$$\Delta_0 = \Phi_0(\alpha_3,\alpha_5) - \Phi_0(-\alpha_3,\alpha_5) - 2\beta_0(\alpha_3,-\alpha_5)\beta_0(\alpha_5,-\alpha_5)$$

$$\Delta_{10} = \overline{T}_{r2}^{(0)}(\alpha_5)\beta_0(-\alpha_3,-\alpha_5)e^{\alpha_5\ln\rho_2} -$$
$$\overline{T}_{r2}^{(0)}(-\alpha_5)\beta_0(-\alpha_3,\alpha_5)e^{-\alpha_5\ln\rho_2} - \overline{T}_{r2}^{(0)}(-\alpha_3)\beta_0(\alpha_5,-\alpha_5)e^{-\alpha_3\ln\rho_2}$$

$$\Delta_{30} = \overline{T}_{r2}^{(0)}(-\alpha_3)\beta_0(\alpha_3,-\alpha_5)e^{-\alpha_3\ln\rho_2} -$$
$$\overline{T}_{r2}^{(0)}(\alpha_3)\beta_0(-\alpha_3,-\alpha_5)e^{\alpha_3\ln\rho_2} - \overline{T}_{r2}^{(0)}(-\alpha_5)\beta_0(\alpha_3,-\alpha_3)e^{-\alpha_5\ln\rho_2}$$

$$\Phi_0(x,y) = \beta_0(x,y)\beta_0(-x,-y)\mathrm{ch}((x+y)\ln\rho_2)$$

(4.15.20)

$$\overline{T}_{r2}^{(0)} = 8v\alpha^3 - 12v\alpha^2 - (5v+12)\alpha + \frac{1}{2}(20-v)$$

$$\overline{Q}_{r2}^{(0)}(\alpha) = 4(1+v)\alpha^3 - 2(1+9v)\alpha^2 - (41-7v)\alpha + \frac{1}{2}(41+97v)$$

$$\overline{Q}_{\varphi2}^{(0)}(\alpha) = 4v\alpha^4 + 2(2-15v)\alpha^2 + 16(1-2v)\alpha + 3(5-v/4)$$

$$\overline{Q}_{\theta2}^{(0)}(\alpha) = \frac{2}{3}\left[4(1+4v-v^2)\alpha^2 + 16(1-2v)\alpha + 15 - 36v - 23v^2\right]$$

$$\beta_0(x,y) = (y-x)\begin{bmatrix} 32v(3v-1)x^2y^2 + 4(19v^2-65v+12)xy(x+y) \\ -2(195v^2+63v-20)(x^2+xy+y^2) + \\ 2(87v^2-133v+12)xy - (591v^2+167v-20)(x+y) \\ +239v^2 + 775v - 164 \end{bmatrix}$$

(4.15.21)

下面我们再来给出与板中面相关的力的表达式

$$T_\varphi\big|_{\rho_1=1} = T_{\varphi0}^{(0)} + T_{\varphi2}^{(0)}\cos2\varphi$$
$$T_\theta\big|_{\rho_1=1} = T_{\theta0}^{(0)} + T_{\theta2}^{(0)}\cos2\varphi$$

(4.15.22)

其中

$$T_{\varphi0}^{(0)} = 16\alpha_1\rho_1^{1/2}(\rho_2^{\alpha_1} - \rho_2^{-\alpha_1})^{-1}T_0$$

$$T_{\theta0}^{(0)} = \frac{8}{3}(1-v^2)^{-1}\alpha_1\rho_2^{1/2}(6\alpha_1\beta_1 + v^2 - 1)(\rho_2^{\alpha_1} - \rho_2^{-\alpha_1})^{-1}T_0\varepsilon^2$$

$$T_{\varphi 2}^{(0)} = \Delta_0^{-1} \rho_2^{1/2} \left[\begin{array}{l} \bar{Q}_{\varphi 2}^{(0)}(\alpha_3)\Delta_{10}(\alpha_3,\alpha_5) - \bar{Q}_{\varphi 2}^{(0)}(-\alpha_3)\Delta_{10}(-\alpha_3,\alpha_5) \\ + \bar{Q}_{\varphi 2}^{(0)}(\alpha_5)\Delta_{30}(\alpha_3,\alpha_5) - \bar{Q}_{\varphi 2}^{(0)}(-\alpha_5)\Delta_{30}(\alpha_3,-\alpha_5) \end{array} \right] T_0$$

$$T_{\theta 2}^{(0)} = \Delta_0^{-1} \rho_2^{1/2} \varepsilon^2 \left[\begin{array}{l} \bar{Q}_{\theta 2}^{(0)}(\alpha_3)\Delta_{10}(\alpha_3,\alpha_5) - \bar{Q}_{\theta 2}^{(0)}(-\alpha_3)\Delta_{10}(-\alpha_3,\alpha_5) \\ + \bar{Q}_{\theta 2}^{(0)}(\alpha_5)\Delta_{30}(\alpha_3,\alpha_5) - \bar{Q}_{\theta 2}^{(0)}(-\alpha_5)\Delta_{30}(\alpha_3,-\alpha_5) \end{array} \right] T_0$$

$$T_0 = 2\varepsilon\rho_2 P$$

(4.15.23)

4.16 变厚度锥壳的扭转振动

这一节主要考察变厚度中空截锥壳的扭转振动问题,在球坐标系中这一扭转振动的方程可以表示为如下形式

$$\Delta U_\varphi - \frac{1}{r^2 \sin^2\theta} U_\varphi = gG^{-1} \frac{\partial^2 U_\varphi}{\partial t^2} \quad (4.16.1)$$

1. 令 $U_\varphi = -\frac{\partial U}{\partial \theta}$,那么上面这个方程就可以化为如下形式

$$\Delta U = gG^{-1} \frac{\partial^2 U}{\partial t^2} \quad (4.16.2)$$

这里我们假定锥形边界部分是应力自由的,即

$$\tau_{\theta\varphi} = 0 \quad (\theta = \theta_n, n = 1,2, r_1 \leqslant r \leqslant r_2) \quad (4.16.3)$$

而剩余的边界上满足如下条件

$$\tau_{r\varphi} = \tau_s(\theta) e^{i\omega t} \quad (r = r_s, s = 1,2) \quad (4.16.4)$$

现在寻找方程(4.16.2)如下形式的解

$$U = f(r)\psi(\theta) e^{i\omega t} \quad (4.16.5)$$

将式(4.16.5)代入方程(4.16.2)中,我们可以得到关于函数 $f(r)$ 和 $\psi(\theta)$ 的如下方程组

$$f'' + \frac{2}{r}f' + \left(\lambda^2 - \frac{\mu^2}{r^2}\right) = 0, \lambda^2 = gG^{-1}\omega^2 \quad (4.16.6)$$

$$\frac{d^2\psi}{d\theta^2} + \cot\theta \frac{d\psi}{d\theta} + \mu^2\psi = 0 \qquad (4.16.7)$$

根据胡克定律,应力 $\tau_{r\varphi}$ 和 $\tau_{\theta\varphi}$ 可以表示为如下形式

$$\tau_{r\varphi} = -G\left[f'(r) - \frac{1}{r}f(r)\right]\frac{d\psi}{d\theta}e^{i\omega t} \qquad (4.16.8)$$

$$\tau_{\theta\varphi} = \frac{G}{r}f(r)\left(2\cot\theta \frac{d\psi}{d\theta} + \mu^2\psi\right)e^{i\omega t} \qquad (4.16.9)$$

如果定义一个算子 T 如下

$$T\psi = \left[-\frac{1}{\sin\theta}\frac{d}{d\theta}\left(\sin\theta \frac{d\psi}{d\theta}\right), \left(2\cot\theta \frac{d\psi}{d\theta} + \mu^2\psi\right)_{\theta=\theta_n} = 0\right] \qquad (4.16.10)$$

那么在空间 $L_2(\theta_1, \theta_2)$ 中,由式(4.16.7)和式(4.16.3)构成的这一问题就可以表示为如下算子形式了,即

$$T\psi = \mu^2\psi \qquad (4.16.11)$$

此处的 $L_2(\theta_1, \theta_2)$ 是指 Hilbert 空间,权为 $\sin\theta$,内积为

$$(\psi_1, \psi_2) = \int_{\theta_1}^{\theta_2} \psi_1\psi_2 \sin\theta d\theta \qquad (4.16.12)$$

我们可以证明这个算子 T 是自伴算子,事实上,只需利用这个算子的如下特性即可证明这一点

$$\begin{aligned}(T\psi_1, \psi_2) &= -\int_{\theta_1}^{\theta_2}\frac{d}{d\theta}\left(\sin\theta \frac{d\psi_1}{d\theta}\right)\psi_2 d\theta = -\sin\theta \frac{d\psi_1}{d\theta}\psi_2\bigg|_{\theta_1}^{\theta_2} + \int_{\theta_1}^{\theta_2}\sin\theta \frac{d\psi_1}{d\theta}\frac{d\psi_2}{d\theta}d\theta \\ &= \frac{\mu^2}{2}\sin\theta \text{tg}\theta (\psi_1\psi_2 - \psi_1\psi_2)_{\theta_1}^{\theta_2} - \int_{\theta_1}^{\theta_2}\frac{d}{d\theta}\left(\sin\theta \frac{d\psi_2}{d\theta}\right)\psi_1 d\theta \\ &= (\psi_1, T\psi_2) \end{aligned} \qquad (4.16.13)$$

也即,对于任意的 $\psi_1, \psi_2 \in L_2(\theta_1, \theta_2)$,都有 $(T\psi_1, \psi_2) = (\psi_1, T\psi_2)$,因此该算子是自伴算子。

显然,由此可以看出该算子的谱是实的,本征矢量是正交且完备的。

现在来考虑式(4.16.6)和式(4.16.4)构成的这一问题,即

$$f'' + \frac{2}{r}f' + \left(\lambda^2 - \frac{\mu^2}{r^2}\right) = 0$$

$$\tau_{r\varphi}(r_s, \theta) = \tau_s(\theta)$$

我们将 $\tau_s(\theta)$ 展开成算子的本征函数形式,即

$$\tau_s(\theta) = \sum_{k=1}^{\infty} a_{ks}\psi_k$$

其中

$$a_{ks} = \int_{\theta_1}^{\theta_2} \tau_s \psi_k \sin\theta d\theta = (\tau_s, \psi_k)$$

$$\|\psi_k\|^2 = 1 = \int_{\theta_1}^{\theta_2} \psi_k^2 \sin\theta d\theta, (\psi_k, \psi_n) = \delta_{kn}$$

于是,式(4.16.6)和式(4.16.4)的通解就可以表示为如下形式

$$f_k(r) = \frac{1}{\sqrt{r}}[J_{\mu_k}(\lambda r) C_{1k} + Y_{\mu_k}(\lambda r) C_{2k}] \quad (4.16.14)$$

最后,函数 $U(r,\theta,t)$ 也就可以表示为

$$U = \sum_{k=1}^{\infty} C_k f_k(r) \psi_k(\theta) e^{i\omega t} \quad (4.16.15)$$

式中:常数 C_k 可根据下式来确定

$$\left[f_k'(r) - \frac{1}{r}f_k(r)\right]_{r=r_s} = a_{ks} \quad (4.16.16)$$

正如式(4.16.7)所体现的,锥壳中的扭转波的传播是无色散的。

2. 进一步,我们来构造上述问题的本征值和本征函数的渐近表达式。式(4.16.7)的通解具有如下形式

$$\psi(\theta) = D_1 P_{z-1/2}(\cos\theta) + D_2 Q_{z-1/2}(\cos\theta) \quad (4.16.17)$$

式中:$P_{z-1/2}(\cos\theta), Q_{z-1/2}(\cos\theta)$ 分别为第一类和第二类勒让德函数,D_1 和 D_2 为任意常数。

根据式(4.16.3)我们不难得到如下特征方程

$$\Delta(z,\theta_1,\theta_2) = \left(z^2 - \frac{1}{4}\right)^2 D_{z-1/2}^{(0,0)}(\theta_1,\theta_2) + 2\left(z^2 - \frac{1}{4}\right)\cot\theta_1 D_{z-1/2}^{(1,0)}(\theta_1,\theta_2) +$$

$$2\left(z^2 - \frac{1}{4}\right)\cot\theta_2 D_{z-1/2}^{(0,1)}(\theta_1,\theta_2) + 4\cot\theta_1 \cot\theta_2 D_{z-1/2}^{(1,1)}(\theta_1,\theta_2) = 0$$

$$(4.16.18)$$

式中:$\mu^2 = \chi(\chi+1) = z^2 - \frac{1}{4}$。上面这个方程的零点是可数集,它们对应的是如

下齐次解

$$U_\varphi = -f_{z_k}(r)\left[2\cot\theta_2 D_{z_k-1/2}^{(1,1)}(\theta,\theta_2) + \left(z^2 - \frac{1}{4}\right)D_{z_k-1/2}^{(1,0)}(\theta,\theta_2)\right]e^{i\omega t} +$$

$$\left(z^2 - \frac{1}{4}\right)D_{z_k-\frac{1}{2}}^{1,0}(Q,Q_2)e^{i\omega t}$$

$$\tau_{\theta\varphi} = G\frac{f_{z_k}(r)}{r}\left[\begin{array}{l}4\cot\theta\cot\theta_2 D_{z_k-1/2}^{(1,1)}(\theta,\theta_2) + 2\left(z^2 - \frac{1}{4}\right)\cot\theta D_{z_k-1/2}^{(1,0)}(\theta,\theta_2) \\ + 2\left(z^2 - \frac{1}{4}\right)\cot\theta_2 D_{z_k-1/2}^{(0,1)}(\theta,\theta_2) + \left(z^2 - \frac{1}{4}\right)^2 D_{z_k-1/2}^{(0,0)}(\theta,\theta_2)\end{array}\right]e^{i\omega t}$$

(4.16.19)

方程(4.16.18)的结构相当复杂,为了更好地分析它的根,我们令

$$\theta_1 = \theta_0 - \varepsilon, \theta_2 = \theta_0 + \varepsilon \tag{4.16.20}$$

将式(4.16.20)代入方程(4.16.18)中可得

$$D(z,\varepsilon,\theta_0) = \Delta(z,\theta_1,\theta_2) = 0 \tag{4.16.21}$$

这里先给出我们的结论,即函数 $D(z,\varepsilon,\theta_0)$ 具有两组零点:(1)第一组包含四个零点,它们不依赖于小参数 ε,即 $z_{1,2} = \pm 1/2, z_{3,4} = \pm 3/2$;(2)第二组零点为可数集,当 $\varepsilon \to 0$ 时它们将趋于无穷。

下面先来证明情况(1)。为此,我们将函数 $D(z,\varepsilon,\theta_0)$ 表示为如下形式

$$D(z,\varepsilon,\theta_0) = \left(z^2 - \frac{1}{4}\right)\left(z^2 - \frac{9}{4}\right)D_0(z,\varepsilon,\theta_0) \tag{4.16.22}$$

通过相当繁杂的推导,可以证明 $\lim_{z^2 \to \frac{1}{4}} D_0(z,\varepsilon,\theta_0) \neq 0, \lim_{z^2 \to \frac{9}{4}} D_0(z,\varepsilon,\theta_0) \neq 0$。这就意味着情况(1)中的结论是正确的。

再来证明函数 $D(z,\varepsilon,\theta_0)$ 的其他零点在 $\varepsilon \to 0$ 时都将无界增长。为了构造出第二组零点的渐近式,我们可以将它们表示为如下形式

$$z_n = \delta_n \varepsilon^{-\beta} + O(\varepsilon^\beta)(\beta \geq 1, n = k - 4) \tag{4.16.23}$$

将式(4.16.23)代入特征方程(4.16.18)中,并利用渐近展开式(4.2.12),我们不难导得如下方程

$$\sin 2(\delta_n \varepsilon^{1-\beta}) = 0, \delta_n = \frac{n\pi}{2}(\beta = 1, n = 1, 2, \cdots)$$

$$\delta_n = \frac{n\pi}{2}\varepsilon^{1-\beta}[\beta > 1, n = O(\varepsilon^{1-\beta})]$$

(4.16.24)

只需考虑到 ε 是一个小参数,那么就可以给出与两组零点对应的齐次解的

渐近式了。将 $z_{1,2} = \pm 1/2$ 代入式(4.16.19)，可以发现这些零点对应的是平凡解。将 $z_3 = -\frac{3}{2}, z_4 = \frac{3}{2}$ 代入式(4.16.19)，我们能够发现它们将对应如下解组

$$U_\varphi = \frac{2}{r}\left[\left(\frac{\cos(\lambda r)}{\lambda r} + \sin(\lambda r)\right)C_1 + \left(\frac{\sin(\lambda r)}{\lambda r} + \cos(\lambda r)\right)C_2\right]\sin\theta e^{i\omega t}$$

$$\tau_{r\varphi} = \frac{-2G}{r^2}\left[\left(\frac{3\cos(\lambda r)}{\lambda r} + 3\sin(\lambda r) - \lambda r\cos(\lambda r)\right)C_1 + \left(\frac{3\sin(\lambda r)}{\lambda r} - 3\cos(\lambda r) - \lambda r\sin(\lambda r)\right)C_2\right]\sin\theta e^{i\omega t}$$

$$\tau_{\theta\varphi} = 0$$

(4.16.25)

令 $\theta = \theta_0 + \varepsilon\eta\ (-1 \leq \eta \leq 1)$，并利用勒让德函数渐近展开中的首项，那么跟第二组零点对应的解就可以表示为如下形式

$$U_\varphi = -\sum_{n=1}^\infty C_n f_{z_n}(r)\cos z_n(\eta - 1)\varepsilon e^{i\omega t}$$

$$\tau_{r\varphi} = -G\sum_{n=1}^\infty C_n\left[f'_{z_n}(r) - \frac{1}{r}f_{z_n}(r)\right]\cos z_n(\eta - 1)e^{i\omega t} \quad (4.16.26)$$

$$\tau_{\theta\varphi} = G\sum_{n=1}^\infty C_n \frac{f_{z_n}(r)}{r}z_n \sin z_n(\eta - 1)\varepsilon e^{i\omega t}$$

这里我们需要注意，尽管这个特征方程是跟频率无关的，但是从式(4.16.26)可以看出，解的渐近式仍然与频率有关，无论 $\lambda \sim z, \lambda \gg z, \lambda \ll z$。

另外，从上面可以发现，$\theta_0 = \frac{\pi}{2}$ 对应的是变厚度板，这种情况下式(4.16.26)仍然是成立的，不过需要将 $\theta_0 = \frac{\pi}{2}$ 代入。

3. 众所周知，在求解有限结构物的受迫振动问题时，先确定其固有频率和固有模态是非常重要的。利用上面所建立的锥壳受迫振动问题的解法，我们也能够确定出一定频率范围内的固有频率，只需令式(4.16.16)的行列式为零即可，由此可得如下频率方程

$$D(\lambda,z) = 4\lambda^2 L_z^{(1,1)}(\lambda r_1, \lambda r_2) - \frac{6\lambda}{r_2}L_z^{(1,0)}(\lambda r_1, \lambda r_2) - \frac{6\lambda}{r_2}L_z^{(0,1)}(\lambda r_1, \lambda r_2) + \frac{9}{r_1 r_2}L_z^{(0,0)}(\lambda r_1, \lambda r_2) = 0 \quad (4.16.27)$$

对于 $z = \pm 3/2$ 的情况,式(4.16.27)变成了

$$D_0(\lambda, \pm 3/2) = \left[\frac{9}{\lambda^2 r_1 r_2} - \frac{3(r_1^2 + r_2^2)}{r_1 r_2} + 9 + \lambda^2 r_1 r_2\right]\sin(\lambda H)$$

$$- \left[3\lambda H + \frac{9H}{\lambda r_1 r_2}\right]\cos(\lambda H) = 0 \qquad (4.16.28)$$

式中:$H = r_2 - r_1$ 为锥壳的高度。

上面这个方程也可以改写为如下形式

$$D_0(\lambda, \pm 3/2) = \left[\lambda^4 r_1^2 r_2^2 - 3\lambda^2 (r_1^2 + r_2^2 - r_1 r_2) + 9\right]\sin(\lambda H)$$

$$- 3\lambda H(\lambda^2 r_1 r_2 + 3)\cos(\lambda H) = 0 \qquad (4.16.29)$$

对于给定的 H 值,$\sin(\lambda H) \sim \lambda H$ 且 $\cos(\lambda H) \sim 1$ 这一极限情况是可能的,那么根据式(4.16.28)我们也就得到了

$$\omega_0 \sim \sqrt{\frac{3G}{g}\frac{H}{r_1 r_2}} = \sqrt{\frac{3G}{g}}\left(\frac{1}{r_1} - \frac{1}{r_2}\right) \qquad (4.16.30)$$

前面曾经指出过,当 $\varepsilon \to 0$ 时其他的 z_n 都是趋于无穷的,这里可能存在如下几种极限情况:

(1) 当 $\varepsilon \to 0$ 时 $z \to \infty$,λ 为有限值;

(2) 当 $\varepsilon \to 0$ 时 $\lambda \to \infty$,$\lambda \gg z$;

(3) 当 $\varepsilon \to 0$ 时 $\lambda \to \infty$,$\lambda \sim z$。

在情况(1)中,设 $z = \delta \varepsilon^{-\beta}(\beta \geq 1)$,并利用贝塞尔函数的渐近展开式[8],即:

$$J_v(x) \sim \frac{1}{\sqrt{2\pi v}}\left(\frac{ex}{2v}\right)^v, \quad Y_v(x) \sim \frac{1}{\sqrt{2\pi v}}\left(\frac{ex}{2v}\right)^{-v} \qquad (4.16.31)$$

对频率方程进行变换,不难得到如下方程

$$\Delta = \frac{1}{2\pi}z\left[\left(\frac{r_2}{r_1}\right)^z - \left(\frac{r_2}{r_1}\right)^{-z}\right] = 0 \qquad (4.16.32)$$

根据式(4.16.32)我们可得 $z = 0$,显然由于当 $\varepsilon \to 0$ 时 $z \to \infty$,因而这种情况是不成立的,壳不能发生自由振动。

对于情况(2),利用贝塞尔函数在大宗量条件下的渐近特性,我们可以将式(4.16.27)写为:

$$D = \frac{2}{\pi}\frac{1}{\sqrt{r_1 r_2}}\left[\begin{array}{l}\left(4\lambda + \dfrac{4z}{r_1 r_2} + \dfrac{12z}{r_1 r_2} + \dfrac{9}{\lambda r_1 r_2}\right)\sin(\lambda H) - \\ \dfrac{2H}{r_1 r_2}(2z + 3)\cos(\lambda H) + O\left(\dfrac{1}{\lambda^2}\right)\end{array}\right] = 0 \qquad (4.16.33)$$

令 $z = z_0 \varepsilon^{-\beta}$，并寻求如下形式的 λ_n

$$\lambda_n = \lambda_{n0} \varepsilon^{-q} + O(\varepsilon^q) \quad (q > \beta) \tag{4.16.34}$$

那么可以得到

$$\lambda_n = \frac{n\pi}{H} \quad (q = 1, n = 1, 2, \cdots)$$

$$\lambda_n = \frac{n\pi}{H} \varepsilon^q \quad (q > 1, n = O(\varepsilon^{-q})) \tag{4.16.35}$$

最后，对于情况(3)，利用大宗量条件下函数 $J_z(\lambda x)$ 和 $Y_z(\lambda x)$ 的渐近特性，我们可以将式(4.16.27)表示为如下形式

$$D \sim \text{sh}\left(\frac{2}{3}\lambda H\right) = 0 \tag{4.16.36}$$

显然，这就意味着 $H\lambda = 0$，由于已经假定了 $\lambda \to \infty$，因此对于给定的 H 来说这是不成立的。

根据上述分析不难发现，我们将可得到两组固有频率，它们由式(4.16.30)和式(4.16.35)给出。

参考文献

1. Nuller, B.M.: Solution of the elasticity theory problem of a truncated cone. MTT (5), 102–110 (1967)
2. Naimark, M.A.: Linear differential operators, p. 525. Nauka, Moscow (1969)
3. Bateman, H., Erdeyn, A.: Higher Transcendental Functions, vol. 1, 294 p. Nauka, Moscow (1965)
4. Bazarenko, N.A., Vorovich, I.I.: Analysis of three-dimensional stress and strain states of circular cylindrical shells. Construction of refined applied theories. J. Appl. Math. Mech. **33**(3), 495–510 (1969)
5. Lurie, A.I.: Spatial Problems of Elasticity Theory, p. 491. Gostekhizdat, Moscow (1965)
6. Pao, Y.N., Kaul, R.K.: Waves and vibrations in isotropic and anisotropic plates. In: Mindlin, R. D. (eds.) Applied Mechanics, pp. 149–195. Pergamon Press, New York (1974)
7. Mekhtiev, M.F., Ustinov, Y.A.: Asymptotic behavior of solutions of elasticity theory for plates of variable thickness. In: Proceedings of VIII All-Russia conference on the theory of shells and plates (Rostov-on-Don, 1971). Nauka, Moscow, pp. 58–60 (1973)
8. Babich, V.M., Molotkov, I.A.: Mathematical methods in the theory of elastic waves. Mech Deformable Solids VINITI **10**, 5–62 (1977)

附　　录

附录1　带圆孔的板在幂形式的载荷作用下的应力集中分析

在参考文献[1]中,针对常厚度板的圆孔处的应力集中问题,为了考察端部效应的影响,通过数值方法分析了孔轮廓上的应力分布情况,其中所考虑的载荷为如下形式

$$\sigma_r = \chi \eta^p (p=3,5), \tau_{rz} = 0 \tag{A.1}$$

这里我们针对变厚度板进行类似的分析。这种情况下,由于"边界层"解的渐近展开式首项跟常厚度板的渐近解是一致的,因此,在求解无限方程组(4.9.3)时就可以利用参考文献[1]的相关结果,此外,这里我们考虑 $p=7$ 的情形。

此处所考察的是一个带有圆孔的变厚度无限板,圆孔半径为 r_1,我们关心的是该板的轴对称弯曲问题。假定在孔边上给定如下条件

$$\sigma_r = \chi f(\eta) = \chi(\eta^p - K_p \eta), \tau_{r\varphi} = 0 \quad (p=3,5,7) \tag{A.2}$$

而在 $\theta = \frac{\pi}{2} \mp \varepsilon$ 面上没有应力,并且上面的常数 K_p 也保证了载荷是自平衡的,即

$$K_p = \int_{-1}^{1} \eta^p \sin(2\varepsilon\eta) \mathrm{d}\eta \Big/ \int_{-1}^{1} \eta \sin(2\varepsilon\eta) \mathrm{d}\eta = K_{p0} + \varepsilon^2 K_{p2} + \cdots \tag{A.3}$$

其中

$$K_{p0} = 3/(p+2), K_{p2} = -4(p-1)/[5(p+2)(p+4)]$$

现在我们来考虑解的构造。首先可以建立一个"透射"解,在这一情况中它对应于 $z_6 = -\frac{1}{2}\sqrt{13-12\nu} + O(\varepsilon^2)$ 这个根,由式(4.8.7)和式(4.8.8)给出[由于合力矢量为零,跟 $z_2 = -\frac{1}{2}$ 对应的解为零;由于在无限远处应力应为有限值,因此跟 $z_5 = \frac{1}{2}\sqrt{13-12\nu} + O(\varepsilon^2)$ 对应的解也等于零]。我们可以寻求如下形式

的常数 C_6，即

$$C_6 = C_{60} + \varepsilon^2 C_{62} + \cdots \tag{A.4}$$

利用式(4.9.5)$(j=6)$，不难得到

$C_{60} = 0$

$$C_{62} = \frac{-3(1-v)(\sqrt{13-12v}+7)}{20[7v-8+(v-2)\sqrt{13-12v}](1+\sqrt{13-12v})} \frac{p-1}{(p+2)(p+4)}$$

进一步来考察"边界层"解，它们由渐近式(4.8.9)和式(4.8.10)给出。由于无穷远处应力应当是有界的，因而这些式子中应当有 $\mathrm{Re}\delta_n > 0$。可以将未知常数表示为如下形式

$$B_n = B_{n0} + \varepsilon B_{n1} + \cdots \tag{A.5}$$

在渐近积分之后，根据式(4.9.7)我们可以得到如下无限型方程组

$$\sum_{n=1}^{\infty} g_{tn} B_{n0} = H_{t0} \quad (t=1,2) \tag{A.6}$$

式中：系数由式(4.9.10)给出，右端项具有如下形式

$$H_{t0} = 2\int_{-1}^{1} (\eta^p - K_p\eta)[(1-v)\delta_t^{-1} F_t'' - v\delta_t F_t(\eta)]\mathrm{d}\eta \tag{A.7}$$

该方程组的可解性以及缩聚方法的收敛性等内容已经在参考文献[2]中做过讨论，此处不再赘述。为了求出方程组(A.6)的逆，比较方便的做法是将其进行变换，分离出实部和虚部。考虑如下关系

$$\delta_{2t} = \overline{\delta_{2t-1}}, B_{2t} = \overline{B_{2t-1}}, H_{2t} = \overline{H_{2t-1}}$$

那么该方程组就可以表示为如下所示的算子形式

$$\boldsymbol{MX} = \boldsymbol{f} \tag{A.8}$$

这里的 $\boldsymbol{X} = \{x_n\}$ 和 $\boldsymbol{f} = \{f_n\}$ 分别为无限型的新未知量和新的右端项，且满足如下关系

$$\begin{aligned} x_{2t-1} = \mathrm{Re}B_{2t-1}, x_{2t} = J_m B_{2t} \\ f_{2s-1} = \mathrm{Re}H_{2s-1}, f_{2s} = J_m H_{2s-1} \quad (t,s=1,2,\cdots) \end{aligned} \tag{A.9}$$

而 $\boldsymbol{M}$ 为对称型无限矩阵，其元素均为实数。

利用 O. K. Aksentyan[1] 给出的逆矩阵 $\boldsymbol{M}_{20}$，我们就能够构造出解，这里的 $\boldsymbol{M}_{20}$ 是一个截断后的矩阵，它对应于右半平面内的 20 个复根 δ_k。

在利用截断方法求解方程组(A.6)时，第 2 阶、第 4 阶直到第 20 阶的矩阵是连续进行求逆的，整个计算中均设定泊松比为 $v = \dfrac{1}{3}$。

由于我们得到的是关于这 20 个未知量的 14 个方程,因此采用截断法只能确定出未知量 x_j 中的前 14 个。这里针对 $p=3, p=5, p=7$ 进行了计算,结果如表 A.1 所示。

表 A.1　各种载荷类型下未知量的值(一)

	j	x_j
$p=3$	1	$0.98433707 \times 10^{-3}$
	2	$0.25800960 \times 10^{-5}$
	3	$0.22866771 \times 10^{-3}$
	4	$-0.10753112 \times 10^{-3}$
	5	$0.63918478 \times 10^{-4}$
	6	$-0.63120704 \times 10^{-4}$
	7	$0.91924586 \times 10^{-5}$
	8	$-0.32099248 \times 10^{-4}$
	9	$-0.10123414 \times 10^{-4}$
	10	$-0.11889187 \times 10^{-4}$
	11	$-0.1357504 \times 10^{-4}$
	12	$0.42514644 \times 10^{-6}$
	13	$-0.90026532 \times 10^{-5}$
	14	$0.57643361 \times 10^{-5}$
$p=5$	1	$0.27190303 \times 10^{-2}$
	2	$-0.50020730 \times 10^{-3}$
	3	$0.37243899 \times 10^{-3}$
	4	$-0.27638508 \times 10^{-3}$
	5	$0.59337646 \times 10^{-4}$
	6	$-0.11704804 \times 10^{-3}$
	7	$-0.19930847 \times 10^{-4}$
	8	$-0.44265384 \times 10^{-4}$
	9	$-0.37241817 \times 10^{-4}$
	10	$-0.62261089 \times 10^{-5}$
	11	$-0.30632563 \times 10^{-4}$
	12	$0.12236160 \times 10^{-4}$
	13	$-0.14972796 \times 10^{-4}$
	14	$0.16300964 \times 10^{-4}$

续表

	j	x_j
$p=7$	1	$0.11856841 \times 10^{-2}$
	2	$-0.54130682 \times 10^{-4}$
	3	$0.20824164 \times 10^{-3}$
	4	$-0.90423852 \times 10^{-4}$
	5	$0.67477444 \times 10^{-4}$
	6	$-0.44920171 \times 10^{-4}$
	7	$0.32501985 \times 10^{-4}$
	8	$-0.28445183 \times 10^{-4}$
	9	$0.15147308 \times 10^{-4}$
	10	$-0.20655407 \times 10^{-4}$
	11	$0.31155192 \times 10^{-5}$
	12	$-0.13789460 \times 10^{-4}$
	13	$-0.43295336 \times 10^{-5}$
	14	$-0.64154449 \times 10^{-5}$

表 A.2 各种载荷类型下未知量的值（二）

	n	$x_1^{(n)}$	$x_2^{(n)}$
$p=3$	6	$0.96295472 \times 10^{-3}$	$-0.18843045 \times 10^{-4}$
	8	$0.97806848 \times 10^{-3}$	$-0.50921612 \times 10^{-5}$
	10	$0.97961498 \times 10^{-3}$	$-0.47135238 \times 10^{-6}$
	12	$0.98092693 \times 10^{-3}$	$-0.67465301 \times 10^{-6}$
	14	$0.98246603 \times 10^{-3}$	$0.13836543 \times 10^{-5}$
	16	$0.98330601 \times 10^{-3}$	$0.19730661 \times 10^{-5}$
	18	$0.98375922 \times 10^{-3}$	$0.23209442 \times 10^{-5}$
	20	$0.98433707 \times 10^{-3}$	$0.25800960 \times 10^{-5}$
$p=5$	6	$0.26282340 \times 10^{-2}$	$-0.52711530 \times 10^{-3}$
	8	$0.26937102 \times 10^{-2}$	$-0.50746516 \times 10^{-3}$
	10	$0.27008288 \times 10^{-2}$	$-0.50354225 \times 10^{-3}$
	12	$0.270740665 \times 10^{-2}$	$-0.50314273 \times 10^{-3}$
	14	$0.27125672 \times 10^{-2}$	$-0.50225484 \times 10^{-3}$
	16	$0.27153705 \times 10^{-2}$	$-0.50133686 \times 10^{-3}$
	18	$0.27171835 \times 10^{-2}$	$-0.50075423 \times 10^{-3}$
	20	$0.27190303 \times 10^{-2}$	$-0.50020730 \times 10^{-3}$

续表

	n	$x_1^{(n)}$	$x_2^{(n)}$
	6	$0.11836799 \times 10^{-2}$	$-0.79069359 \times 10^{-4}$
	8	$0.11955708 \times 10^{-2}$	$-0.64906175 \times 10^{-4}$
	10	$0.11943863 \times 10^{-2}$	$-0.58283341 \times 10^{-4}$
$p=7$	12	$0.11917097 \times 10^{-2}$	$-0.55804491 \times 10^{-4}$
	14	$0.11899046 \times 10^{-2}$	$-0.54804691 \times 10^{-4}$
	16	$0.11884753 \times 10^{-2}$	$-0.54260934 \times 10^{-4}$
	18	$0.11870118 \times 10^{-2}$	$-0.54048962 \times 10^{-4}$
	20	$0.11856841 \times 10^{-2}$	$-0.54130682 \times 10^{-4}$

	n	$x_{13}^{(n)}$	$x_{14}^{(n)}$
	6		
	8		
	10		
$p=3$	12		
	14	$0.96878178 \times 10^{-6}$	$0.11228799 \times 10^{-5}$
	16	$-0.43978137 \times 10^{-5}$	$0.55592369 \times 10^{-5}$
	18	$-0.71786692 \times 10^{-5}$	$0.55922628 \times 10^{-5}$
	20	$-0.90026532 \times 10^{-5}$	$0.57643361 \times 10^{-5}$
	6		
	8		
	10		
$p=5$	12		
	14	$0.49156253 \times 10^{-5}$	$0.20080921 \times 10^{-5}$
	16	$-0.4692236 \times 10^{-5}$	$0.11736571 \times 10^{-4}$
	18	$-0.10252636 \times 10^{-4}$	$0.14126080 \times 10^{-4}$
	20	$-0.14972796 \times 10^{-4}$	$0.16300964 \times 10^{-4}$
	6		
	8		
	10		
$p=7$	12		
	14	$-0.31862682 \times 10^{-5}$	$0.84336146 \times 10^{-5}$
	16	$-0.63289110 \times 10^{-5}$	$0.078031042 \times 10^{-5}$
	18	$-0.64948546 \times 10^{-5}$	$-0.30525692 \times 10^{-5}$
	20	$-0.43295336 \times 10^{-5}$	$-0.64154449 \times 10^{-5}$

为了揭示未知量 x_j 求解过程中的收敛速度情况,这里我们给出了 x_1,x_2,x_{13} 和 x_{14} 的不同近似值,这些未知量也是最能说明问题的,参见表 A.2。表中的上标代表的是求解这些未知量所依据的方程组的阶次。

根据式(4.8.10),我们可以进一步计算出应力的一阶近似($\rho=1$),这些应力计算针对的是板高度的一半位置处的十个离散点,即

$$\eta = 0.1,0.2,0.3,0.4,0.5,0.6,0.7,0.8,0.9,1$$

根据式(4.8.10),圆孔面上的所有应力都将具有如下形式(渐近展开的首项)

$$\sigma_r^{(0)} = 2G \sum_{n=1}^{\infty} B_{n0} F_n''(\eta)$$

$$\sigma_\varphi^{(0)} = 2G \sum_{n=1}^{\infty} B_{n0} [F_n''(\eta) + \delta_n^2 F_n(\eta)]$$

$$\sigma_\theta^{(0)} = 2G \sum_{n=1}^{\infty} B_{n0} \delta_n^2 F_n(\eta) \quad \text{(A.10)}$$

$$\tau_{r\theta}^{(0)} = 2G \sum_{n=1}^{\infty} B_{n0} \delta_n F_n'(\eta)$$

上面的 B_{n0} 可以根据前述已经得到的值来确定,它们跟式(A.9)中对应参数是一致的。

对于式(A.10)中级数的两个伴随项(奇数 n 和偶数 n),我们定义它们的和为边界层效应或圣维南端部效应。跟 n 相邻的值对应的是复伴随项,δ_{2n} 和 δ_{2n-1}、$B_{2n,0}$ 与 $B_{2n-1,0}$ 都是伴随的。

为说明上述方法的收敛性,我们可以通过边界层来考察 $\sigma_\varphi^{(0)}$ 的收敛情况,正是这一收敛情况决定了未知量 B_{n0} 对于以一定精度来计算应力来说是非常必要的。

表 A.3 中列出了应力 $\sigma_\varphi^{(0)}$ 的渐近展开式中的前几项,此处的计算是针对 $n=1,2,\cdots,7$ 依次进行的。从表 A.3 可以看出,这些点位置的收敛性取决于板的高度和圆孔处的载荷 $\sigma_r = \chi(\eta p - K_p \eta)$。我们很容易观察到,随着 p 的增大,边界层的收敛性要变得稍差一些。如果满足边界条件的话,那么从式(A.10)计算出的边界上的应力 $\sigma_\varphi^{(0)}$ 必须等于零。表 A.4 示出了这些边界条件的满足情况。

表 A.3 $\dfrac{1}{\chi}\sigma_\varphi^{(0)}$

		η				
	n	0.1	0.2	0.3	0.4	0.5
$p=3$	2	-0.0186	-0.0352	-0.0479	-0.0548	-0.0541
	4	-0.0030	-0.0133	-0.0341	-0.0608	-0.0822
	6	-0.0089	-0.0154	-0.0303	-0.0477	-0.0813
	8	-0.0108	-0.0198	-0.0300	-0.0407	-0.0727
	10	-0.0101	-0.0187	-0.0305	-0.0426	-0.0625
	12	-0.0108	-0.0148	-0.0320	-0.0500	-0.0610
	14	-0.0103	-0.0181	-0.0303	-0.0523	-0.0604
$p=5$	2	-0.0526	-0.0987	-0.1318	-0.1463	-0.1378
	4	-0.0291	-0.0678	-0.1233	-0.1659	-0.1911
	6	-0.0310	-0.0626	-0.1077	-0.1534	-0.2019
	8	-0.0429	-0.0714	-0.1006	-0.1364	-0.1994
	10	-0.0288	-0.0762	-0.1161	-0.1254	-0.1812
	12	-0.0369	-0.0640	-0.1207	-0.1395	-0.1596
	14	-0.0376	-0.0671	-0.1106	-0.1325	-0.1534
$p=7$	2	-0.0210	-0.0397	-0.0538	-0.0610	-0.0595
	4	-0.0066	-0.0406	-0.0406	-0.0658	-0.0846
	6	-0.0145	-0.0453	-0.0333	-0.0510	-0.0793
	8	-0.0102	-0.0487	-0.0420	-0.0489	-0.0634
	10	-0.0107	-0.0337	-0.0427	-0.0583	-0.0599
	12	-0.0139	-0.0227	-0.0369	-0.0621	-0.0667
	14	-0.0100	-0.0277	-0.0350	-0.0582	-0.0751
	$\dfrac{\eta}{n}$	0.6	0.7	0.8	0.9	1
$p=3$	2	-0.0447	-0.0261	0.00108	0.0347	0.0712
	4	-0.0842	-0.0559	0.00332	0.0800	0.1489
	6	-0.1039	-0.0820	0.00029	0.1152	0.1981
	8	-0.1096	-0.1110	0.00192	0.1407	0.2169
	10	-0.1070	-0.1078	0.00490	0.1548	0.2194
	12	-0.1081	-0.1190	0.00780	0.1599	0.1946
	14	-0.1076	-0.1350	0.00184	0.1676	0.1634

续表

	η / n	0.6	0.7	0.8	0.9	1
$p=5$	2	-0.1038	-0.0444	0.0366	0.1314	0.2278
	4	-0.2110	-0.0813	0.0620	0.2293	0.3679
	6	-0.2036	-0.1116	0.0773	0.2949	0.4300
	8	-0.2261	-0.1301	0.0985	0.3352	0.4333
	10	-0.2462	-0.1518	0.1328	0.3607	0.3770
	12	-0.2490	-0.1866	0.1717	0.3773	0.3005
	14	-0.2333	-0.2200	0.2013	0.3824	0.2446
$p=7$	2	-0.0480	-0.0262	0.0050	0.0429	0.0835
	4	-0.0840	-0.0542	0.0055	0.0824	0.1534
	6	-0.1002	-0.0817	-0.0044	0.1104	0.2033
	8	-0.0956	-0.1044	-0.0242	0.1338	0.2459
	10	-0.0802	-0.1132	-0.0470	0.1518	0.2790
	12	-0.0681	-0.1131	-0.0663	0.1694	0.2928
	14	-0.0610	-0.1115	-0.0795	0.1880	0.2835

表 A.4 实用理论计算结果($\varepsilon=0.1, l_0=1, \lambda_0=2$)

ξ	U_r	σ_z
0.1	-0.2799×10^{-12}	-0.4943
0.2	-0.2656×10^{-12}	-0.4689
0.3	-0.2422×10^{-12}	-0.4276
0.4	-0.2106×10^{-12}	-0.3718
0.5	-0.1718×10^{-12}	-0.3034
0.6	-0.1272×10^{-12}	-0.2246
0.7	-0.7827×10^{-13}	-0.1382
0.8	-0.2667×10^{-13}	-0.4710×10^{-1}
0.9	0.2583×10^{-13}	0.4560×10^{-1}
1	0.7745×10^{-13}	0.1968

为了更加清晰一些,图 A.1 和图 A.2 以图形方式给出了这些结果,此处考虑了七种边界层,计算应力时针对的是三种加载类型。

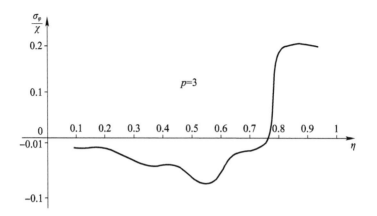

图 A.1 三种载荷类型下环向应力的变化

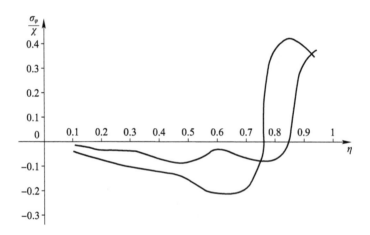

图 A.2 三种载荷类型下环向应力的变化

附录 2 混合端部条件下中空圆柱体的振动

为了阐明前面介绍的动力学问题求解方法,这里我们考虑一个圆柱壳的振动,在第 1 章中已经对此做过描述。作为一个实例,我们考察混合端部条件,为简便起见,假定它们关于 $\xi=0$ 平面是对称的。于是可以给出如下边界条件

$$\sigma_z = \chi(1-c\eta^2)\mathrm{e}^{\mathrm{i}\omega t}, U_r = 0 \quad (在 \xi = \pm l_0 处) \tag{A.11}$$

$$\sigma_r = 0, \tau_{rz} = 0 \quad (在 \rho = \rho_s 处, s=1,2) \tag{A.12}$$

为满足边界条件(A.11),我们利用广义正交性条件(1.4.5),针对不同的壳

几何参数进行了数值计算(频率 $\lambda_0 < 2.5$)。根据第 1 章的结果,U_r 和 σ_z 的渐近展开式首项可以表示为

$$U_r = R_0 \left\{ \begin{array}{l} \sum_{k=1}^{2} - C_k v m'_k(\xi) - 2\varepsilon^2 \sum_{k=3}^{\infty} C_k \\ \times [(2-v)F'_k(\eta) + (1-v)\delta_k^{-2} F''_n(\eta)] m'_k(\xi) \end{array} \right\} e^{i\omega t}$$

$$\sigma_z = 2G \left\{ \sum_{k=1}^{2} C_k (1+v)(1-\lambda_0^2) m'_k(\xi) + \varepsilon \sum_{k=3}^{\infty} C_k F'''_n(\eta) m'_k(\xi) \right\} e^{i\omega t}$$

(A.13)

在级数(A.13)中,求和是针对上半平面内($J_m\mu_k > 0$)的根 μ_k 进行的。根据广义正交性关系,上面的常数 C_k 应具有如下形式

$$C_k = -\chi \Delta_k^{-1} \mathrm{ch}(\mu_k l_0) \int_{-1}^{1} (1 - C_0 \eta^2) W_k(\eta) \mathrm{d}\eta$$

$$\Delta_k = \int_{-1}^{1} [U_k(\eta)\tau_k(\eta) - Q_{zk}(\eta)W_k(\eta)] \mathrm{d}\eta$$

在计算过程中,所选取的参数值为 $v = \frac{1}{3}, C_0 = \frac{1}{3}, \chi = 1$。此外,这里的数值计算中考虑了五种边界层(对应方程 $\sin(2\delta_k) + 2\delta_k = 0$ 的前 10 个根,这些根是根据参考文献[3]得到的),应力计算时要求相对于边界条件的误差不得超过 5%。

表 A.4 针对所选取的 λ_0、ε 和 l_0 值示出了基于 Kirchhoff-Love 理论得到的 U_r 和 σ_z 值。表 A.5~表 A.8 则示出了跟边界层类型的解对应的 U_r 和 σ_z 值。另外,图 A.3 中还给出了圆柱体长度方向上 σ_z 的分布情况。

表 A.5 $U_r(\varepsilon = 0.1, l_0 = 1, \lambda_0 = 2)$

	η				
ξ	0.2	0.4	0.6	0.8	1
0.1	0.3416×10^{-12}	0.4572×10^{-12}	0.2768×10^{-12}	-0.6091×10^{-13}	-0.3060×10^{-12}
0.2	0.7680×10^{-12}	0.1124×10^{-11}	0.9364×10^{-12}	0.3199×10^{-12}	-0.2150×10^{-12}
0.3	0.1436×10^{-11}	0.2189×10^{-11}	0.2351×10^{-11}	0.1789×10^{-11}	0.8163×10^{-12}
0.4	0.2169×10^{-11}	0.3131×10^{-11}	0.4060×10^{-11}	0.6059×10^{-11}	0.5753×10^{-11}
0.5	0.8652×10^{-12}	0.5637×10^{-13}	-0.3513×10^{-11}	-0.1161×10^{-10}	0.5697×10^{-10}

表 A.6　$\sigma_z(\varepsilon=0.1, l_0=0.5, \lambda_0=2)$

ξ	η				
	0.2	0.4	0.6	0.8	1
0.1	0.1009×10^{-2}	0.1068×10^{-2}	0.1381×10^{-2}	0.1865×10^{-2}	0.1635×10^{-2}
0.2	-0.6518×10^{-4}	-0.8232×10^{-4}	0.5068×10^{-3}	0.2181×10^{-2}	0.3102×10^{-2}
0.3	-0.6577×10^{-2}	-0.6848×10^{-2}	-0.6367×10^{-2}	-0.2095×10^{-2}	0.5410×10^{-2}
0.4	-0.6277×10^{-1}	-0.6307×10^{-1}	-0.623×10^{-1}	-0.6732×10^{-1}	0.1114×10^{-1}
0.5	-0.3783×10^{1}	-0.3769×10^{1}	-0.3718×10^{1}	-0.3448×10^{1}	-0.9381

表 A.7　$U_r(\varepsilon=0.1, l_0=1)$

ξ	η				
	0.2	0.4	0.6	0.8	1
0.1	0.3668×10^{-14}	0.6336×10^{-14}	0.6633×10^{-14}	0.4325×10^{-14}	0.2055×10^{-14}
0.2	0.4106×10^{-14}	0.9591×10^{-14}	0.1399×10^{-13}	0.1377×10^{-13}	0.1184×10^{-13}
0.3	-0.2607×10^{-14}	0.5939×10^{-14}	0.2273×10^{-13}	0.3425×10^{-13}	0.3844×10^{-13}
0.4	-0.3304×10^{-13}	-0.2688×10^{-13}	0.1961×10^{-13}	0.6901×10^{-13}	0.9692×10^{-13}
0.5	-0.1241×10^{-12}	-0.1443×10^{-12}	-0.4075×10^{-13}	0.1038×10^{-12}	0.1981×10^{-12}
0.6	-0.3416×10^{-12}	-0.4572×10^{-12}	-0.2768×10^{-12}	0.6091×10^{-13}	0.3068×10^{-12}
0.7	-0.7680×10^{-12}	-0.1123×10^{-11}	-0.9364×10^{-12}	-0.3199×10^{-12}	0.2150×10^{-12}
0.8	-0.1436×10^{-11}	-0.2189×10^{-11}	-0.2351×10^{-11}	-0.1789×10^{-11}	-0.8163×10^{-12}
0.9	-0.2169×10^{-11}	-0.3131×10^{-11}	-0.4060×10^{-11}	-0.6059×10^{-11}	-0.5753×10^{-11}
1	-0.8652×10^{-12}	-0.5637×10^{-13}	-0.3513×10^{-11}	0.1161×10^{-10}	-0.5697×10^{-10}

表 A.8　$\sigma_z(\varepsilon=0.1, l_0=1, \lambda_0=2)$

ξ	η				
	0.2	0.4	0.6	0.8	1
0.1	0.1791×10^{-4}	0.1903×10^{-4}	0.1621×10^{-4}	0.5658×10^{-5}	-0.8102×10^{-5}
0.2	0.7045×10^{-4}	0.7484×10^{-4}	0.7274×10^{-4}	0.5095×10^{-4}	0.7174×10^{-5}
0.3	0.1980×10^{-3}	0.2104×10^{-3}	0.2168×10^{-3}	0.1826×10^{-3}	0.7367×10^{-4}
0.4	0.4486×10^{-3}	0.4765×10^{-3}	0.5149×10^{-3}	0.4893×10^{-3}	0.2695×10^{-3}
0.5	0.8125×10^{-3}	0.8627×10^{-3}	0.9881×10^{-3}	0.1067×10^{-2}	0.7319×10^{-3}
0.6	0.1009×10^{-2}	0.1068×10^{-2}	0.1381×10^{-2}	0.1865×10^{-2}	0.1635×10^{-2}
0.7	-0.6517×10^{-4}	-0.8231×10^{-4}	0.5068×10^{-3}	0.2181×10^{-2}	0.3102×10^{-2}
0.8	-0.6577×10^{-2}	-0.6848×10^{-2}	-0.6367×10^{-2}	-0.2095×10^{-2}	0.5410×10^{-2}
0.9	-0.6277×10^{-1}	-0.6307×10^{-1}	-0.6443×10^{-1}	-0.6732×10^{-1}	-0.1114×10^{-1}
1	-0.3783×10^{-1}	-0.3769×10^{-1}	-0.3718×10^{-1}	-0.3448×10^{-1}	-0.9380

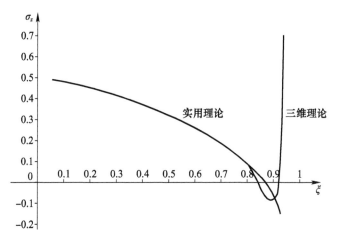

图 A.3　圆柱体长度方向上的轴向应力分布

附录3　锥形切口面上的分布力作用下球面带的扭转

这里针对一个球面带的动应力状态进行分析,其表面是应力自由的,不过在锥形截面 $\theta=\theta_j(j=1,2)$ 上给定了如下边界

$$\begin{aligned}\tau_{\theta\varphi}(\rho,\theta_1,t) &= \tau(\rho)\mathrm{e}^{\mathrm{i}\omega t} \quad (\theta=\theta_1)\\ U_{\varphi}(\rho,\theta_2,t) &= 0 \quad (\theta=\theta_2)\end{aligned} \tag{A.14}$$

利用第2章中的结果,该问题的解可以表示为

$$\begin{aligned}U_{\varphi} &= R_0\sum_{k=1}^{\infty}U_k(\rho)\frac{\mathrm{d}m_k}{\mathrm{d}\theta}\mathrm{e}^{\mathrm{i}\omega t}\\ \tau_{r\varphi} &= G\sum_{k=1}^{\infty}T_{rk}(\rho)\frac{\mathrm{d}m_k}{\mathrm{d}\theta}\mathrm{e}^{\mathrm{i}\omega t}\\ \tau_{\theta\varphi} &= G\sum_{k=1}^{\infty}T_{\theta k}(\rho)\left[2\cot\theta\frac{\mathrm{d}m_k}{\mathrm{d}\theta}+z_k^2-\frac{1}{4}m_k\right]\mathrm{e}^{\mathrm{i}\omega t}\\ m_k(\theta) &= C_{1k}\mathrm{P}_{z_k-1/2}(\cos\theta)+C_{2k}\mathrm{Q}_{z_k-1/2}(\cos\theta)\end{aligned} \tag{A.15}$$

进一步,我们可以根据条件(2.6.4)来确定出常数 C_{1k} 和 C_{2k},为此需要将 $\tau(\rho)$ 以边值问题(2.6.5)的本征函数形式进行展开,即

$$\begin{aligned}\tau(\rho) &= \sum_{k=1}^{\infty}a_k U_k(\rho)\\ a_k &= \int_{\rho_1}^{\rho_2}\tau(\rho)\bar{U}_k(\rho)\mathrm{d}\rho\left[\int_{\rho_1}^{\rho_2}U_k(\rho)\bar{U}_k(\rho)\mathrm{d}\rho\right]^{-1}\end{aligned} \tag{A.16}$$

于是根据式(A.14)我们有

$$C_{1k} = a_k \Delta^{-1} Q^{(1)}_{z_k-1/2}(\cos\theta_2)$$
$$C_{2k} = a_k \Delta^{-1} P^{(1)}_{z_k-1/2}(\cos\theta_2)$$
(A.17)

将式(A.17)代入式(A.15)可得

$$U_\varphi = R_0 \sum_{k=1}^{\infty} a_k \Delta^{-1} U_k(\rho) D^{(1,1)}_{z_k-1/2}(\theta, \theta_2) e^{i\omega t}$$

$$\tau_{r\varphi} = G \sum_{k=1}^{\infty} a_k \Delta^{-1} T_{rk}(\rho) D^{(1,1)}_{z_k-1/2}(\theta, \theta_2) e^{i\omega t}$$

$$\tau_{\theta\varphi} = G \sum_{k=1}^{\infty} a_k \Delta^{-1} T_{\theta k}(\rho) \left[2\cot\theta D^{(1,1)}_{z_k-1/2}(\theta, \theta_2) + \left(z_k^2 - \frac{1}{4}\right) D^{(1,0)}_{z_k-1/2}(\theta, \theta_2) \right] e^{i\omega t}$$

$$\Delta = 2\cot\theta_1 D^{(1,1)}_{z_k-1/2}(\theta_1, \theta_2) + \left(z_k^2 - \frac{1}{4}\right) D^{(1,0)}_{z_k-1/2}(\theta_1, \theta_2)$$
(A.18)

在上面这些级数表达式中,求和是针对上半平面内的根 z_k 进行的。此外,函数 $\tau(\eta)$ 可以写成如下形式:$\tau(\eta) = q_1 + q_2\eta$。图 A.4 ~ 图 A.6 示出了应力 $\tau_{\theta\varphi}$ 跟 θ 之间的关系曲线,计算中均假定了 $\theta_1 = 3°, \theta_2 = 30°, v = \frac{1}{3}$。

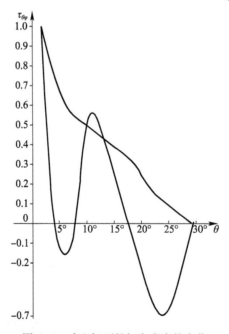

图 A.4 球坐标下的切向应力的变化

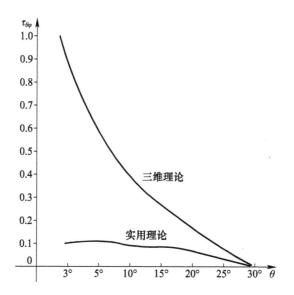

图 A.5 基于实用理论和三维理论得到的切向应力的变化

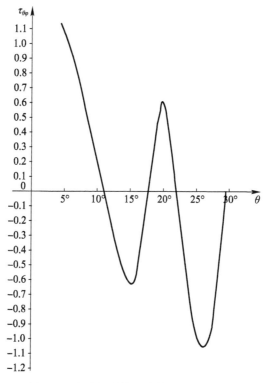

图 A.6 微波振动情况中的切向应力曲线

图 A.4 中的曲线 2 是在三维解基础上得到的,其中 $q_1=1, q_2=0, \varepsilon=0,1$, $\lambda=0,5, \eta=1$;而曲线 1 则对应于 $\lambda \sim \frac{1}{\sqrt{\varepsilon}}, \varepsilon=0,1, q_1=0, q_2=1, \eta=-1$ 这一情况,其中计入了展开式中的前 10 项。

图 A.5 所示的结果针对的是 $\lambda=0,5, \varepsilon=0,1, q_1=0, q_2=1, \eta=1$ 这一情况,分别采用了三维理论和实用理论。图 A.6 中的曲线则对应于微波振动情况,即 $\lambda \sim \frac{1}{\varepsilon}, \varepsilon=0.01, q_1=0, q_2=1, \eta=1$。

利用这些数值计算结果,我们就可以针对不同的壳参数情形,确定每个解在应力状态中的贡献情况。这里的计算表明,根据实际载荷情况,将边界层加入到基于实用理论得到的解中,可能会产生相当大的应力值,无论对于问题域的内部还是边界处都是如此。

参考文献

1. Aksentyan, O.C.: On stress concentration in thick plates. J. Appl. Math. Mech. **30**(5), 963–970 (1966)
2. Ustinov, Y.A., Yudovich, V.I.: On the completeness of the system of elementary solutions of the biharmonic equation in a half-band. J. Appl. Math. Mech. **37**(4), 706–714 (1973)
3. Malkina O.P.: Stress-strain state of a thick plate under loading symmetric with respect to the median plane, 171p. Dissertion of Candidate of Sciences. Rostov-on-Don (1968)

作者简介

舒海生,男,汉族,1976年出生,工学博士,博士后,中共党员,现任池州职业技术学院机电与汽车系教授,主要从事振动分析与噪声控制、声子晶体与超材料、机械装备系统设计等方面的教学与科研工作,近年来发表科研论文30余篇,主持国家自然科学基金、黑龙江省自然科学基金等多个项目,并参研多项国家级和省部级项目,出版译著6部。

孔凡凯,男,汉族,工学博士,博士后,现任哈尔滨工程大学机电工程学院教授,博士生导师,主要从事机构学、海洋可再生能源开发以及船舶推进性能与节能等方面的教学与科研工作,近年来发表科研论文20余篇,主持国家自然科学基金和国家科技支撑计划重点项目等多个课题。